JN104723

Autonomous Maintenance

改訂版

OFFICIAL TEXT

自主保全士 公式テキスト

検定試験＆オンライン試験 対応

日本プラントメンテナンス協会［編］
JIPM

製造業
オペレーター
のための
試験

日本能率協会マネジメントセンター

はじめに

日本プラントメンテナンス協会は、2001年度に製造部門のオペレーターが受け持つ保全の一部の機能や管理技術に焦点をあてて、オペレーターに求められる知識と技能を客観的に評価するための尺度を定めました。それ以降、この評価尺度に基づき、「自主保全士」認定制度を実施しています。

この認定制度は、多くの企業において人材育成の一環として広く受け入れられ、検定試験受験者と通信教育受講者は累計で約32万人、認定者数も約19万人となりました（2021年度末時点）。自主保全活動が、安全で良品を生み出す生産性の高い生産現場の実現に大きく寄与されることが強く期待され、多くの企業の方々に高い評価をいただいておりますが、この数字もわが国の製造業に従事する就業者数の数%にすぎません。

このような状況に鑑み、今後さらに多くの企業の方々に、人材育成や技能評価の一助としてこの認定制度を活用していただけるよう、2016年度に『自主保全士検定試験公式テキスト』を刊行し、活用していただいておりました。

昨今、日本の生産労働人口が減少傾向にある中、製造業では、生産性を強化するため、生産現場のデジタル化が積極的に推進され、生産現場は大きく変化しております。このような背景より、現代の生産現場で必要とされる設備管理技術に見合った試験範囲（科目・項目・細目）の見直しや、読者への判読性の向上を目的として、このたび、本書を製造業に求められる基礎的な内容は残しながら、一部改訂させていただきます。

本書を通じて、本認定制度を受けられる皆さまが、製造現場でのご自身の役割に誇りを持ち、「設備に強いオペレーター」となることで、現場の中核人材としてより一層のご活躍を期待するとともに、わが国の製造業の現場力向上の一助になることを願っています。

2022年11月

日本プラントメンテナンス協会
『改訂版 自主保全士公式テキスト』編集委員会

（ご参考）
本書は、首記「自主保全士基本ガイド」に基づいて作成しておりますので、ぜひ「自主保全士公式サイト」（https://www.jishuhozenshi.jp/）にて、ご一読いただくことをお勧めいたします。

CONTENTS

第1章 生産の基本

第2章　生産効率化とロスの構造

第3章　設備の日常保全（自主保全活動）

第4章　改善・解析の知識

第5章 設備保全の基礎

Column

「自主保全士」の基準および細目

公益社団法人日本プラントメンテナンス協会では、４つの能力、ならびにそれを支え、かつ補完するものとして５つの知識・技能を兼ね備えた者を「設備に強いオペレーター」であると認め、「自主保全士」として認定しています。

４つの能力	意　味
1. 異常発見能力	異常を異常として見る目を持っている
2. 処置・回復能力	異常に対して正しい処置が迅速にできる
3. 条件設定能力	正常や異常の判断基準を定量的に決められる
4. 維持管理能力	決めたルールをきちんと守れる

オペレーターに求められる５つの知識・技能
1. 生産の基本
2. 生産効率化とロスの構造
3. 設備の日常保全（自主保全活動）
4. 改善・解析の知識
5. 設備保全の知識

＜自主保全士の範囲（科目・項目・細目）＞

2023年度以降の自主保全士検定試験ならびにオンライン試験は、13～17ページ掲載の範囲より出題されます。

出題内容は改訂版である本テキストの内容に準じたものとなりますが、範囲に沿ったテーマの中で、テキストに記載されていない内容を含む応用的な問題が出題される可能性があります。

また、本テキスト中のコラム欄の内容を基にした問題が出題される可能性もあります。

各級の出題範囲に関する最新の情報は、自主保全士公式サイトよりご確認ください。

科目	項　目	細　　目	本書ページ
1 生産の基本	安全衛生	安全に関する基本的な考え方	20 ～ 41
		「不安全状態」と「不安全行動」	
		安全衛生点検の目的と種類	
		ヒューマンエラー	
		指差呼称	
		本質安全化	
		ヒヤリハット・ハインリッヒの法則	
		安全に作業するための服装や保護具の着用	
		各種作業における安全上の注意点	
		危険予知訓練（KYT）・危険予知活動（KYK）	
		リスクアセスメント	
		労働災害記録の評価指標	
		労働安全衛生マネジメントシステム（OSHMS）	
	5S	整理	42 ～ 46
		整頓	
		清掃	
		清潔	
		躾（しつけ）	
	品質	品質管理の基本	47 ～ 53
		抜取り検査	
		QC 工程表	
		品質保全	
		ISO 9000 ファミリー	
	作業と工程	作業標準	54 ～ 56
		作業手順	
		生産統制と納期管理	
		生産管理	
	職場のモラール	リーダーシップ	57
		メンバーシップ	
	教育訓練	OJT と Off-JT	58 ～ 62
		自己啓発	
		伝達教育	
		教育計画	
		スキル管理	
		教育訓練体系	
	就業規則と関連法令	就業規則と関連法令	63 ～ 64
		勤務時間・出勤時間	
		残業時間	
		年次有給休暇（年休）	

科目	項　目	細　　目	本書ページ
1 生産の基本	環境への配慮	公害の基礎知識	65 ～ 73
		3R の促進	
		ゼロ・エミッション	
		グリーン購入	
		エコマーク（Eco Mark）	
		廃棄物の分別回収	
		環境マネジメントシステム	
2 生産効率化とロスの構造	保全方式	生産保全（PM）	76 ～ 81
		予防保全（PM）	
		事後保全（BM）	
		改良保全（CM）	
		保全予防（MP）	
	TPM の基礎知識	TPM の定義	82 ～ 89
		TPM の基本理念	
		TPM のねらい	
		TPM の効果	
		TPM 活動の 8 本柱	
	ロスの考え方	生産活動の効率化を阻害するロス	90 ～ 95
		設備の効率化を阻害するロス	
		操業度を阻害するロス	
		人の効率化を阻害するロス	
		原単位の効率化を阻害するロス	
	設備総合効率・プラント総合効率	設備総合効率・プラント総合効率	96 ～ 106
		時間稼動率	
		性能稼動率	
		良品率	
	故障ゼロの活動	故障ゼロの考え方	107 ～ 115
		故障ゼロへの 5 つの対策	
		保全用語の理解	

科目	項　目	細　目	本書ページ
3 設備の日常保全（自主保全活動）	自主保全の基礎知識	自主保全の考え方	118 ～ 138
		保全の役割分担	
		自主保全活動の目的（ねらい）	
		自主保全活動の進め方	
		自主保全活動を成功させるポイント	
		活動時間	
		自主保全活動における安全対策（指導）	
	自主保全活動の支援ツール	自主保全 3 種の神器	139 ～ 152
		エフ	
		定点撮影（定点管理）	
		マップ	
	第 1 ステップ：初期清掃	初期清掃の目的（ねらい）	153 ～ 163
		初期清掃の進め方	
		初期清掃のポイント	
		初期清掃における安全対策	
		初期清掃の効果測定	
	第 2 ステップ：発生源・困難個所対策	発生源・困難個所対策の目的（ねらい）	164 ～ 171
		発生源・困難個所対策の進め方	
		発生源・困難個所対策のポイント	
		発生源・困難個所対策における安全対策	
		発生源・困難個所対策の効果測定	
	第 3 ステップ：自主保全仮基準の作成	自主保全仮基準の作成の目的（ねらい）	172 ～ 180
		自主保全仮基準の作成の進め方	
		自主保全仮基準の作成のポイント	
		自主保全仮基準（給油）の安全対策	
		自主保全仮基準の作成の効果測定	
	第 4 ステップ：総点検	総点検の目的（ねらい）	181 ～ 194
		総点検の進め方	
		総点検のポイント	
		総点検の効果測定	
	第 5 ステップ：自主点検	自主点検の目的（ねらい）	195 ～ 200
		自主点検の進め方	
		自主点検のポイント	
		自主点検の効果測定	
	第 6 ステップ：標準化、第 7 ステップ：自主管理の徹底	標準化の目的（ねらい）と進め方	201 ～ 203
		自主管理の徹底の目的（ねらい）と進め方	

科目	項　目	細　　目	本書ページ
4　改善・解析の知識	QCストーリーによる解析・改善	QCストーリー	207 〜 223
		QC七つ道具	
		QCデータの管理	
		新QC七つ道具	
	なぜなぜ分析	なぜなぜ分析	224 〜 225
	PM分析	PM分析	226 〜 230
	IE（Industrial Engineering）	工程分析	231 〜 236
		稼動分析	
		動作研究	
		時間研究	
		ラインバランス分析	
	段取り作業の改善	段取り作業の改善	237 〜 238
	価値工学（VE）	価値分析（VA）・価値工学（VE）	239 〜 240
	FMEA・FTA	FMEAとFTA	241 〜 243
5　設備保全の基礎	機械要素	締結部品（ねじ・ねじ部品）	247 〜 279
		軸・軸受・軸継手	
		歯車・ベルト・チェーン（伝動）	
		密封装置（シール）	
	潤滑	潤滑の機能（摩擦と潤滑）	280 〜 292
		潤滑剤の種類	
		潤滑剤の劣化	
		潤滑機器の点検	
	空気圧・油圧（駆動システム）	空気圧	293 〜 303
		油圧	
		作動油	
	電気	電気	304 〜 310
	おもな機器・設備	空気圧機器	311 〜 352
		油圧機器	
		電気機器	
		工作機械	
	材料	金属材料	353 〜 367
		非鉄金属材料	
		金属材料記号の見方	
		金属の結合	
		改善に必要な材料	
		接着剤	

科目	項目	細目	本書ページ
5 設備保全の基礎	工具・測定器具	長さの測定機器	368 ～ 387
		角度の測定機器	
		温度の測定機器	
		回転計	
		流量計	
		振動計	
		電動工具	
		その他の工具	
	図面の見方	製図の重要性	388 ～ 399
		投影法	
		基本的な寸法記入法	
		表面性状と表面粗さ	
		寸法の許容限界	

＜おもな変更個所＞

今回、自主保全士の範囲ならびに本テキストにおきましては、より現代の生産現場で必要とされる設備管理技術に見合った内容へ近づけることや、判読性の向上を目的とした変更を行っています。

従来からのおもな変更個所は以下のとおりです。

■科目 2 と科目 3 の科目順を入替え

[変更前] 科目 2：「設備の日常保全 (自主保全全般)」　科目 3：「効率化の考え方とロスの捉え方」

[変更後] 科目 2：「生産効率化とロスの構造」(名称変更)　科目 3：「設備の日常保全 (自主保全全般)」

■「QC 七つ道具」「QC データの管理」「新 QC 七つ道具」項目を、科目 1 から科目 4 に移動

■「科目 5　設備保全の基礎」の出題範囲に、軸、軸継手（本書 262 ～ 263 ページ）ならびに密封装置（本書 275 ～ 279 ページ）を追加

これ以外にも、各科目・項目・細目について、名称の変更や統合を実施しています。

第1章

生産の基本

<学習のポイント>
この章では、業種に関わらず幅広く製造現場で必要となる基本事項を学習します。「安全衛生」「5S」「品質」「作業と工程」「職場のモラール」「教育訓練」「就業規則と関連法令」「環境への配慮」について学習し理解しましょう。

1 安全衛生

企業は労働者の安全と健康を確保し、快適な職場環境を形成することが法律で定められています。労働者も労働災害を防止するため必要な事項を守ることや、関係者が実施する労働災害の防止に関する措置に協力するように要請されています。

安全衛生に関する活動は、製造業をはじめとする働く人たちにとって、もっとも重要で根幹の活動となります。傷病や災害を受けないように事故防止に努め、万一災害が発生したときには、人体および企業活動に与える損害を最小限にとどめるための仕組みづくりが重要となります。

1・1　なぜ安全衛生が重要か

もし、労働者が傷病や災害に遭うと、本人や家族が長期間にわたって大きな不幸に見舞われることもあります。企業にとっても、労働災害や事故は企業の信用を大きく損ない、企業の存続すら脅かす問題となるでしょう。また、不安全な作業状態の存在は、作業能率の低下はもとより企業への不安・不信感を高めることにもつながりかねません。

人間性尊重の意味においても、企業の健全な運営と存続の観点からも、「安全はすべてに優先する」ことを、単なる標語（スローガン）として終わらせるのではなく、企業全体として、労働者として、日々の活動の中で意識を高め、実践することが必要です。

1・2　「不安全行動」と「不安全状態」

労働災害や事故は「人」と「もの」が関連して起きることが多く、人の面である「不安全行動」と、ものの面である「不安全状態」があることを理解しましょう。また、労働災害は不安全行動と不安全状態が複合して発生することもわかっています。

「労働災害原因要素の分析」（平成 22 年、厚生労働省）による労働災害の内訳

① 不安全行動および不安全状態に起因する労働災害　約 95%
② 不安全行動のみに起因する労働災害　約 1.7%
③ 不安全状態のみに起因する労働災害　約 3%
④ 不安全行動もなく、不安全な状態でもなかった労働災害　約 0.5%

労働災害発生原因全体の 99%以上が、労働者の不安全な行動や状態に起因する労働災害です。逆に考えると、不安全行動と不安全状態がなければ大半の労働災害は防止できます。

(1)「不安全行動」

災害や事故を起こす原因となる、人の行動です。不安全行動の類型として、以下の 12 項目があげられます。

① 防護・安全装置を無効にする
② 安全措置の不履行
③ 不安全な状態を放置
④ 危険な状態をつくる
⑤ 機械・装置などの指定外の使用
⑥ 運転中の機械・装置などの掃除、給油、修理、点検など
⑦ 保護具、服装の欠陥
⑧ 危険場所への接近
⑨ その他の不安全な行為
⑩ 運転の失敗（乗物）
⑪ 誤った動作
⑫ その他

たとえば、決められた標準作業を守らなかったり、指定された保護具を使わなかったり、あるいは心配ごとや病気を抱えて作業に集中していないことがあげられます。

設備の故障やチョコ停時の対応は、標準作業化された業務とは異なる「非定常作業」であり、不慣れからくる不安全が潜んでいる行動となる

ためとくに注意が必要です。

(2)「不安全状態」

災害や事故を起こす原因となる、もの的な状態または環境です。不安全状態の類型として、以下の８項目があげられます。

① もの自体の欠陥
② 防護措置・安全装置の欠陥
③ ものの置き方、作業場所の欠陥
④ 保護具・服装などの欠陥
⑤ 作業環境の欠陥
⑥ 部外的・自然的不安全な状態
⑦ 作業方法の欠陥
⑧ その他

たとえば、加工または組立製品の構成部品、設備装置の安全面の欠陥、作業服や保護具の欠陥、有害化学物質（気体、液体、固体）の存在や作業域への飛散、酸素欠乏（酸欠）の恐れのある作業環境などが不安全状態といえます。

1・3　安全衛生点検の目的と種類

ほとんどの災害は、不安全行動と不安全状態によって発生していることから、安全衛生点検は、この災害発生の要因（災害ポテンシャル）をなくすために、機械・設備などの異常・損傷を早めに発見、是正し、正しい行動と状態を指導することによって災害を未然に防止することを目的としています。

安全衛生点検には、定期点検、日常点検、特別点検といった種類があります。

(1) 法律に基づく定期点検

法令などに基づく検査技術（対象物によっては法的な資格）を有する

者が点検することを義務づけています（機械設備の1ヵ月、6ヵ月、1年、2年、3年ごとの検査など）。

(2) 日常点検

作業責任者、または指示した（された）部下が実施する点検です。職場で扱う機械、器具、工具、保護具などについて安全に作業ができるように、現場への持込み前、始業時、作業中、作業終了後に不安全行動や不安全状態となっていないかを点検します。

① 持込み前の点検

作業者の資格や、作業に必要な保護具類の準備と整備、持ち込む機器類の安全点検などを行うことによって、不良品や不具合品を持ち込まないようにします。

② 始業点検（作業開始前点検）

作業開始前に機械、工具、保護具、仮設足場、作業場などの点検をします。

プレス機械などに設置してある安全装置については、始業前にチェックリストなどで点検を行い、その機能を確認します。

③ 作業中点検

使用中の機械、工具、作業床などに不安全状態がないことや、作業者の作業手順の遵守状況や保護具使用状況など、不安全行動がないかを点検します。

④ 作業終了時点検

作業終了後に、設備や作業場所・その周辺の3S（整理、整頓、清掃）を行い、現状復帰したか、使用設備や機械器具に損傷はないか、数量は問題ないかなどの点検をします。

(3) 特別点検

特別点検は、災害などの異常時の点検です。暴風雨、地震などの発生後、作業再開時に設備などの異常の有無を点検します。

1・4 「ヒューマンエラー」による不安全行動

初心者はもちろん、熟練者でも人間の特性として避けられないエラーがあります。「知っている、できる、そうするつもり」が実際に作業に活かされず不安全行動になり、ケガの原因になる場合があります。これらの人的な失敗を「ヒューマンエラー」といいます。

ヒューマンエラーをゼロにすることはむずかしいですが、コントロールは可能です。ちょっとした判断ミスやうっかりミスをなくすには、災害が起こったとき、エラーの発生要因や、影響が拡大したプロセスなどを突きつめて調査・分析して、同じような災害を繰り返さないための「仕組みづくり」を整えていくことが大切です。

1・5 指差呼称

ヒューマンエラーを防止する方法の１つとして「対象物を目で見て、指を差し、声を出して確認行動をする」指差呼称があります（**図表 1・1**）。作業の要所で確認すべき対象をしっかり目で見て、正しい姿勢で腕を伸ばし、指を差して「右ヨシ！ 左ヨシ！ 前方ヨシ！」などと大きな声で唱えます。自分の行動が正しいか、安全かどうかを目、腕、指、口、耳の感覚を総動員して確かめるわけです。

① **目は**：確認すべきことを、しっかりと見る
② **口は**：大きな声で「○○ヨシ！」「バルブ開ヨシ！」などと唱える
③ **耳は**：自分の声を聞く
④ **腕・指は**：左手は腰にあて、右腕を伸ばし、右手人指し指で対象を差す。「○○」で、いったん耳元まで振り上げて「ヨシ！」で振りおろし、右手は人指し指を伸ばす形を取る

指差呼称をすることによって、人間の意識レベルがクリアな状態に変化し、集中力が高まります。その意味で、ヒューマンエラー事故防止にきわめて有効な手法であり、指差呼称によって、エラーの発生が約６分の１以下に減ることが証明されています。

図表 1・1 ■ 指差呼称のやり方

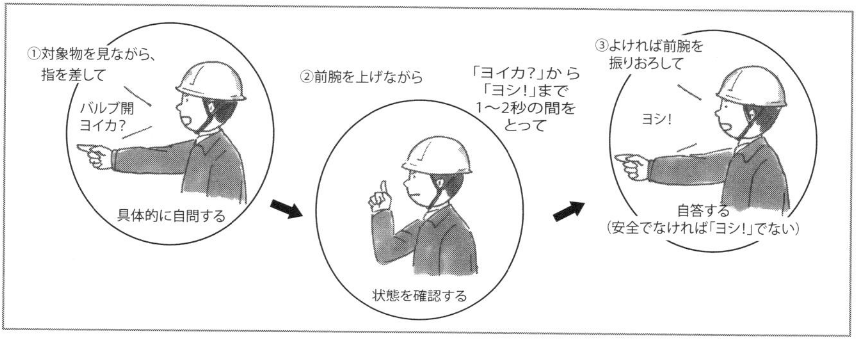

1・6 本質安全化

人間のエラーや不安全な状態に対してさまざまな安全衛生活動における対策を行いますが、それだけで安全な状態を担保することはむずかしいため、「本質的な安全化」を図る必要があります。

本質安全化の代表例として、フェイルセーフとフールプルーフがあります。

(1) フェイルセーフ

フェイルセーフとは「アイテムが故障したとき、あらかじめ定められた1つの安全な状態をとるような設計上の性質」です。機械や設備などに異常（故障、停電、天災など）が発生しても、それが全体の事故や災害に波及せず、安全側に作動するように配慮された設備の考え方です。

故障により安全面に重大な影響を及ぼす可能性のある設備は、たとえ故障が生じても危険な方向に進展しないように、設計段階で工夫することが重要です。

例) 石油ストーブが転倒しても、火災にならないようにするための自動消火装置

例) 過電流が流れても、自動的にブレーカーが落ちる漏電遮断器つきのコードリール

(2) フールプルーフ

フールプルーフとは「人為的に不適切な行為または過失などが起こっても、アイテムの信頼性および安全性を保持する性質」です。作業者がエラーをしても、自動的に安全を確保でき、災害・事故につながらないようにする考え方です。

機械に対して、その作業標準や危険性などを理解していない場合でも、いかなる誤操作も行われない（行えない）ようにした装置の例として以下のものがあります。

例） 一定の高さ以上に荷物を吊り上げられないようにするクレーンの巻き過ぎ防止装置

例） プレス機械の安全機構

- 両手押しボタン式でプレスの際に手を入れられない
- 光線式安全装置のセンサーが感知すると、設備が停止する

1・7　ハインリッヒの法則

ハインリッヒの法則は、別名 1：29：300 の法則としても知られています。休業災害・不休災害・ヒヤリとしただけの無災害事故との間には、1：29：300 の関係があるという法則です。1 つの休業災害を起こす裏には 29 件もの不休災害があり、その背景には 300 件ものヒヤリまたはハットしただけの無災害事故が起きているということです。休業災害も不休災害も、災害防止の立場からすれば重要度に本質的な違いはありません。また、ヒヤリハットになる前には、さらに多くの「不安全行動」や「不安全状態」が存在しているといわれています（**図表 1・2**）。

図表 1・2 ■　ハインリッヒの法則

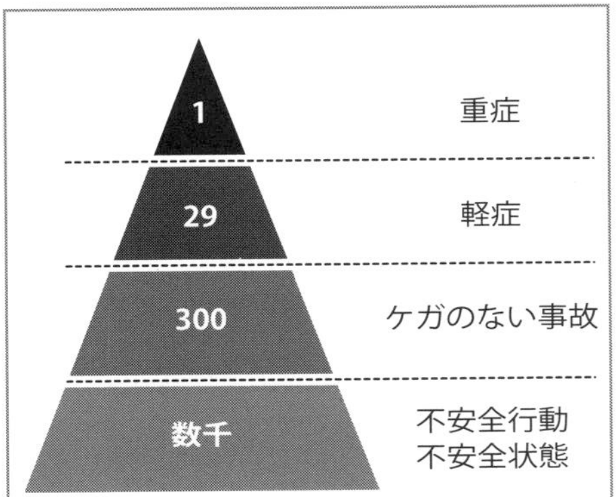

1	重症
29	軽症
300	ケガのない事故
数千	不安全行動 不安全状態

1・8 ヒヤリハット

ハインリッヒの法則でもわかるように、水たまりですべっても必ずケガをするというわけではなく、単にヒヤリとしただけの無災害事故（ヒヤリ事故）もあります。このようなヒヤリハットによる潜在危険を防ぐためには、ヒヤリハットを摘出することが重要です。

(1) ヒヤリハット提案制度

ヒヤリとしたり、ハッとしたりしたことを記録として残し、職場や作業の安全確保に役立てるのがヒヤリハット提案制度です。これらのヒヤリハットは安全上の貴重な情報なので、原因をよく把握して、同種のヒヤリハットが再発しないようにすることが大切です。

(2) ヒヤリハット抽出のポイント

ヒヤリとしたり、ハッとしたことは、どんな小さなことでもすべて取りあげて対策しないと、いつか大ケガにつながります。もしかしたら事故になるのではと想定されるヒヤリやハットも積極的に吸いあげ、危険予知活動の一部として推進しましょう。

1・9 安全に作業するための服装や保護具の着用

「安全な作業は正しい服装から」といわれるとおり、作業中は安全を守るために正しい服装で作業する必要があります（**図表1・3**）。

(1) 作業服

作業服は、体格に合った適切なサイズで、乱れた着こなしにならないよう注意して、正しく着用することが重要です。

作業時の服装の注意点

① 作業服

・寒暖があっても決められたとおり作業服を着用する

図表1・3■　作業ごとの服装・保護具の着用例

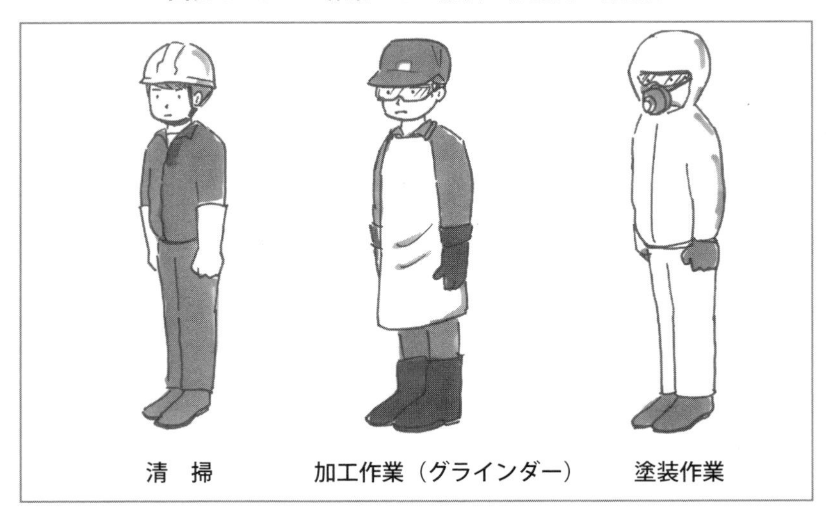

・上着のボタンやファスナーはきちんととめる

・ズボンは下がらないようベルトをするかゴムひも入りのものとする

・作業着が破れた場合は、すぐに補修や交換する

② 作業帽

・通常の作業中は必ず作業帽をかぶる

・長髪の場合は髪を帽子の中に収めるか、ゴムなどで束ねる

③ 靴

・工場内で作業する場合は必ず安全靴をはく

・かかと部分をつぶしてはかない

・靴ひもやマジックテープ部分は必ず止める

④ その他

・タオルなどを首やベルト部分に巻き付けて作業しない

・ポケットに工具などを入れて持ち歩かない

(2) 保護具

保護具は「災害防止や健康障害防止の目的で作業者が直接身につけて作業するもので、災害防止を対象としたものを安全保護具、健康障害防

図表1・4■　代表的な保護具

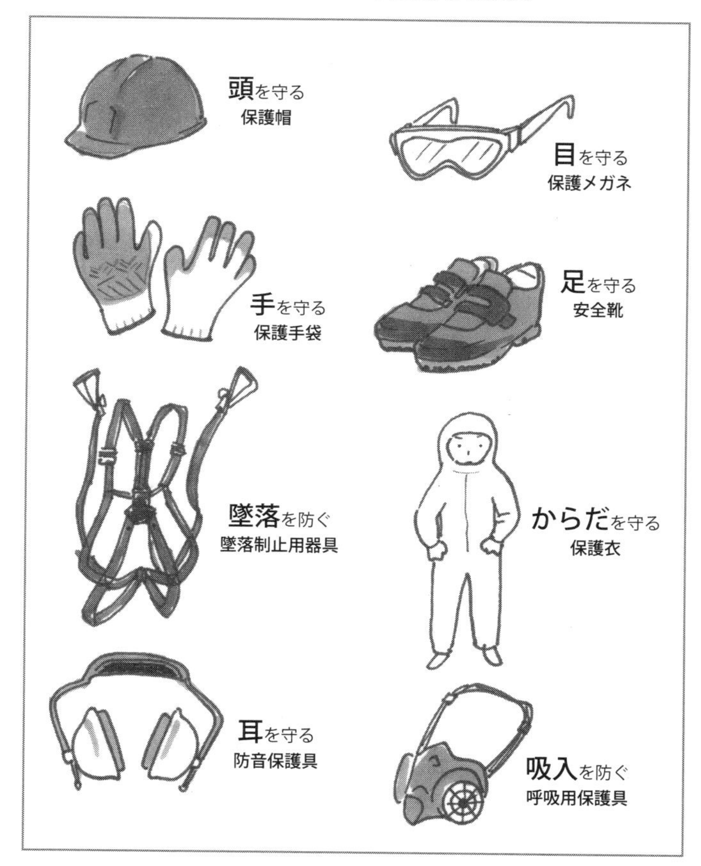

止の目的で使用するものを労働衛生保護具という」と定義されています。**図表1・4**に代表的な保護具の例を示します。

作業によっては労働安全衛生法・労働安全衛生規則などで保護具の着用が義務づけられており、保護具の着用と使用方法について、確認を行ってください。また、始業前には保護具の点検も必ず行いましょう。

① 保護帽（ヘルメット）

保護帽は、飛来物や落下物、墜落による危険や損傷から頭部を保護するために着用します。

② 安全靴

安全靴は、作業中に重量物を誤って落としたりする場合に、足を保護する目的ではきます。有害物を取り扱う作業、高電圧のもとでの作業などでも安全靴をはきます。

③ 保護メガネ

保護メガネは、飛来物や、有害光線から眼を保護するために着用します。溶接や金属加工など、作業によって目的も異なることから作業に適した保護メガネを選定する必要があります。

④ 墜落制止用器具

墜落制止用器具は、作業中の労働者の墜落による危険を防止するために用いられる保護具で、高所作業中に万一墜落しても災害を未然に防ぐことができます。

⑤ 手袋

保護手袋は、作業によって耐溶剤、すべり止め加工、耐切創、防振、絶縁などの目的があるので、作業の種類によって有効な保護手袋を使用するようにします。一般作業用の手袋は「軍手」と称してなじみがあります。手袋は、ボール盤などの回転刃物に巻き込まれる危険がある作業には使用してはなりません。

⑥ 防じんマスク

防じんマスクは、人体に有害な粉じん、ミストなどを作業者が吸入しないように使用します。着用者の肺力（吸気）によって、ろ過材でろ過された清浄な空気を吸気弁から吸入し、呼気は排気弁から外気中になされます。

⑦ 耳栓

耳栓は、大音量の騒音による難聴や平衡障害を防止するために使用します。ただし、着用時は聴覚が大きく制限され、事故の原因となることがあるため、着用者同士の確認や周囲の安全確認が必要です。

(3) 保護具の管理

保護具の使用、保管などについて万全を期するために、次の項目を

図表1・5■ 保護具の着用・管理に関する掲示物の例

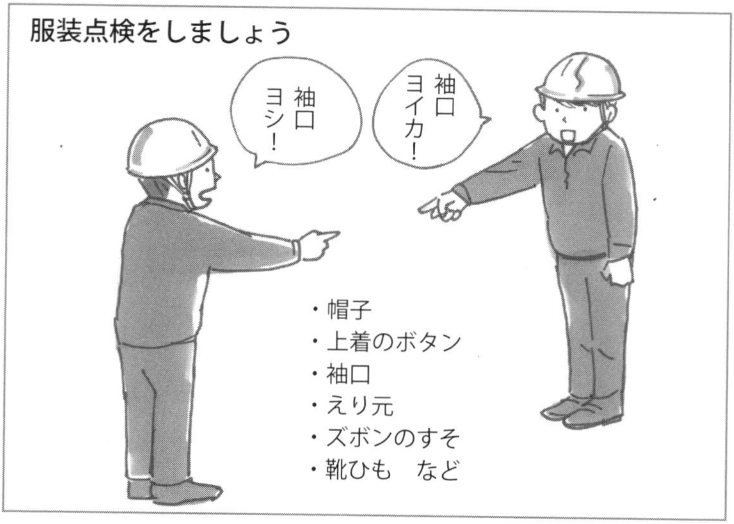

チェックする必要があります。**図表1・5**に示すような掲示物などを用いて、職場内での保護具への意識を高めましょう。

① 保護具使用の標準化は行われているか、また、その教育は徹底しているか
② 共用の保護具は必要数備えているか、また、保管責任者を定めているか
③ 個人貸与の保護具は、対象者が明確にされているか
④ 責任者は定期的に点検を行い、その結果を記録しているか
⑤ 保護具は所定の場所に保管しているか、また、保管場所は全員が知っているか
⑥ 緊急用保護具は、標識を掲示しているか
⑦ 老朽化、損傷などで使用に耐えなくなった保護具は、速やかに更新しているか
⑧ 装着は正しく迅速に行われているか
⑨ マスクの装着時は、気密検査を実施しているか
⑩ 使用後の手入れは、決められたとおり行っているか

1・10　各種作業における安全上の注意点

(1) 工作機械に関する作業の注意点

工作機械に関する作業を行う際の安全上の一般的注意事項は以下のとおりです。

① 機械はよく整備をし、その周囲の整理・整頓を着実に行うこと
② 機械、安全装置の始業点検は必ず行うこと
③ 定められた担当者以外の者は使用しないこと
④ 刃物、工作物などは、確実に取り付けること
⑤ 作業中の人に、みだりに話しかけないこと
⑥ 重量物の取付け、取外しの場合にはムリをせず、クレーン、ホイスト、チェーン・ブロックなどの利用を考えること
⑦ 作業中、異常を発見したときはただちに運転を止め、責任者に連絡し、その措置を行うこと
⑧ 運転している機械のそばからみだりに離れないこと
⑨ 回転している機器などには、絶対に手を触れないこと
⑩ 停電したときは、まずスイッチを切り、次にベルト、クラッチ、送り装置を遊びの位置にセットしておくこと
⑪ 大型工作機械で共同作業をする場合には、合図を確認して連絡を密にすること
⑫ スイッチの開閉は確実に行うこと
⑬ 工作物の寸法測定は、機械を止めて行うこと
⑭ 機械を止めるときに、惰力で回転しているものをムリに止めないこと。とくに手足、工具、棒などで止めるのは危険である
⑮ 切削中、切り込んだまま機械を止めず、必ず刃物を引き離してから停止すること
⑯ 安全のために取り付けてある装置、器具は勝手に取り外さないこと

(2) 電気機器に関する作業の注意点

電気機器に関する作業を行う際の安全上の一般的注意事項は以下のと

おりです。

① 感電

感電は、人体に電流が流れることにより発生します。単に電流を感知する程度のものから、苦痛を伴うショック、さらには筋肉の硬直、死亡に至るものなど種々の症状を呈する現象をいいます。

人体の通過電流は、人体の内部抵抗および電流の流出入部分の抵抗が大きく影響します。

② アーク溶接作業に関する安全知識

交流アーク溶接機には、50Hz と 60Hz の区分があります。

無負荷電圧とは、アークを発生させていない状態での出力側の電圧をいいます。この無負荷電圧が高いほどアークが安定し、溶接作業が容易となります。しかし、無負荷電圧が高すぎると、うっかりして無負荷状態でのホルダー、溶接機などに触れた際に電撃を受ける危険性が大きくなることから、自動電撃防止装置を付けます。

(3) 搬送機器（クレーン）に関する作業の注意点

搬送機器（クレーン）に関する作業を行う際の安全上の一般的注意事項は以下のとおりです。

① クレーンの性能をよく理解し、定格荷重を超える荷を吊らないこと
② 安全装置（巻過ぎ防止装置、走行警報装置など）をみだりに取り外したり、停止させないこと
③ 指定されたジブの傾斜角の範囲を超えてジブを起伏させないこと
④ 特別の教育を受けていない者に運転を代行させないこと（吊上げ荷重 5 トン未満の運転）
⑤ 機械の調子がよくないときは、ムリに運転せず、上司の指示を受けること
⑥ 運転は、必ず指名された 1 人の合図に従って行うこと
⑦ 吊り荷の下で、荷を横引きするような危険な作業をしないように注意すること

(4) 玉掛け作業に関する作業の注意点

玉掛け作業者が玉掛け作業を行うときは、作業環境の安全について十分に注意し、次の各項目について考慮しながら作業を進める必要があります。

① 荷物の重量

クレーンなどにはそれぞれ定格荷重が定められているので、この定格荷重を超える重さのものを吊ってはいけません。吊るものの形、大きさ、材料などを考えて正確に目測し、過荷重によるトラブルが発生しないように注意します。

② 荷物の重心

吊り荷の重心の位置と玉掛け用ワイヤーロープの掛け方によっては、吊り荷が安定したり、中立であったり、また不安定にもなるので、

- 荷の重心の判断を正確にする
- 重心はできるだけ低くなるように吊る
- 重心の真上にフックを誘導する

などに注意します。

③ 玉掛けの方法

- 吊り荷の重量に応じたロープ、チェーンおよび補助具を選定する
- ワイヤーロープはフックの中心に掛ける（フックは中心がもっとも強く、端は弱い）
- 1 本吊りは絶対にしないこと。吊り荷が回転したり、ズレたりすることがあり危険である。複数本吊りを原則とする
- 原則として、吊り角度は 60 度以内とする
- 数個のものを同時に吊るときは、一部が落ちることのないように注意する（大きいものの上に小物を乗せて吊ると、小物は落ちやすいので必ず締結しておくこと）
- 吊り荷の上には絶対に乗ってはならない

(5) 酸素欠乏の危険がある場所での作業に関する注意点

酸素欠乏の危険がある場所での作業を行う際の安全上の一般的注意事項は以下のとおりです。

大気（空気）中には、酸素が約21%含まれており、酸素濃度が低下した空気を吸うと、人体に悪い影響を及ぼします。酸素濃度18%未満の状態は、「酸素欠乏」といいます。作業を行う場所は、空気中の酸素濃度を常に18%以上に保たなくてはなりません。

酸素が不足すると、頭痛、吐き気、めまいなど人体にさまざまな症状が現れ、重症になると、意識不明、さらには死に至る場合があります。

酸素欠乏の危険がある場所で作業を行う場合は、酸素欠乏症等防止規則により、

① 作業者は特別教育を修了した者であること
② 酸素欠乏危険作業主任者の指揮のもとで作業を行うこと
③ 酸素濃度計のような測定器を携帯・測定すること
④ 作業中は常に酸素濃度が18%以上になるよう換気すること
⑤ 入退場の人員の確認を行うこと
⑥ 呼吸用保護具の使用を指示されたときは必ず使用すること
⑦「立入禁止」の表示をすること
⑧ 単独での作業は行ってはならないこと
⑨ 呼吸用保護具や避難用具を備えておくこと

などが定められています。

1・11　危険予知訓練（KYT）と危険予知活動（KYK）

(1) 危険予知訓練（KYT）

KYTとは危険予知トレーニングの頭文字で、危険予知能力を育成するプログラムです。中央労働災害防止協会がその有効性を認識し、KYT4ラウンド法として実施方法を確立しています。

KYT4ラウンド法は名前のとおり、第1ラウンド（現状把握）、第2ラウンド（本質追究）、第3ラウンド（対策樹立）、第4ラウンド（目標設定）から構成され、KYTにより安全意識を高めることとともに、リーダーの育成にも活用されています（図表1・6）。

図表1・6■　KYT4ラウンド法の進め方

	現状把握：どんな危険が潜んでいるか
1ラウンド	潜在危険を発見・予知し、「危険要因」とそれによって引き起こされる「現象（事故の形）」を想定する
	本質追究：これが危険のポイントだ
2ラウンド	発見した危険のうち「重要危険」を選択し、さらにその中でも重要と思われる「危険のポイント」を選定する
	対策樹立：あなたならどうする
3ラウンド	「危険のポイント」を解決するための「具体的で実行可能な対策」を考える
	目標設定：私たちはこうする
4ラウンド	「重要実施項目」を絞り込み、さらにそれを実施するための「行動目標を設定する

(2) 危険予知活動 (KYK)

KYKとは危険予知活動の頭文字で、KYTの実践的活動です。

作業開始前に、現場・現物・現象（実）で、作業者個人またはグループにより、その作業で予測される危険要因を予知して、安全行動目標を決め、人的要因の災害を防止する活動です。現在、多くの企業で導入され、成果をあげています。

KYKはKYT4ラウンド法を基本にして、

① 3角KY（T）

② 1人KY（T）

などがあります。

1・12 リスクアセスメント

リスクアセスメントは、職場の潜在的な危険性または有害性を見つけ出し、これを除去、低減するための手法です（**図表1・7**）。

労働災害防止対策は、発生した労働災害の原因を調査し、類似災害の再発防止対策を確立し、各職場に徹底していくことが基本です。災害が発生していない職場であっても作業の潜在的な危険性や有害性は存在しており、これが放置されると、いつかは労働災害が発生する可能性があ

図表1・7 ■ リスクアセスメントの基本的な手順

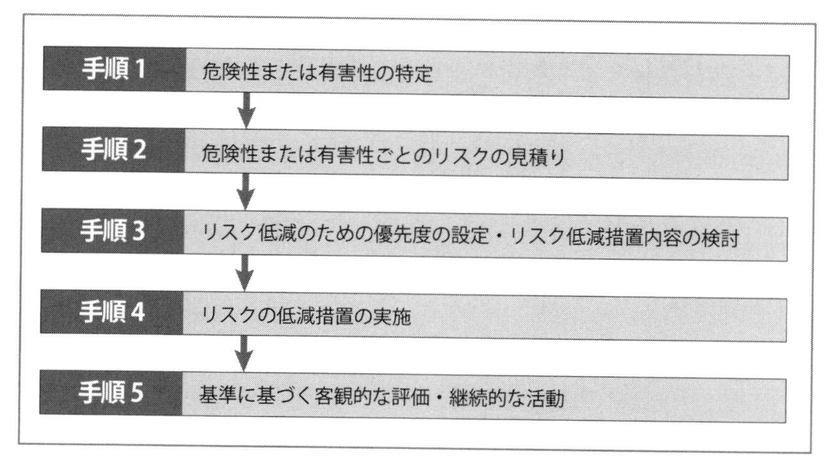

ります。

技術の進歩により、多種多様な機械設備や化学物質などが生産現場で用いられるようになり、その危険性や有害性が多様化しています。

自主的に職場の潜在的な危険性や有害性を見つけ出し、事前に的確な安全衛生対策を講ずることが不可欠であり、これに応えたのがリスクアセスメントです。

1・13　労働災害記録の評価指標

労働災害の発生状況を評価する際、被災者数以外に、災害度数率、災害強度率、災害年千人率などの指標を用いることがあります。災害記録を作成して集計と解析を行います。

(1) 災害度数率

災害発生の頻度を示します（100 万延べ労働時間あたりの労働災害による死傷者数）。

$$災害度数率 = \frac{労働災害による死傷者数}{延べ実労働時間数} \times 1{,}000{,}000$$

(2) 災害年千人率

労働者 1,000 人あたりの年間の死傷者数を示します。平均労働者数は在籍労働者数をとり、年間を通じて変化が激しいときは、毎月の平均値を使用します。

$$災害年千人率 = \frac{1\ 年間の死傷者数}{1\ 年間の平均労働者数} \times 1{,}000$$

(3) 災害強度率

1,000 労働時間あたりの災害による労働損失日数を示します。

$$災害強度率 = \frac{延べ労働損失日数}{延べ実労働時間数} \times 1{,}000$$

(4) 労働損失日数

負傷のため働くことができなくなった日数を算出します。

これらの統計数値は、過去のデータと比較しつつ、安全管理効果を評価します。

労働災害に関する知識を深めよう Column

下記の図表は、令和２年に製造業で発生した死傷災害の事故について、型別の割合をまとめたものです。「はさまれ・巻き込まれ」がもっとも多く、次いで「転倒」「墜落・転落」が多く発生しています。

労働災害を防止するには、どのような災害がどの程度発生しているのかを理解したうえで、自職場において災害につながる危険性がないかを考えることが重要です。

このほかの労働災害統計や、災害事例に関する情報は、厚生労働省の「職場の安全サイト」(https://anzeninfo.mhlw.go.jp/) より入手できますので、労働災害に関する知識を深め、安全な職場づくりを進めていきましょう。

製造業における事故の型別死傷災害発生状況（令和２年）

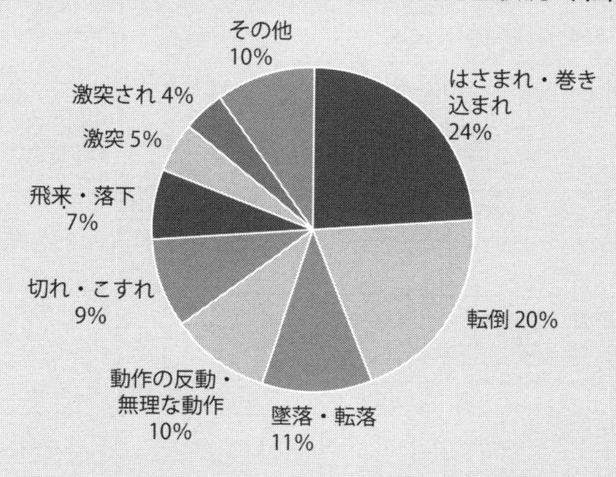

（資料）厚生労働省「労働災害統計 令和２年 労働災害統計確定値」
https://anzeninfo.mhlw.go.jp/user/anzen/tok/anst00.htm

1・14　労働安全衛生マネジメントシステム（OSHMS）

(1) 労働安全衛生マネジメントシステムとは

労働安全衛生マネジメントシステムは、事業者が労働者の協力のもとに、計画（Plan）－実施（Do）－評価（Check）－改善（Action）という一連の過程を定めて、継続的な安全衛生管理を自主的に進め、労働災害の防止と労働者の健康増進、さらに快適な職場環境を形成し、事業場の安全衛生水準の向上を図ることを目的とした安全衛生管理の仕組みです（**図表1・8**）。

「OSHMS」は、Occupational Safety and Health Management System の頭文字です。ILO（国際労働機関）において OSHMS に関する指針などが策定されていますが、日本でも厚生労働省から「労働安全衛生マネジメントシステムに関する指針」（OSHMS 指針）が示されています。

図表1・8■　労働安全衛生マネジメントシステムの概要

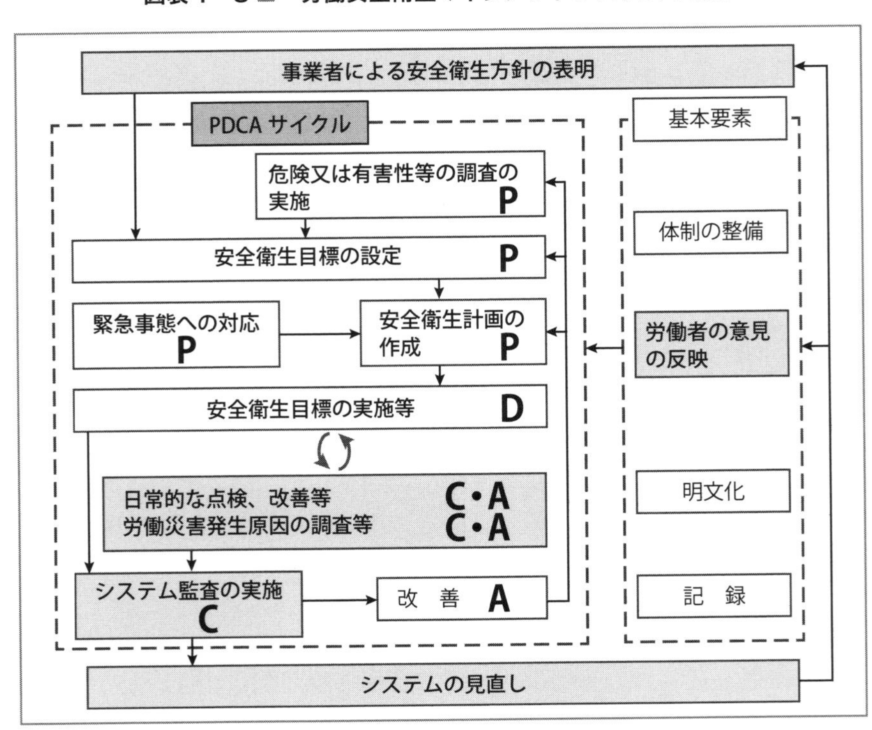

(2) 労働安全衛生マネジメントシステムの特徴

① PDCA サイクル構造の自律的システム

「PDCA サイクル」を通じて安全衛生管理を自主的・継続的に実施する仕組みです。基本的には安全衛生計画が適切に実施・運用されるためのシステムですが、システム監査の実施によりチェック機能が働き、事業場全体の安全衛生水準がスパイラルに向上するための自律的システムです。

② 手順化、明文化および記録化

システムを適正に運用するために関係者の役割、責任および権限を明確にし、文書として記録します。

③ 危険性、有害性の調査およびその結果に基づく措置

リスクアセスメントの実施とその結果に基づく必要な措置の実施を定めています。

④ 全社的な推進体制

経営トップと各管理者の指名と役割、責任および権限を定めて、システムを適正に実施、運用する体制を整備します。定期的にシステムの見直しがなされ、安全衛生を経営と一体化する仕組みが組み込まれています。

2 5S

2・1 5Sとは

5Sとは、整理・整頓・清掃・清潔・躾（しつけ）の日本語のローマ字読みの頭文字をとったもので、日本国内のみならず、世界的にもファイブエスとして有名です（**図表1・9**）。

5Sは、工場で行われるさまざまな改善活動や管理手法の基本となる活動です。現在では、生産現場だけではなく広い分野で活用されています。

5Sは、単に整理・整頓の延長や掃除活動とは違い各項目が意味のある活動のため、各項目の意味を正しく理解して、順序に従い実行することが重要です。

また、実践するためには管理者が自ら率先して5Sの活動をしなければ、5Sは徹底できません。見やすい場所にポスターを掲示するなどして、全員で活動に取り組みましょう（**図表1・10**）。

図表1・9■　5Sの内容とポイント

5S	内容	ポイント
整理	必要なものと不必要なものを区分し、不必要なものはなくす	・筋道を立てて、決断して、不要品を一掃する ・必要度による層別管理 ・汚れ発生源対策ができている
整頓	・必要なときに、必要なものが、必要な量だけ得られる、適正な置き方やレイアウトを決める ・「探す」作業の排除で効率化	・5W1Hによる保管 ・機能的（品質、効率、安全）な置き方やレイアウトにする ・3定化（定置/定品/定量）
清掃	・ゴミ、汚れ、異物などをなくし、キレイにする ・清掃は点検 なり	・機能やニーズに合ったクリーン化で、ゴミなし、汚れなしの実現 ・清掃点検による微欠陥の排除 ・清掃は点検なりの徹底
清潔	整理、整頓、清掃を徹底し、繰り返して、安全衛生・環境も含めて、キレイに保つ	・5Sの標準化と管理基準で維持する ・異常の顕在化と、目で見る管理の工夫
躾	決めたことが守れるよう習慣化する	・全員参加で守る習慣づけと、決めごとを守る環境づくり ・維持管理が日常の中に組み込まれている

図表 1・10 ■ 5S 活動に関する掲示物の例

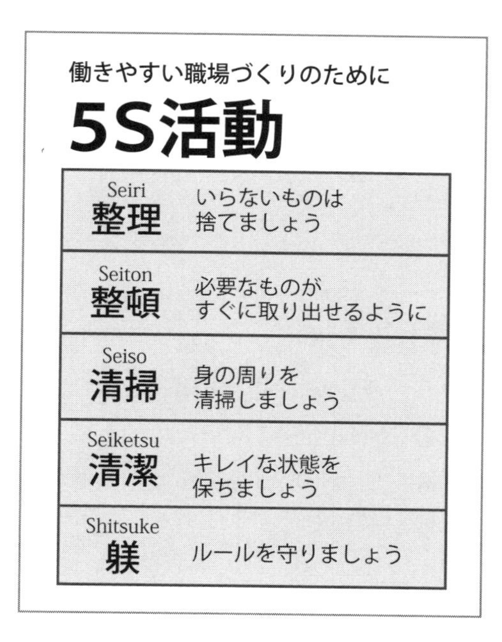

2・2 整理

(1) 整理とは

「必要なものと不必要なものを区分し、不必要なものはなくす」という意味です。5S を実施するときには、整理と整頓を分けて、まず整理を徹底します。

整理を徹底することにより不要品を職場からなくします。不要品が存在すると、必要なものが見つけにくいからです。整頓を始めるためには、まず整理が実施され、職場に不要品がないことが必要条件となります。

(2) 整理のポイント

原則的には、半年以内に使用する予定がなければ、不要品と判断します。もちろん、法律の制約で捨てられないもの、高価な設備で捨てられないものなどは例外となります。

一般的には、整理を「片付ける」程度の意味で使用していることが多いですが、5Sにおける整理の実施には価値判断が入るので、整理とは「片付ける」のではなく「価値判断をする」ことだと考えるべきです。活用度・重要度・緊急度などにより価値判断を行い、保管（保存）するものと廃棄するものを決めて、置き場所などを設定しましょう。

2・3　整頓

(1) 整頓とは

「必要なものがすぐに取り出せるように、置き場所、置き方を決め、表示を確実に行う」という意味です。整頓は、いつでも必要なときに取り出せるように、ものを管理状態に保つための方法です。このような状態を確保するためには、使用したら必ずもとの位置に戻すことを、職場の全員が実行する必要があります。

(2) 整頓のポイント

職場の中に置き場所が決まっていないものはないということが、整頓の重要な考え方です。もちろん例外もありますが、原則としてすべてを設定するという心構えが大切です。

資材や備品の保管する数量は、いくつ置いてもよいというルールでは管理できないので、保管すべき数量は対象ごとに設定するべきです。たとえば、最大数量、最小数量、発注点などを明確化し、いずれも置き場所に表示するということになります。

整頓では、どこに、何を、いくつ置くかという、以下の「3定」を実行することが重要です。

① 定位（置）：定められた位置、場所の表示

② 定品：定められた品物、品目の表示

③ 定量（数）：定められた量（数）、量（数）の表示

2・4 清掃

(1) 清掃とは

「清掃とは、ゴミや汚れを掃除によってキレイにする」ことですが、同時に点検するという意味が含まれます。すなわち「清掃とは、自分たちが使用しているものをきめ細かく管理して、常に最高の状態を維持していく、守っていく」という意味があります。

(2) 清掃のポイント

「清掃は余計なこと」と考える人がいますが、清掃は仕事の一部であり、作業工程の１つと考えるべきです。汚れているから清掃をするというだけでなく、清掃活動には、次の３つの改善が含まれます。

① ゴミや汚れの発生源を突きとめて、ゴミや汚れが発生しないようにする

② ゴミや汚れが飛散しないようにする

③ 清掃時間を短縮する

2・5 清潔

(1) 清潔とは

「3S（整理・整頓・清掃）を徹底して実行し、汚れのないキレイな状態を維持すること」です。整理・整頓・清掃を管理するために大切なことは、まずルールをつくり、それを標準化し、ルールどおりに実践できているかどうかを目で見てわかるような管理体制をつくることです。

(2) 清潔のポイント

清潔な状態を維持するためには、常に「現状の問題は何か」「改善すべき点は何か」を探り続け、改善を継続することが大切です。

異常や危険な個所は、目で見てすぐにわかるようにして、こうした異常や危険な個所そのものを改善してなくしていくことが重要です。

2・6 躾（しつけ）

(1) 躾とは

「躾とは、決められたことを、決められたとおりに実行できるよう習慣づけること」です。

企業では、幼児や正しい判断力のない児童を対象とした「躾」ではなく大人が対象であり、内容をよく理解させ、納得させることが大切です。

(2) 躾のポイント

習慣づけるためには、繰り返し実行することが必要です。ある行為を何度も繰り返すことで、その行為を無意識に実行してしまう状態にまで到達すると習慣づけができたといえます。したがって、習慣づくまでには時間が必要となります。

品質

3・1　品質とは

工場で働くうえで、安全と同様に「品質」は非常に重要な項目です。ISOでは、品質とは「本来備わっている特性の集まりが要求事項を満たす程度」と定義づけられています。

少しわかりにくいのですが、「本来備わっている特性」とは、鉄をつくる工場でたとえると「成分」「特性」「強度」などといえます。また「要求事項」は顧客が求める内容です。つまり、工場で製造された製品の質が、顧客の要求をどの程度満たせるかという意味になります。要求が満たされた製品は品質がよい、要求が満たされない製品は品質が悪いと判断できます。

このように工場で製造される製品は、すべて品質が求められます。また、さまざまな要因で要求事項は変化するので、品質について経営者からオペレーターまで高い意識が求められています。

3・2　品質管理の基本

前にも述べたように、「品質」を維持・向上させるためには全社的な取組みが必要となります。そのためには品質管理の基本的な考え方について、企業で働く全員が理解しなければなりません。

(1) 管理のサイクル

ある仕事を計画値どおり達成できるようにすることで、その基本的な進め方は、Plan（計画）→ Do（実行）→ Check（評価・診断）→ Action（修正・改善）の管理（コントロール）の輪を回すことです。この頭文字を取ってPDCAサイクル、または管理のサイクルと呼んでいます（**図表1・11**）。

図表1・11 ■ 管理のサイクル

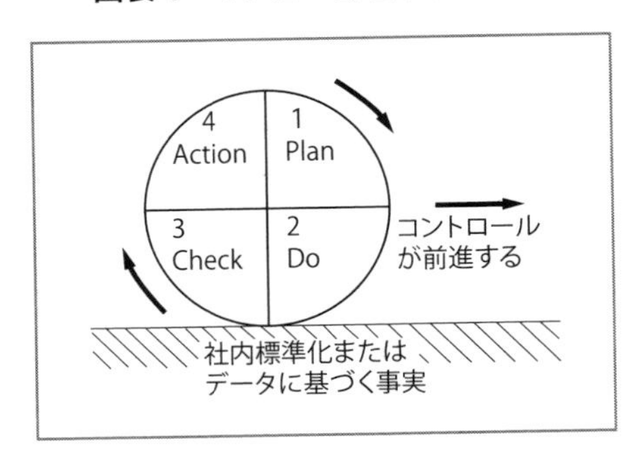

(2) 5W1H

5W1Hは、データを整理するときの基本原則です。誰が（Who）、何を（What）、いつ（When）、どこで（Where）、なぜ（Why）、どのように（How）が5W1Hです。

集めたデータを整理し、解析し、改善を進めるときには、この5W1Hを基本にして層別していくことが大切です。

(3) 三現主義

現場・現物・現象（実）の3つの「現」を重視する考え方です。もの離れ、現場離れを戒め、問題が発生したらただちに現場で現物を見て、現象（実）を確認して原因追究を行い、処置を取るという行動指針を示しています。

(4) 事実に基づく管理

品質管理を行ううえでは、経験やカンに頼るのではなく、「事実に基づく管理」が重要です。もともと、大量生産における不良の低減を目的に始められた品質管理では、不良の主要な原因は「バラツキ」にあると考えられ、統計学が応用されています。

統計的方法の代表的なものが「QC七つ道具」です。

3・3 QC 七つ道具

QC 七つ道具（Q7）は解析・改善手法として現場で広く活用され、品質の管理や維持、改善のための有効な道具になっています。QC 七つ道具は、以下のとおりです。ただし、このうちグラフと管理図を 1 つにまとめる場合や、または層別を含める場合もあります。詳細は、第 4 章「改善・解析の知識」で説明します。

① グラフ
② パレート図
③ 特性要因図
④ チェックシート
⑤ ヒストグラム
⑥ 散布図
⑦ 管理図

3・4 QC データの管理

品質データを解析して管理していくときには、次のような知識が有用です。詳細は、第 4 章「改善・解析の知識」で説明します。

① 正規分布
② 標準偏差
③ 管理限界
④ 工程能力

3・5 新 QC 七つ道具

新 QC 七つ道具（N7）は、QC 七つ道具だけでは十分とはいえない問題やデータを取り扱うときに有効な手法です。QC 七つ道具はおもに数値データを対象としていますが、新 QC 七つ道具は、おもに言語データを取り扱うことを目的として開発されました。詳細は、第 4 章「改善・解析の知識」で説明します。

① 親和図法
② 連関図法

③ 系統図法
④ マトリックス図法
⑤ アローダイアグラム法
⑥ PDPC 法
⑦ マトリックス・データ解析法

3・6　抜取り検査

抜取り検査とは「同一の生産条件から生産されたと考えられる製品の集まり（ロット）から、無作為（ランダム）に一部を取り出して試験（測定）し、その結果を判定基準と比較して、そのロットの合格、不合格を決定する検査」と定義されています。これに対して、全製品 1 個 1 個すべてを検査することを全数検査といいます。

(1) 抜取り検査が必要なもの

① 破壊検査を行うもの（材料の引張り試験、水銀灯の寿命試験）
② 製品が連続しているもの（ケーブル、フィルムなど）、または嵩（かさ）もの（石油、ガス、石炭など）で全数検査が不可能なもの

(2) 抜取り検査が有効なもの

① 多数・多量のもの（ボルト・ナットなど）で、ある程度の不良品の混入が許されるもの
② 一製品、一部品の検査の場合でも、検査項目が非常に多く全数検査が困難なもの

3・7　QC 工程表

製造工程を管理するときに、誰が、何を、いつ、どの工程で、どのような方法で管理するかを具体的に決めて、それを製造工程の流れに沿って図示したものが QC 工程表です（**図表 1・12**）。工程管理の要点を明確にした管理のための標準といえます。

図表 1・12 ■ QC 工程表の例

QC 工程表				発行月日		発行部署
工程番号	工程記号	工程名	管理項目	管理水準	管理方法	設備
1		—	—	—	—	—
2		—	—	—	—	—
3		—	—	—	—	—
⋮		…	…	…	…	…
…		…	…	…	…	…
…		…	…	…	…	…

3・8 品質保全

生産現場では自動化・省力化が進み、生産の主体が人手から設備に移り、品質の確保は設備の状態により大きく左右されるようになってきました。

品質保全は、不良の出ない条件設定とその維持管理によって、不良ゼロ・クレームゼロを目指す活動です。従来のようにできた製品の検査強化により流出防止を図る品質保証だけでなく、工程・設備で品質をつくり込んで不良の未然防止を図ることで、良品率 100％を製造工程で確立することをねらいとしています（**図表 1・13**）。

生産工程で「工程で品質をつくり込む」という品質保全の仕組みを整備するために、維持と改善の両面から 7 ステップで活動する「8 の字展

図表 1・13 ■ 品質保全の定義と実施項目

定 義	実施項目
①品質不良の出ない設備（製造工程）を目指して不良ゼロの条件を設定し、	条件設定
②その条件を時系列的に点検・測定するとともに、	日常点検・定期点検
③その条件を基準値以内に維持することにより品質不良を予防し、	品質予防保全
④測定値の推移を見ることにより、品質不良発生の可能性を予知し、	傾向管理・予知保全
⑤事前に対策を打つ。	事前対策

図表1・14 ■ 8の字展開法の概念

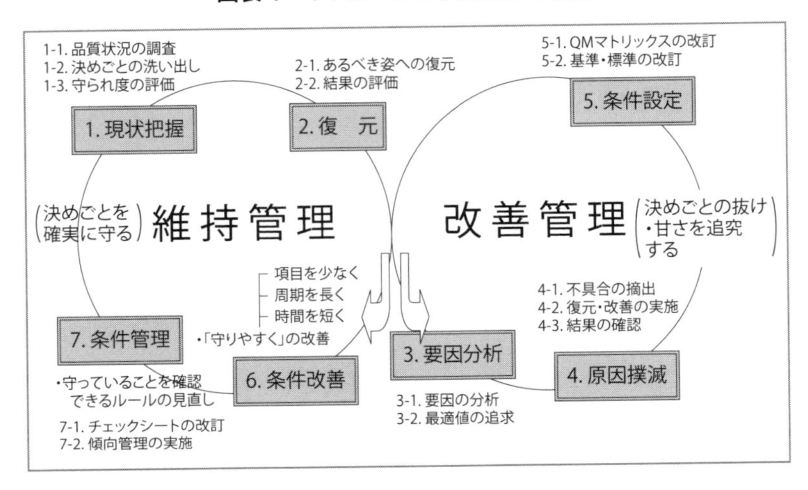

開法」があります（**図表1・14**）。

3・9　ISO 9000 ファミリー

ISO（International Organization for Standardization）とは国際標準化機構のことで、世界の製品およびサービスの国際取引を促進し、知識、科学、技術、経済活動の相互協力を図るために、世界各国の標準化を進め、電気分野を除く工業分野の標準となる国際規格を制定しています。また、電気分野の標準化は、国際電気標準会議（IEC）が制定しています。

日本では、国内の規格・標準としてJIS（日本産業規格）があり、ISO規格も翻訳されてJISとしても同じ内容で規格となっているものもあります。

品質に関係する規格はISO 9000ファミリー規格として次のとおりです。

① ISO 9001（品質マネジメントシステム－要求事項）
② ISO 9000（品質マネジメントシステム－基本及び用語）
③ ISO 9004（組織の持続的成功のための運営管理－品質マネジメントアプローチ）
④ ISO 19011（マネジメントシステム監査のための指針）

⑤ ISO 10005（品質マネジメントシステム－品質計画書の指針）
⑥ ISO 10006（品質マネジメント－プロジェクトにおける品質マネジメントの指針）
⑦ ISO 10001（品質マネジメント－顧客満足－組織における行動規範のための指針）
⑧ ISO 10002（品質マネジメント－顧客満足－組織における苦情対応のための指針）
⑨ ISO 10003（品質マネジメント－顧客満足－組織の外部における紛争解決のための指針）

このうちISO 9001、9000が根幹をなす規格であり、認証制度の対象にもなっています。現在190ヵ国以上でおよそ120万組織がISO 9001認証を取得しているといわれています。

JISとISO Column

JISは、日本産業規格の略称で、設備や商品を構成している鉱工業製品の形状、品質、使用方法、安全条件など、さまざまな技術的条件に関する国家規格です（メーカー間でも同一規格を保証）。
JISは、メーカーの立場から知られ、国の機関でオーソライズした製品の規格ですが、ISOは「消費者、ユーザー、お客様の目でメーカーの仕事のやり方や商品の特性値を確認していこう」というシステムです。ただし、国内の自動車製造メーカーの場合は、国の定めた「指定自動車制度」に基づく品質保証システムとなっており、ISOの求める基盤は備わっています（車を買ったお客様は第1回の車検はしないで済みます）。
こうした規格や標準は、多くの業種に共通して適用可能なものだけでなく、たとえば、食品の安全性確保のためのシステムとして知られるHACCP（ハサップあるいはハセップ）や、自動車産業向けの品質マネジメントシステムであるISO/TS 16949のように、個別の業種に適用されるものがあります。

作業と工程

生産現場における作業とは「取り扱われる原材料の加工（変形、変質）、運搬、検査、監視、帳票処理など」です。機械や設備が多くなっても作業を行う人は必要です。一方、工程は「原材料を製品化する設備やその活動全体」といわれます。つまり、作業と工程は生産現場での価値を生み出す仕事そのものです。

ここまで述べてきたように、安全に良い品質でものづくりを行うためには、効率的な作業や工程にする必要があります。そのために作業の標準化や工程管理が重要となります。

4・1 作業標準

作業標準とは、単位作業についての作業条件、使用する設備・機械・工具・材料・部品などを決め、作業の方法を手順ごとに記し、作業の急所、コツや注意事項を具体的に記入したものです。必要に応じて、保護具、安全心得、標準時間などが含まれる場合もあり、一般には、作業指図書、作業指示書、作業指導書、動作基準といわれます。

作業標準は、おもに作業者が使用します。この作業標準を守り、標準のとおりの仕事をすることによって、作業能率の向上、品質の安定、安全の確保を図ることができます。

作業標準は、正規の手続きをとらずに、変更してはいけません。

4・2 作業手順

作業は、作業者が自分の判断で始めるものではなく、作業責任者（監督者）の作業指示に従って行います。作業責任者は、どのような内容をどのように指示するかを身につける必要があります。

作業指示や作業手順の誤りは、不具合や災害の直接原因になることを肝に銘じなければなりません。また、作業手順を定める場合は、ムダ、ムラ、ムリのない安全な作業であるように心がけましょう。

(1) 作業手順とは

作業の手順と急所は、安全、品質、コストなどすべてに影響します。手順とは、その作業を「安全に、確実に、そして効率よく」仕上げるためのもっともよい作業の方法・順序でなければいけません。また急所とは、その作業を行ううえで「絶対外してはならないその作業の要になる重要事項」のことで、安全のポイント・品質のポイントといわれ、カン、コツの部分も含まれます（カン、コツは文章化しにくいので、訓練によって身につけます）。

(2) 作業手順書の必要性

作業手順書は、安全を確保し、能率をあげるために「すべての作業に必要」です。とくに危険が予測される作業には、必ず準備しておく必要があります。

例をあげると、以下のとおりです。

① 足場の組立、解体、鉄骨建方作業、高所危険作業
② クレーン作業などの各職との混在作業
③ 危険有害な環境での作業・危険を伴う臨時作業
④ 作業者の経験、技能が不安な場合の作業

4・3 生産統制と納期管理

生産活動は、日々の生産計画を基本として行われています。計画どおりに活動を保証することを生産統制といい、以下の3点から成り立っています。

① 進度管理：生産されたものが、納期の確保から見て予定どおりに進んでいるかどうかを統制する
② 現品管理：生産の円滑な流れを妨げないように、ものがどこにどれ

だけあるかを把握する

③ 余力管理：仕事量とそれを消化するための生産能力とのバランスをできるだけ平準化し、やり残しや遊びが出ないようにする

4・4 生産管理

生産管理は生産活動に関する管理活動全般を指しますが、具体的には「所定の品質：Q（quality）、原価：C（cost）、数量および納期：D（delivery）で生産するため、またはQ・C・Dに関する最適化を図るため、人、もの、金、情報を駆使して、需要予測、生産計画、生産実施、生産統制を行う手続きおよびその活動」と定義されています。

生産管理の目的は、生産計画に従って時間的経過の中で統制を行うことであり、それによって納期の確保や、在庫の適正化を目指します。

生産管理をきちんと進めるために、次の4点があげられます。

① 基準日程（納期に対して各工程がいつ作業に着手すべきか、そのベースとなる日程）

② 日程計画（生産の着手、完了時期をいつにするかを決める）

③ 現品管理（ものがどこに、いくつあるかを知る）

④ 流動数管理（工程における仕掛かり量などをつかみ、進度管理に利用する）

職場のモラール

　モラールは「士気、熱意」という意味で、モラル（道徳、倫理）と間違えられることがありますが、まったく別の言葉です。モラールのみでは業績や効率との相関は認められていませんが、リーダーシップを要因としてモラールを向上させ、業績へよい影響を与えるという結果が示されています。

5・1　リーダーシップ

　リーダーシップとは、集団を構成するメンバーに目的や方針を理解させ、自発的にそれらの達成の方向へ行動させる機能（影響力や指導力）のことをいいます。

　リーダーシップをうまく発揮させるということは、メンバー（個人）にモチベーション（やる気）を起こさせて、グループ一丸となれる組織をつくりあげることになります。また集団には、集団を維持させようとする働きと、集団の目標を達成しようとする働きの２つの機能があります。この２つの機能を促進するリーダーの働きこそ、リーダーシップといえます。

5・2　メンバーシップ

　メンバーシップとは、集団を構成するメンバーとして、目標達成のため自己の能力・スキルを最大限活用して各自の役割を果たし、集団に貢献することです。

　そのためには、スムーズな報告、連絡、相談（報・連・相）などでコミュニケーション力をあげて、相互にフォローしやすい環境を醸成することで目標達成に近づくことができます。

6 教育訓練

6・1　OJT と Off-JT

(1) OJT（On the Job Training）

OJT は、職場内教育と訳されます。仕事を通じた教育訓練と定義され、業務に従事しながら上司や先輩が個別的に部下などを教育・指導する方法です。

個別指導に加えて、職場のミーティング、朝礼・夕礼時などに複数人を対象に教育・指導することも含めて OJT と呼ばれます。

個性を尊重した実践的な教育が可能であり、きめ細かくフォローできるメリットがあります。

(2) Off-JT（Off the Job Training）

Off-JT は、職場外教育と訳されます。企業内で能力開発を行う場合に、OJT と違い職場を離れておもに集合教育訓練をするやり方です。通常の業務を離れ、企業内の会議室に集合して行う研修や、社外の各種セミナーや研究会への参加も含めて、Off-JT と呼ばれます。

日常の業務を離れて教育研修をするので、研修成果を業務に反映させるのが難しいという点もあります。逆に、通常業務では指導できない内容を学習でき、体系的に知識を習得できるというメリットもあります。

6・2　自己啓発

自己啓発は、自分自身で勉強し理解を深める手法です。人間の能力開発では、各人が意欲的・自主的に学習し、能力を育成していくことが理想です。そこで、多くの企業では通信教育や資格取得、自主的勉強会・研究会などに、さまざまな斡旋や援助を行っています。

6・3　伝達教育

伝達教育とは、自主保全活動において教育を受けたサークルリーダーが、その内容をサークルのメンバーなどに教えることをいいます。

その際、リーダーは単に同じことを教えるだけでなく、自分なりに工夫し、自分の現場・設備に合った形に置き換えてメンバーに伝えることが重要です。学んだことに理解不足があれば、人に教えることはできません。どのように教えるかと苦労するプロセスがあってこそ、学んだことが自分のものになり、自分自身のレベルアップにつながります。この「教えることによって学ぶ」ということが伝達教育の基本です。

伝達教育の有効な手段として、ワンポイントレッスン（第3章で説明）を活用します。

6・4　教育計画

人事や教育部門などで明示されている人材育成方針や体系をよく理解して進めます。対象者を選定し、教育ニーズを発見します。教育ニーズの発見方法としては、能力や日常の観察を行い、自己申告なども合わせて必要な教育を抽出します。次に、教育方針や目標、教育内容・方法などを明らかにして、教育訓練の実施計画を作成します。

実施方法としては、日常の教育・指導や教育面接、自己啓発援助などがあります。効果的に進めるために、Off-JTの援助も考慮してください。

そのポイントは、以下のとおりです。

① 教育方針・目標を明確にする（担当業務を明確にし、その業務に必要な能力を把握する）

② 個人別の現有能力を分析してニーズを把握する

③ 現有能力の分析は、先入観や偏見を避けるために、多面的（観点、結果分析、能力テスト、能力考課など）に行う

④ 実施計画の作成では、まず個人別の年間スケジュールを立て、周知させる

⑤ 年間スケジュール表とは別に、教育内容（項目）、方法、指導担当

者を明らかにする
⑥ 個人指導に際しては、個人の性格に応じて、説明法、説得法、質疑応答法などを使い分ける

6・5 スキル評価

スキルとは、「あらゆる現象に対して、体得した知識をもとに正しく、かつ反射的に行動できる力であり、長時間にわたり持続できる力」と定義されています。

オペレーターには、次のようなスキルが要求されます。

① 現象を発見するための能力
② 現象を正しく判断するための能力
③ 現象を正しく処置するための能力
④ もとの状態に回復させるための能力
⑤ 判断基準を定量的に決めるための能力
⑥ ルールをきちんと守るための能力
⑦ 現象を未然に防止・予知するための能力

スキルを向上させるには、まず職場の必要スキルに対するメンバーのレベルを評価し、「スキル評価表」に整理します。その結果にしたがって、教育・訓練によってスキル評価の低い項目から強化します（**図表1・15**）。

スキル向上のためには、スキルレベルに合わせた教育・訓練が必要です。知らない人には教育が、なんとかやれる人には訓練が必要であり、最終的なスキルアップのためには、自らが教えることによってその実力を向上させる方法が有効です。

図表 1・15 ■　スキル評価の例

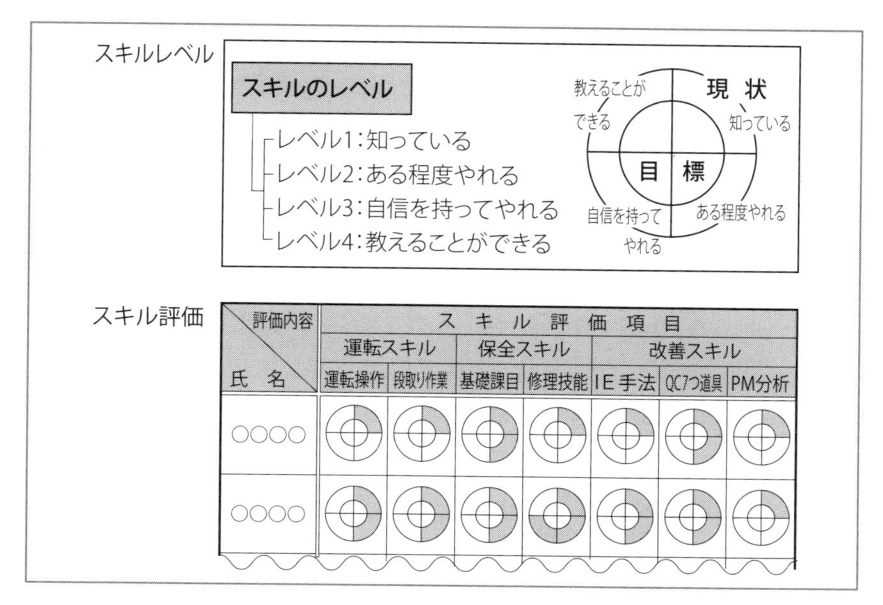

6・6　教育訓練体系

近年の産業ロボット、NC化、自動化により、製造部門に無人化の波が迫りつつあり、設備やメカトロニクスに強い技術・技能者の育成、確保に努力している企業が増えています。

しかしこれは、一朝一夕に育成できるものではありません。とくに、設備システムに強いオペレーターや保全員の養成が急務であり、自社の設備環境に合わせた能力開発育成や教育訓練の体系整備を図る必要があります（**図表 1・16**）。

図表1・16 ■ 保全技能教育訓練体系の事例

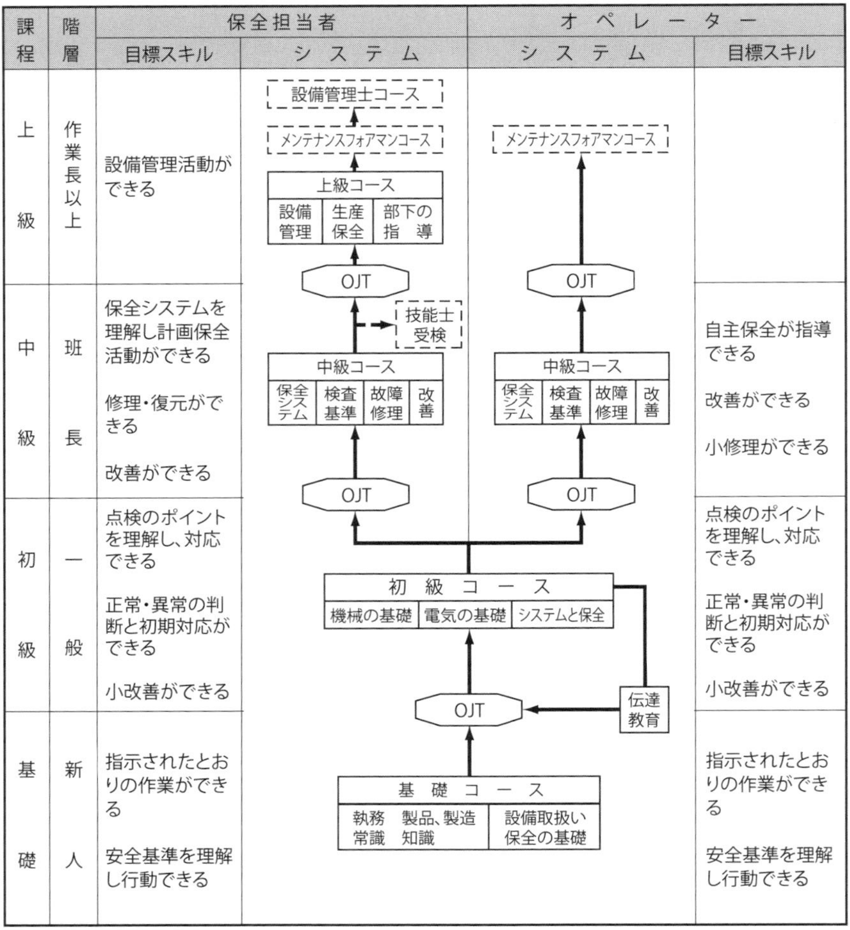

<table>
<tr><th rowspan="2">課程</th><th rowspan="2">階層</th><th colspan="2">保全担当者</th><th colspan="2">オペレーター</th></tr>
<tr><th>目標スキル</th><th>システム</th><th>システム</th><th>目標スキル</th></tr>
<tr><td>上級</td><td>作業長以上</td><td>設備管理活動ができる</td><td>設備管理士コース
↑
メンテナンスフォアマンコース
↑
上級コース（設備管理／生産保全／部下の指導）
↑
OJT</td><td>メンテナンスフォアマンコース
↑
OJT</td><td></td></tr>
<tr><td>中級</td><td>班長</td><td>保全システムを理解し計画保全活動ができる
修理・復元ができる
改善ができる</td><td>↑ - - → 技能士受検
中級コース（保全システム／検査基準／故障修理／改善）
↑
OJT</td><td>↑
中級コース（保全システム／検査基準／故障修理／改善）
↑
OJT</td><td>自主保全が指導できる
改善ができる
小修理ができる</td></tr>
<tr><td>初級</td><td>一般</td><td>点検のポイントを理解し、対応できる
正常・異常の判断と初期対応ができる
小改善ができる</td><td colspan="2">初級コース（機械の基礎／電気の基礎／システムと保全）→ 伝達教育
↑
OJT ← 伝達教育</td><td>点検のポイントを理解し、対応できる
正常・異常の判断と初期対応ができる
小改善ができる</td></tr>
<tr><td>基礎</td><td>新人</td><td>指示されたとおりの作業ができる
安全基準を理解し行動できる</td><td colspan="2">↑
基礎コース（執務常識／製品、製造知識／設備取扱い保全の基礎）</td><td>指示されたとおりの作業ができる
安全基準を理解し行動できる</td></tr>
</table>

就業規則と関連法令

7・1 就業規則と関連法令

製造業に限らず労働に関する事柄は「労働法」と呼ばれる多くの法律で定められています。労働基準法や労働組合法、男女雇用機会均等法などが代表的な法律です。

日常業務や勤務の条件は、労働基準法に基づき各社の就業規則などで規定されています。就業規則は、事業場内における労働者の行動や労働条件を統一的に規律するところにあり、一種の契約としてとらえ、労働者と使用者との明示または黙示の合意を求めています。したがって、自分の職場で気になることやわからないことがある場合は、就業規則を見て確認してみましょう。

7・2 勤務時間・出勤時間

勤務時間は就業規則などで規定されていますが、とくに始業・終業時刻については就業規則に必ず記載すべき事項となっています（労働基準法 89 条 1 項 1 号）。しかし、この記載時刻と実際の勤務時間の起・終点時刻の不一致などをめぐって、しばしばカン違いが生じる場合があります。単に始業何時と記載するにとどまらず、「勤務時間には入門から担当職場までの時間を含まない」というような定めを付加する場合もあります。これは入門時刻が勤務時間の開始時刻でないことや、担当職場到着前は労務提供義務を労働者が負わないことを意味します。

したがって、始業時間には作業着に着替えて職場で仕事が開始できる状態である必要があります。

7・3　残業時間

生産量や故障・品質などの問題によって、急きょ残業が発生する場合があります。残業については、36 協定（労働基準法 36 条）の範囲内で行われるのが一般的ですが、労働契約上の義務が明示されているか否かで決定される事柄となります。

就業規則や労働協約などで法内残業・法内休日労働義務が明瞭になっていれば、原則として労働者は法内残業命令や法内休日労働命令に拘束されると見る立場が有力です。ただし、法内超過労働（法内超勤）についても急に命令が出され、そのため労働者の前もっての計画、予定が実現不可能となるような場合は労働者側の拒否権を認めるとするのが一般的です。

また、「就業時間後なんら予定がなく、時間外労働をしても自己の生活にほとんど不利益を被らないような場合、時間外労働を拒否することは権利の濫用として許されない場合もある」となっています。

7・4　年次有給休暇（年休）

労働基準法 39 条では、年休の利用目的について制限を置いていません。年休日は労働者が就労から解放された日であり、その意味で休日などと異なるところはありません。したがって、原則として本来の意味にいう休養、スポーツ、旅行、その他各種文化活動など、いかなる目的にもこれを自由に利用することができます。また、これに対する使用者の干渉は許されません。

しかし、その利用については、諸般の事情（年休請求権者の職場における配置、その職務内容および性質、代替者配置の難易、作業の繁閑、同時に休暇を請求する者の人数など）を総合的に勘案して合理的に決定すべきであり、前もって利用日が予定されている場合は、職場の混乱が起きないように事前に相談・申請するべきです。

環境への配慮

企業は、生産活動に伴って発生する有害物質や廃棄物の排出によって、日常生活や生活環境に被害を及ぼすことがあります。これによる被害を産業公害といいます。生産に携わる職場で生産能率の向上を図ることは当然ですが、生産の過程で生じる有害物質の発生の抑制や防止に積極的に取り組み、環境の保全や配慮を図らなければなりません。

そのためには、企業全体やそれぞれの職場で環境保全のための方針や実施計画を決め、それに基づいた活動や管理システムを実施することが必要です。

8・1　公害の基礎知識

公害は環境基本法という法律で以下のように定義されています。

「事業活動その他の人の活動に伴って生ずる相当範囲にわたる大気の汚染、水質の汚濁、土壌の汚染、騒音、振動、地盤の沈下及び悪臭によって人の健康又は生活環境に係る被害が生ずること」。この定義の７種類の公害は、典型７公害と呼ばれています。

(1) 大気汚染

職場で発生する有害な煙やガスなどは、発生源で防がなければなりません。大気を汚染する物質には、硫黄酸化物・一酸化炭素・窒素酸化物・浮遊じん・降下煤じんなどのほか、炭化水素・硫化水素・塩素などのような物質もあり、法律で環境基準が定められています。

これらの物質は、燃料の燃焼によって排出されるものが多く、代表的な発生源は、火力発電所、各種産業の炉、自動車、ゴミ焼却場、暖房などです。

(2) 水質汚染

職場から出る廃水・廃液・廃油および廃棄物などは、そのまま流出させると水質を汚染するので、それらに含まれる有害物質を職場内で十分に取り除き、浄化しなければなりません。

(3) 騒音

職場内で発生する騒音は、作業者に悪影響を与えるばかりでなく、周辺地域にも悪い影響を与えることがあります。騒音による各種の影響は、不快感、会話の妨害、作業能率の低下、睡眠の妨害のほか、騒音の程度によっては聴力障害をもたらす場合があります。

(4) 悪臭

悪臭から生活環境を守るため、悪臭防止法が 1971 年に施行されました。これは、都道府県知事が市町村長の意見を聞いて悪臭の規制地域を指定し、一定の基準以上の悪臭を排出している工場や事業場に対して、施設の改善命令を出すことができるというものです。

特定悪臭物質として、アンモニア、硫化水素などの 22 物質が定められています。

(5) 地盤沈下

自然現象における地盤沈下は公害ではありませんが、工業用水として過剰な地下水の汲みあげや地下の掘削などにより地盤沈下が発生することがあります。地盤沈下は一度発生すると回復することが難しいため問題が深刻化する場合があります。

(6) 土壌汚染

産業廃棄物は、日常生活などから出される一般廃棄物とともに土壌汚染などの環境破壊をもたらし、自治体によっては深刻な問題となっています。

処理はそれを排出した事業者が責任を持つこととされ、事業者は廃棄物の安定化・減量化などの処理をした後に焼却や埋立処分するように定められています。

(7) 振動

振動については、環境庁（現在の環境省）が「振動規制法」を制定したのが 1976 年と、7 公害の中で、法整備がもっとも遅れました。同法は、以下の点を明記しています。

① 工場、事業場、建設工事などによる振動は地域を都道府県知事が指定し、規制基準に適合しないときには、知事が計画の変更、改善を勧告、命令する

② 道路交通振動は、知事が道路管理者や公安委員会へ要請する（60 〜 70dB）

ただし、指定地域外の振動や、新幹線は規制対象外となっており、問題点も残っています。

8・2 3R の促進

廃棄物問題の解決のため、大量消費・大量廃棄型の社会から、生産から流通、消費、廃棄に至るまで、ものの効率的な利用やリサイクルを進めることにより、資源の消費を抑制し、環境への負荷が少ない「循環型社会」を形成することが求められています。その 1 つの方向性として 3R（リサイクル：Recycle、リデュース：Reduce、リユース：Reuse）の促進があります。

最近では、リフューズ（Refuse）、リペア（Repair）、リファイン（Refine）などの考え方を追加して、廃棄物を出さない・減らす活動に各企業が取り組んでいます。

(1) リサイクル（再循環）

廃棄物を原材料として再生利用するという考え方で、生産者責任はリ

サイクルしやすいような設計、材料の選定を行い、その材質を表示するとともに使用後の引き取り、リサイクルの実施を求めています。

① リサイクルに配慮した商品：再使用・再資源化しやすい材料の採用と材料表示の実施

② 再生材料を使用した商品：プラスチック再生材の採用や部品の再使用

どうしても使用できないものは廃棄しますが、ここでも資源としてマテリアルリサイクルしたり、熱を回収するサーマルリサイクルを実施します。

(2) リデュース（低減）

生産のときに使う資源を少なくする、廃棄物を減らすという考え方です。生産段階では、天然資源の消費をできる限り抑制すること、製品ができるだけ長持ちするように、製品ライフを延長する設計をすることなどがあげられます。

(3) リユース（再利用）

回収された商品・部品を必要に応じて適切な処理をして再利用を図ることです。

リユースに配慮した商品とは、分離･分解、修理しやすい構造や設計、アップグレードが可能な商品づくりをすることなどがあげられます。

8・3　ゼロ・エミッション

ゼロ・エミッションは製造工程から出る廃棄物などを、別の産業の再生原料として利用し、「廃棄物ゼロ」の生産システム構築を目指す考え方です。

産業界における生産活動の結果排出される廃棄物をゼロにして、循環型産業システムを目指し、全産業の製造過程を再編成することにより、新しい産業集団（産業クラスター）を構築しようとする国際連合大学が提唱している構想です。

8・4　グリーン購入

グリーン購入とは、商品やサービスを購入する際に、価格や品質だけでなく、環境への負荷ができるだけ小さいものを優先的に購入することです。平成13年4月から、グリーン購入法（国等による環境物品などの調達の推進等に関する法律）が施行されました。

8・5　エコマーク（Eco Mark）

消費者主権を発揮して環境保全を進める仕組みの1つです。環境庁（現在の環境省）が考案したエコマークは1989年にスタートし、環境保全に役立つ商品に付けられていて、消費者の選択を助けています。

1996年3月には、商品の製造から廃棄に至る全段階を通じた環境への負荷を考慮してマークを付与するよう基準が改正されたほか、製造・販売者だけでなく、消費者からもエコマークの対象品目を提案できるようになりました。また世界の環境ラベルとの連携も進められています。

8・6　廃棄物の分別回収

廃棄物によって処理法や処分場が異なるので、確実な分別を行う必要があります。

「非耐久消費財」「耐久消費財」「（有害）化学物質を含有する製品」として想定されるものを例示すると、おおむね次のとおりです。

(1) 非耐久消費財の例

① 容器類（ボトル、スチール缶、アルミ缶、ガラスびん、食品容器、食品トレー、薬品PET・化粧品など容器、レジ袋など）
② 紙類（段ボール、新聞・雑誌、包装紙、印刷情報用紙、衛生用紙など）
③ 衣類
④ 乾電池・蓄電池
⑤ 文房具（鉛筆、ボールペン、定規など）
⑥ その他の使い捨て製品（ライター、カイロなど）など

(2) 耐久消費財の例

① 家電製品（テレビ、エアコン、電気冷蔵庫、電気洗濯機、ビデオプレーヤー、VTR、電気掃除機、扇風機、電子レンジなど）

② 電子・事務機器（パソコン、ワープロ、プリンター、コピー機など）

③ 自動車、スクーター・オートバイ

④ 自転車

⑤ タイヤ

⑥ 船 FRP

⑦ 家具（タンス・本棚、ソファー、ベッド・マットレス、応接セット）など

(3) (有害) 化学物質を含有する製品の例

① 乾電池・蓄電池（水銀電池、鉛バッテリー、ニカド電池など）

② 家電製品（テレビ、エアコン、電気冷蔵庫など）

③ 自動車

④ 蛍光灯

⑤ 化学薬品用容器（農薬、殺虫剤、塗料ほか）など

8・7 環境マネジメントシステム

組織や事業者が、その運営や経営の中で自主的に環境保全に関する取組みを進めるにあたり、環境に関する方針や目標を自ら設定し、これらの達成に向けて取り組んでいくことを「環境管理」または「環境マネジメント」といい、このための工場や事業所内の体制・手続きなどの仕組みを「環境マネジメントシステム」（EMS：Environmental Management System）といいます（**図表1・17**）。

また、こうした自主的な環境管理の取組み状況について、客観的な立場からチェックを行うことを「環境監査」といいます。

環境マネジメントや環境監査は、事業活動を環境にやさしいものに変えていくために効果的な手法であり、幅広い組織や事業者が積極的に取り組んでいくことが期待されています。

環境マネジメントシステムの代表的な規格として、環境省が策定したエコアクション21や、国際規格のISO14001があります。

図表1・17 ■ 環境マネジメントシステムの流れ

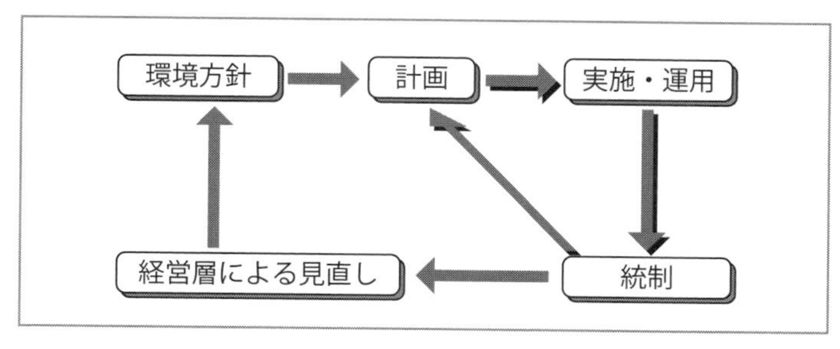

SDGs とカーボンニュートラル

企業における生産活動に関して、近年耳にすることが増えた「SDGs」「カーボンニュートラル」という 2 つのキーワードの概要を紹介します。

【SDGs】

SDGs とは、「Sustainable Development Goals（持続可能な開発目標）」の略称であり、社会が抱える問題を解決し、世界全体で 2030 年を目指して明るい未来をつくるための 17 のゴールと 169 のターゲットで構成されています。

SDGs の普及とともに、市場のニーズ、そして取引先からのニーズとして、SDGs への対応が求められるようになってきています。

＜ 17 のゴール＞

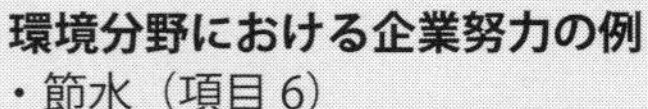

環境分野における企業努力の例

・節水（項目 6）
・CO_2 排出量の少ないエネルギーの利用（項目 7、13）
・開発時の配慮（項目 11）
・リサイクルの推進（項目 12）
・社有林の活用（項目 15）

（資料）環境省「すべての企業が持続的に発展するために」
https://www.env.go.jp/policy/SDGsguide-honpen.rev.pdf

Column

【カーボンニュートラル】

現在、地球規模の課題となっている平均気温上昇の対策として、二酸化炭素（CO_2）、メタン、一酸化二窒素、フロンなどの温室効果ガスの大気中の濃度を抑制することが有効とされています。

カーボンニュートラルは、温室効果ガスの「排出量」から「吸収量」を差し引いた合計が、実質的にゼロとなる状態であり、日本政府は、2050年までにこれを達成することを宣言しました。

各企業においても、事業活動の中で排出される温室効果ガスの削減などを目標として、さまざまな取組みが進められています。

<カーボンニュートラルの考え方>

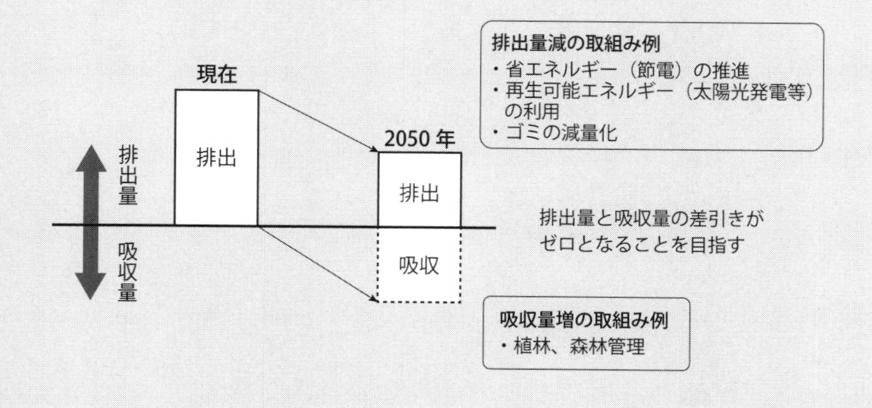

第2章

生産効率化とロスの構造

<学習のポイント>

生産保全、TPM、自主保全の関係を体系的に学習して理解しましょう。
同時に、生産効率化のために必要なロスの構造や故障ゼロに向けての考え方や方策を理解しましょう。

保全の発展と考え方

1・1　保全方式

(1) 保全の歴史

生産保全（PM：Productive Maintenance）は生産の経済性を高める保全であり、生産保全は「儲かる保全」「儲かる生産保全（PM)」とも呼ばれ、次の4つの方式の保全活動があります。

① 事後保全（BM：Breakdown Maintenance）：故障してから修理する方式

② 予防保全（PM：Preventive Maintenance）：故障する前に保全する方式

③ 改良保全（CM：Corrective Maintenance）：故障しにくく、保全や修理がやりやすいように改良する方式

④ 保全予防（MP：Maintenance Prevention）：設計段階から、故障しにくく、保全がやりやすいようにしておく方式

この生産保全の活動を全員で進めることから、TPM（Total Productive Maintenance）と呼ばれています。

事後保全、予防保全の時代から生産保全へと発展しました。TPMが生まれた歴史は**図表2・1**のとおりです。

TPMは、米国から導入した予防保全、生産保全の考え方を発展させ、日本独自のシステムとして1971年に日本プラントメンテナンス協会が提唱しました。TPMはあらゆる部門、あらゆる階層が全員参加のもと、生産システムの総合的効率化を推進します。

(2) 保全の3要素と設備の劣化

設備は使用を開始した直後から劣化が始まります。設備を正しく使用

し保全をしていても、劣化は必ず進行します。このような劣化を「自然劣化」といいます。一方、設備に対して当然やるべきことをせず人為的に劣化を促進させていることを「強制劣化」といいます。

日常の保全により設備を強制劣化から守るとともに、どの程度劣化が進んでいるかを測定し、修理などによって劣化を復元することにより、設備の持つ所定の能力を維持することが重要です。保全の３要素と設備の劣化を説明したのが**図表２・２**です。

図表２・１■ 日本の生産保全（PM）進化の歴史

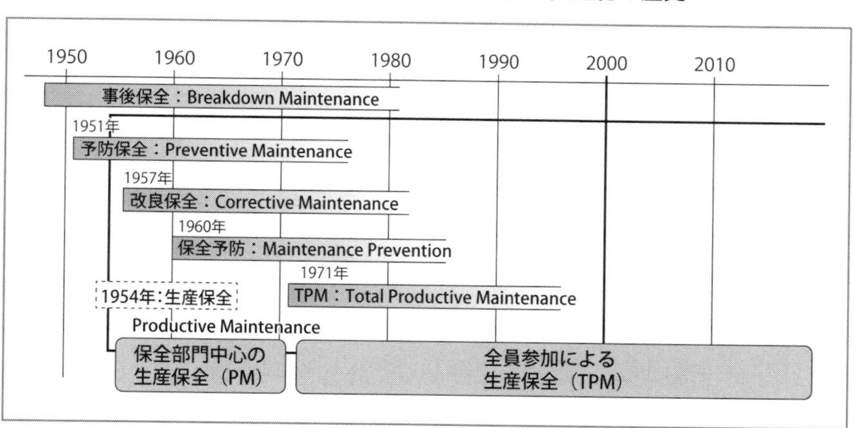

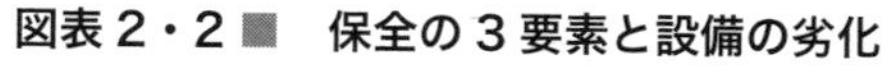
図表２・２■ 保全の３要素と設備の劣化

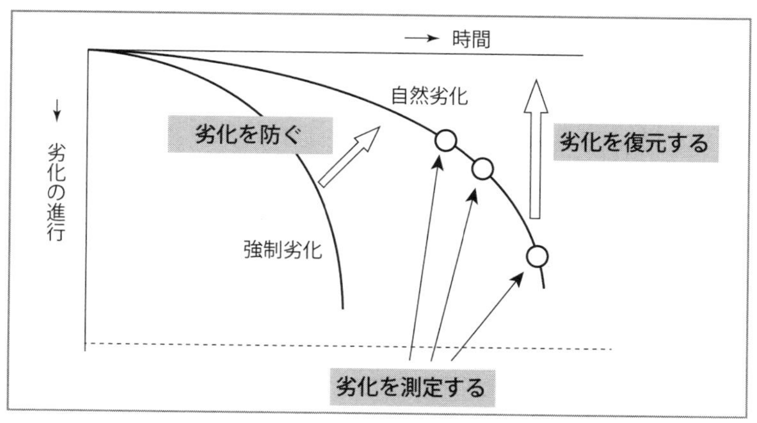

　また、保全目標を達成するための活動は、大きく次の２つに分けられます。

① 維持活動：故障をくい止める、故障を直す

・正常運転

・予防保全（日常保全・定期保全・予知保全）

・事後保全

② 改善活動：寿命を延ばす、保全時間を短縮する、保全をなくす

・改良保全：信頼性の改善、保全性の改善

・保全予防：保全のいらない設計

生産保全（PM：Productive Maintenance）

設備の一生涯を対象として、生産性を高めるためのもっとも経済的な保全を生産保全といいます。

生産保全では、**図表2・3**のように「目的を最大に、手段に要するコストを最小に」を常に追求していかなければなりません。そのためには、計画と改善という保全活動が不可欠です。

生産保全は「生産の経済性」を高めるための手段であり、**図表2・4**に示す各種の保全手段があります。

図表2・3■　生産保全の目的

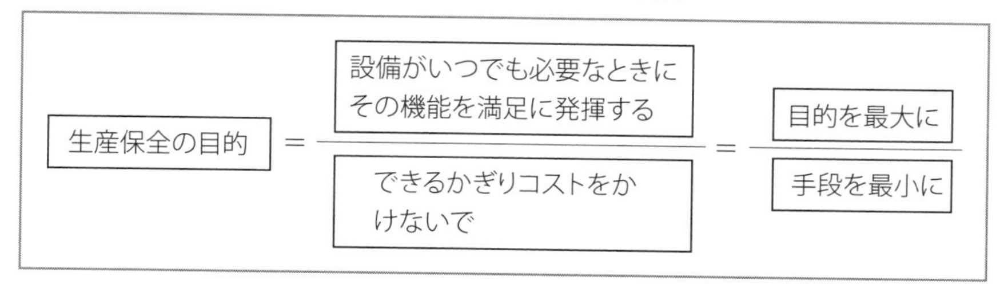

図表2・4■　生産保全の手段

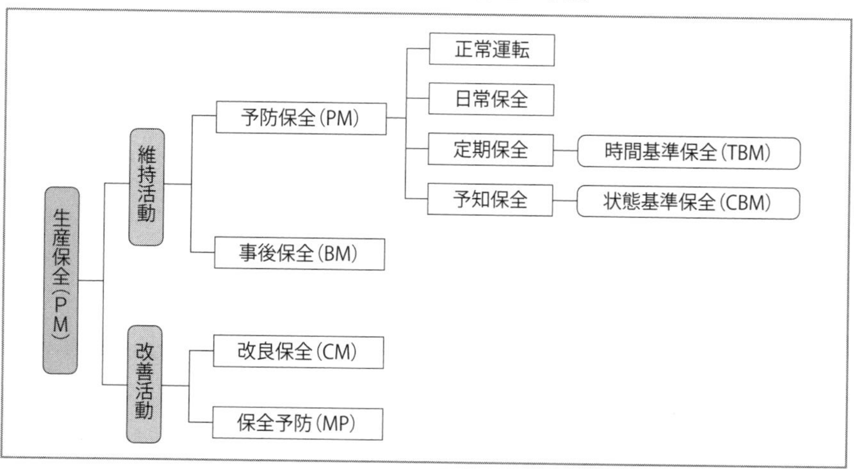

2・1　予防保全（PM：Preventive Maintenance）

設備の性能を維持するには、設備の劣化を防ぐための予防措置が必要です。そのためには潤滑、調整、点検、取替えなど日常の保全活動と同時に、計画的に定期点検、定期修理、定期取替えを行うことが必要です。その保全方式を予防保全といい、次の３つの活動があります。

① 劣化を防ぐ活動：日常保全

② 劣化を測定する活動：定期検査（診断）

③ 劣化を回復（復元）する活動：補修・整備

(1) 定期保全（時間基準保全 TBM：Time Based Maintenance）

定期保全は予防保全の方法の１つで、時間を基準にして一定の周期で行われることから時間基準保全（TBM）と呼ばれます。

この方法は、過去の故障実績や整備工事実績を参考にして、一定周期（一般的には１ヵ月以上）で保全が行われる場合と、法的規制に準拠して、一定周期で保全を行う場合があります。

(2) 予知保全（状態基準保全 CBM：Condition Based Maintenance）

予知保全（Predictive Maintenance）は予防保全の方法の１つで、設備の状態を基準にして保全の時期を決めることから状態基準保全（CBM）と呼ばれます。

設備診断技術によって設備の構成部品の劣化状態を定量的に傾向把握し、その部品の劣化特性、稼動状況などをもとに、劣化の進行を定量的に予知・予測し、保全を行う保全方法です。

2・2　事後保全（BM：Breakdown Maintenance）

設備装置・機器が性能低下、もしくは機能停止（故障停止）してから、補修や取替えを実施する保全方法のことです。予防保全（事前処理）をするよりも、事後保全の方が経済的である機器について計画的に事後保全を行う場合と、経済性の追求がない非計画的な事後保全の場合があります。

2・3 改良保全（CM：Corrective Maintenance）

設備の信頼性、保全性、安全性などの向上を目的として、現存設備の弱いところを計画的・積極的に体質改善（材質や形状など）をして、劣化・故障を減らし、保全不要の設備を目指す保全方法です。

2・4 保全予防（MP：Maintenance Prevention）

設備を新しく計画・設計する段階で、保全情報や新しい技術を取り入れて、信頼性、保全性、経済性、操作性、安全性などを考慮して、保全費や劣化損失を少なくする活動です。この活動の究極の目的は、保全不要（メンテナンス・フリー、ノーメンテナンス）の設備づくりを目指すということになります。

新しい設備の設計、稼動中の設備の改善・改造を行うとき、新しい技術の導入だけでなく、既存・類似設備の保全データや情報などを十分に反映させて設計・改造を行い、故障、劣化損失、保全費を少なくすることがねらいです。保全予防のための情報、いわゆるMP情報（Maintenance Prevention information）は、メンテナンス・フリーを目指す際に有効な情報です。

TPMの基礎知識

3・1　TPMの定義

TPM(Total Productive Maintenance)は次のように定義されています。

① 生産システム効率化の極限追求（総合的効率化）をする企業体質づくりを目標にして、
② 生産システムのライフサイクル全体を対象とした「災害ゼロ・不良ゼロ・故障ゼロ」などあらゆるロスを未然防止する仕組みを現場・現物で構築し、
③ 生産部門をはじめ、開発、営業、管理などのあらゆる部門にわたって、
④ トップから第一線従業員に至るまで全員が参加し、
⑤ 重複小集団活動により、ロス・ゼロを達成すること

3・2　TPMの基本理念

TPMの理解を深めるために、その定義に関連づけた基本理念として、5つのキーワードがあります（**図表2・5**）。

(1) 儲ける企業体質づくり

TPMで不良や故障をゼロにすることによって、品質（Q：quality）、コスト（C：cost）、納期（D：delivery）で顧客満足度（CS）を最高にすることを目指します。

(2) 予防哲学（未然防止）

予防保全の導入以来、TPMに引き継がれた哲学、コンセプトです。

(3) 全員参加（参画経営・人間尊重）

全員参加は、重複小集団活動にほかなりません。オペレーターの自主

図表2・5 ■ TPMの定義と基本理念

全社的TPMの定義	TPMの基本理念
1.生産システム効率化の極限追求（総合的効率化）をする企業体質づくりを目標にして、	1.儲ける企業体質づくり ── 経済性の追求、災害ゼロ、不良ゼロ、故障ゼロ
2.生産システムのライフサイクル全体を対象とした「災害ゼロ・不良ゼロ・故障ゼロ」などあらゆるロスを未然防止する仕組みを現場・現物で構築し、	2.予防哲学（未然防止） ── MP ── PM ── CM
3.生産部門をはじめ、開発、営業、管理などのあらゆる部門にわたって、	3.全員参加（参画経営・人間尊重） ── 重複小集団組織、オペレーターの自主保全
4.トップから第一線従業員に至るまで全員が参加し、	4.現場・現物主義 ── 設備を"あるべき姿に"、目で見る管理、クリーンな職場づくり
5.重複小集団活動により、ロス・ゼロを達成することをいう。	5.常識の新陳代謝 ── モノの見方・考え方の連続性の進化・成長

保全活動は、まさに参画経営、人間尊重です。

TPMでは、各階層の小集団が不良・故障ゼロなどの目標を自ら決定し、全員参加で問題解決、目標達成に取り組みます。全員で目標達成の達成感・成功感を味わうことが重要であり、これによって成長欲求も充足されます。

(4) 現場・現物主義

一般的に、「データをして語らしめる」という考え方です。「不良が出てからデータを解析してその原因を突きとめ、アクションを取る」というパターンが一般的ですが、TPMでは、現場・現物を重視し、原因追究して処置を行う考え方で活動します。

(5) 常識の新陳代謝

マンネリ体質の予防を意味します。これまでの体験と学習から得られたモノの見方・考え方（常識）を、時代や環境に適合して新陳代謝することが重要です。

3・3　TPMのねらい

TPMのねらいは、ひと言でいえば「人と設備の体質改善による企業の体質改善」です。

(1) 人材育成

TPMがねらいとする人材育成は、おもに次のとおりです。

① オペレーター：自主保全能力の向上
② 保全担当者：専門的保全能力の向上
③ 生産技術者：保全性の高い設備計画能力

(2) 設備の改善

人材育成とともに、設備の改善を図る必要があります。それには次の2つの分野があります。

① 設備の改善による総合的効率化

設備の総合的効率化とは、いい換えれば生産性向上のことで、より少ないインプット（費用）で、よりすぐれたアウトプット（効果）を生み出すこと、つまり費用対効果の最適化をねらうことです。

② 新設備のライフサイクルコスト（LCC）設計と垂直立上げ

新設備の導入を計画するときは、購入価格だけで優劣比較をせずに、運転維持費などを加えたライフサイクルコスト、つまり設備のトータルコストで比較しなければなりません。

3・4　TPMの効果

TPMを導入してから、一定の成果（TPM優秀賞受賞など）までは、おおよそ3年ほどの計画的な活動が必要とされます。

TPM活動を続けていくことによって、以下のような効果が現れます。

（1）有形の効果

生産活動のアウトプット（効果）指標として、生産性（P：productivity）、品質（Q：quality）、コスト（C：cost）、納期（D：delivery）、安全・衛生（S：safety）、作業意欲（M：morale）、環境（E：environment）の7つ（PQCDSME）を取り上げます。

① P：付加価値生産性・設備総合効率の向上、故障・チョコ停件数の減少
② Q：工程内不良率・客先クレーム件数の減少
③ C：製造原価・ロスコストの減少
④ D：原料・仕掛かり品・製品の在庫量の減少
⑤ S：休業・不休業災害件数の減少
⑥ M：改善提案件数・資格取得者数の増加、年間総労働時間数の減少
⑦ E：環境改善件数の増加、廃棄物の減少

そして、TPM 導入時点をベンチマーク（BM）として、それらがどれだけよくなったかを相対的に評価します。

（2）無形の効果

TPM の無形の効果として以下のようなものがあげられます。

① 自主管理の徹底により、「自分の設備は自分で守る」という意識が芽生える
② 故障ゼロ、不良ゼロを実現し、やればできるという自信がつく
③ 職場がキレイになり、職場環境や雰囲気がよくなる
④ 工場来訪者によい企業イメージを与え、営業活動の後押し効果となる

3・5 TPM 活動の 8 本柱

TPM の目標を効果的かつ効率よく達成するために、TPM 活動は 8 本柱によって活動を推進します。

(1) 個別改善

設備の効率化を阻害する要因としてもっとも大きいのは、①故障ロス、②段取り・調整ロス、③刃具交換ロス、④立上がりロス、⑤チョコ停ロス、⑥速度ロス、⑦不良・手直しロスの 7 つです。TPM では、これらのロスを徹底的に改善して、設備の効率化を追求します。

個別改善のレベルアップは、次のように進めます。

- 自分たちの職場にどのようなロスがどれだけあるかを把握する
- 上位方針に沿って、期間内にどれだけの課題を解決すべきかを決める
- 課題を短期間で解決し、目標を達成する

個別改善では、目標を達成するために、各サークルが「何を、いつまでに、どの程度にしなければならないか」を決められる力を身につける必要があります。1 つひとつの改善テーマに取り組むことによって、要因分析力、改善実施能力、条件設定能力など、QC ストーリーにしたがって改善する力を身につけることが大切です。

(2) 自主保全

保全活動は、保全部門だけでは十分に成果をあげることはできません。機械の調子をもっともよく知り感じているのは、機械設備に接しているオペレーターです。自主保全活動では、オペレーターだからこそできる設備の状態（振動や異音、熱など）をチェックします。また、設備に関する項目を学習し、教育を受けて給油、増締め、簡単な修理などを行います。このような活動が自主保全であり、TPM の中でも非常に重要な活動です。

自主保全活動で目指すのは、職場にあるさまざまな決めごとと職場環境の整備を通じて、維持管理が確実に実施できる体質をつくることです。同時に、決めごとを守りやすくする改善も実施していく必要があります。

自主保全活動は 7 段階のステップ方式で活動を行います。

第 1 〜第 5 ステップでは、設備管理に関わる自主保全基準の作成を

行います。そこで身につけた維持・改善を継続して、第6ステップでは職場にあるほかの管理項目の標準化を進め、第7ステップの自主管理の徹底に結びつけます。

(3) 計画保全

自主保全とともに重要なのが、保全部門が専門的に行う計画保全活動です。保全管理システムをつくり、高度な技術を駆使して設備の健康管理を行います。設備の保全体制を整備するためには、保全部門のレベルアップが不可欠です。

(4) 教育訓練

TPM活動を行ううえで基礎となるのは、「設備に強い人づくり」です。オペレーターが自主保全活動を行うためには、設備の構造や機能の知識、ある程度の保全技術が必要となります。

仕事の中身を変えていくためには、業務に必要となる情報や技能を身につけなければなりません。問題解決をしていくために、知識・技能・解析技術などを積極的に教育・訓練する必要があります。

(5) 初期管理

初期管理活動には、設備面と製品面の活動があります。

設備面の活動では、おもに生産技術部門が、保全情報を設計にフィードバックして、信頼性の高い保全のしやすい設備、すなわち「生まれのよい設備」を開発・設計します。

製品面での活動は、「つくりやすい製品設計」や「顧客満足度の高い製品づくり」などがあげられます。設備面と製品面の初期管理を行うには、コンカレント・エンジニアリング（業務を同時進行させ、開発期間や納期を短縮などの効率化を図る）手法などを活用すると効果的です。

(6) 品質保全

工程で品質をつくり込み、設備で品質をつくり込み、品質不良を予防する活動が品質保全です。品質保全を実施するには、まず製品の品質特性を明らかにします。次に、4M（① 人：Man、② 機械：Machine、③ 材料：Material、④ 方法：Method）の最適条件（不良ゼロの条件）を設定し、この条件を維持したうえで製品を製造します。このように品質保全活動は、原因系の条件管理の活動です。

(7) 管理間接業務

製造に関わる部門に対して、管理間接部門はこれを支援する大事な部門です。管理間接部門の供給する情報の品質とスピードは、製造に関わる部門の業務や TPM 活動に大きな影響を与えます。TPM 活動では、管理間接部門も本来の機能を強化し、体質を強化する活動を行います。間接業務の効率化とともに、管理面のロスを明確にして、生産効率を低下させている原因を追究して対策をしていきます。

(8) 安全・環境

安全・環境の活動は、組織的に推進することが重要です。なかでも、安全の維持、環境への影響排除などのために、危険予知訓練などを実施するのが効果的です。

設備の本質安全化に取り組むとともに、作業環境の整備などにも積極的に取り組まなければなりません。災害ゼロの達成はもちろん、困難作業・暑熱・騒音などの作業環境の改善も忘れてはいけません。

TPMに関する国際規格（PAS 1918） Column

TPMに関する国際規格（公開仕様書）として、2022年にPAS 1918（正式名称:Total productive maintenance（TPM）—Implementing key performance indicators—Guide）が制定されました。PASは、ISOやJISに準じる業界/技術分野における標準規格と位置付けられています*。

日本発のTPMが国際的に広まってきているため、改めて基本的なTPM活動の考え方や進め方、指標の取り方をガイドとしてまとめることにしたのです。

職場でのTPM・自主保全活動の成果指標についてのガイドラインを用いることで、自社で取り組まれているISO等のマネジメントシステムの中で、TPM・自主保全活動が、現場力の強化や皆さんの能力向上につながるものとして高く評価されるようになると考えています。

*BSIによる位置付け
https://www.bsigroup.com/LocalFiles/ja-jp/PAS/PAS_standard_BSJ.pdf

ロスの考え方

4・1　生産活動の効率化を阻害する16大ロス

製品の安定生産するためには「生産状態の中のロス」を明確にし、そのうえでロス対策としての改善を進めることが重要です。ベンチマーク（BM）を測定するためにも、効果を確認するためにも、このロスの明確化が前提となります。

ロスは大きく4つに分類され、細かくは16のロス（16大ロス：以下の①～⑯で解説）に分類されます（**図表2・6**）。

図表2・6 ■ 生産活動の効率化を阻害する16大ロスの構造

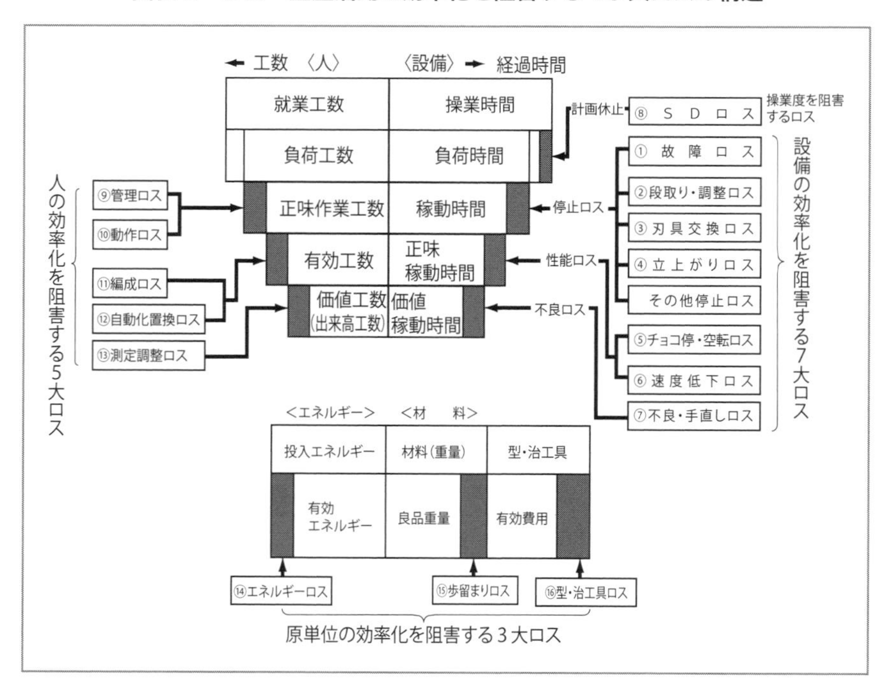

（1） 設備の効率化を阻害するロス ＝ 7 大ロス

① 故障ロス

② 段取り・調整ロス

③ 刃具交換ロス

④ 立上がりロス

⑤ チョコ停・空転ロス

⑥ 速度低下ロス

⑦ 不良・手直しロス

（2） 操業度を阻害するロス

⑧ シャットダウン（SD）ロス

（3） 人の効率化を阻害するロス ＝ 5 大ロス

⑨ 管理ロス

⑩ 動作ロス

⑪ 編成ロス

⑫ 自動化置換ロス

⑬ 測定調整ロス

（4） 原単位の効率化を阻害するロス ＝ 3 大ロス

⑭ エネルギーロス

⑮ 歩留まりロス

⑯ 型・治工具ロス

4・2 設備の効率化を阻害するロス

設備および生産の効率化を阻害する理由として、大きく 7 つのロスがあり、「設備の 7 大ロス」と呼びます。

(1) 故障ロス

効率化を阻害している最大の要因となっているのが故障ロスです。

故障には、機能停止型故障と機能低下型故障があります。機能停止型故障とは突発的に発生する故障であり、機能低下型故障とは慢性的に発生し設備の機能が本来の機能よりも落ちてくる故障です。いずれかの故障による生産できない時間を故障ロスと定義します。

(2) 段取り・調整ロス

段取り・調整ロスとは、段取り替えに伴う停止やその調整などで生産できないロスのことです。段取り替え時間とは、今まで製造してきた製品を中止し、つぎの製品が製造できるようになるまでの準備時間で、その中でもっとも時間を要するのは、試し削りや調整などです。

(3) 刃具交換ロス

刃具交換ロスとは、砥石、カッター、バイトなどの寿命または破損によって刃具を交換するために生産を停止するロスです。

(4) 立上がりロス

立上がりロスとは、生産開始前の設備起動・ならし運転・加工条件が安定するまでの間に発生する時間を定義したロスです。

(5) チョコ停・空転ロス

チョコ停とは、故障と異なり、設備がチョコチョコ止まるなど、一時的なトラブルのために設備が停止したり空転する状態をいいます（チョコトラともいう）。たとえば、ワークがシュートで詰まって空転したり、品質不良のためにセンサーが作動し、一時的に停止する場合などです。

このような場合に生産できない時間をチョコ停・空転ロスとカウントします。これらは、ワークを除去したり、リセットさえすれば設備は正常に作動するので、設備の故障とは本質的に異なるものです。

工場や工程、設備ごとに「故障」と「チョコ停・空転」の定義をしておくとよいでしょう。

(6) 速度低下ロス

速度低下ロスとは、設備の設計スピードに対して、実際に動いているスピードとの差から生じるロスです。たとえば、設計スピードで稼動すると、品質的・機械的トラブルが発生するのでスピードをダウンして稼動するという場合です。このスピードダウンによるロスが速度低下ロスです。

(7) 不良・手直しロス

不良・手直しによるロスです。一般に、不良といえば廃却不良と考えがちですが、手直し品（補修品）も修正のためのムダな工数を要するため、不良と考えなければなりません。

4・3　操業度を阻害するロス

操業度を阻害する計画休止上のロスです。具体的には、生産調整のための計画休止やシャットダウン（SD）ロスが該当します。つまり、操業時間の中でどれだけ生産負荷をかけたかが問題であり、これらは上位集団もしくは保全部門の改善課題となります。

4・4　人の効率化を阻害するロス

標準工数に対して、実際にどれだけの工数を必要としたかという比率で考えます。作業工数の面から見た場合、時間的なロスには作業指示待ちのような管理ロスも含みます。そのほか、作業バランスの悪さや自動化遅れによる有効作業の比率を悪化させるロス、付加価値を生む作業内容の占める比率の悪さなどのロスを明確にしなければなりません。

このロスは人のスキル差、作業方法、レイアウト、さらに職場の管理レベルにより量が左右されます。これらのロスを人の効率化を阻害する

「人の５大ロス」と呼んでいます。

人の５大ロスを判定する指標（総合能率）として、設備に対して人の工数がどれだけ有効に使われたかを判定する総合的指標として次式で表されます。

$$総合能率 = \frac{標準工数 \times 出来高}{負荷工数}$$

$$= \underset{（稼動率）}{\frac{負荷工数 - 作業ロス工数}{負荷工数}} \times \underset{（能率）}{\frac{標準工数 \times 出来高}{負荷工数 - 作業ロス工数}}$$

(1) 管理ロス

管理ロスとは、材料待ち、台車待ち、工具待ち、指示待ち、故障修理待ちなど、管理上発生する手待ちロスのことをいいます。

(2) 動作ロス

動作ロスとは、段取り・調整作業、刃具交換作業などにおけるスキル差によって発生する工数ロスです。また、ワークのローディング・アンローディング作業などでスキル差によって発生するロスもこの中に含めます。

(3) 編成ロス

編成ロスとは、多工程持ち・多台持ちにおける手空きロス、コンベヤ作業のラインバランスロスなどのロスです。

(4) 自動化置換ロス

自動化置換ロスとは、自動化に置き換えることにより省人化できるのに、それを行わないために生じる人的ロスです。

(5) 測定調整ロス

測定調整ロスとは、品質不良の発生・流出防止のため、測定調整を頻繁に実施する作業ロスです。

4・5 原単位の効率化を阻害するロス

原単位の効率化を阻害するロスを「原単位の３大ロス」と呼びます。

(1) エネルギーロス

エネルギーロスとは、投入エネルギー（電気・ガス・燃料油など）に対して、加工に有効に使用されないエネルギーのロスを指します。温度が安定するまでの立上がりロス、加工中の放熱ロス、空運転ロスなどがあります。

(2) 型・治工具ロス

型・治工具ロスとは、金型の寿命破損や治工具の寿命破損によって発生する費用および再研磨・再窒化処理などの出来高あたり費用をいいます。また、その他副資材（切削油・研削油）なども含めます。

(3) 歩留まりロス

歩留まりロスとは、投入材料（重量）と良品重量の差で、不良によるロス、カットロス、目減りロスなどをいいます。

設備総合効率（OEE：Overall Equipment Effectiveness）

5・1　設備総合効率

設備がどの程度効率よく使用されているかを測定する指標として、設備総合効率が用いられます。設備総合効率は、時間稼動率、性能稼動率、良品率の相乗積であり、それは現状の設備が時間、速度、品質の面から総合的に見て、付加価値を生み出す時間にどれだけ貢献しているかを示す尺度となります。

設備総合効率は、設備効率を阻害するロスと関連づけて算出します。停止ロスの大きさは時間稼動率で、性能ロスの大きさは性能稼動率で、また不良ロスの大きさは良品率で表します。**図表2・7**に、設備効率を阻害する7大ロスと設備総合効率の関係を示します。

図表2・7■　設備効率を阻害する7大ロスと設備総合効率の関係

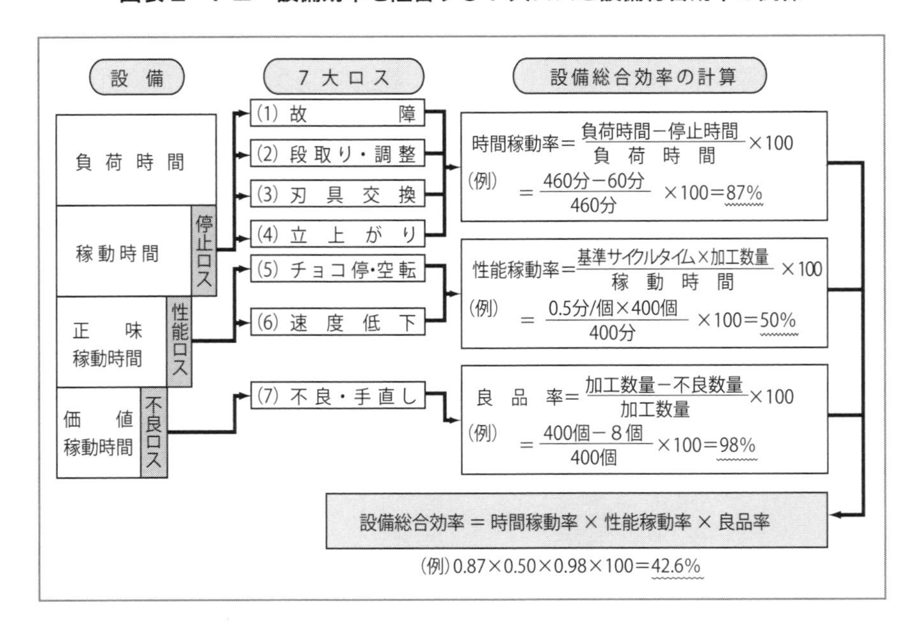

この算出式は以下のとおりです。

$$設備総合効率 = 時間稼動率 \times 性能稼動率 \times 良品率 \ [\%]$$

5・2　時間稼動率

時間稼動率とは、負荷時間（設備を稼動させなくてはならない時間）に対し、実際に稼動した時間の時間的比率を算出したもので、次の式で表されます。

$$時間稼動率 = \frac{負荷時間-停止時間}{負荷時間} = \frac{稼動時間}{負荷時間} \times 100 \ [\%]$$

ここで負荷時間とは、1日（または月間）の操業時間から、生産計画上の休止時間、計画保全の休止時間、日常管理上の朝礼などの休止時間を差し引いた時間となります。また停止時間とは、故障、段取り・調整、刃具交換などのために停止した時間です。

たとえば、1日の負荷時間が460分、1日の停止ロス時間が故障停止で20分、段取り20分、調整20分、合計60分だとすると、1日の稼動時間は400分となり、この場合の時間稼動率は約87%です。

5・3　性能稼動率

性能稼動率は、速度稼動率と正味稼動率をもとに算出します。

$$性能稼動率 = 速度稼動率 \times 正味稼動率 = \frac{基準サイクルタイム \times 加工数量}{稼動時間} \times 100 \ [\%]$$

速度稼動率とはスピードの差を意味し、設備が本来持っている能力（サイクルタイム、ストローク数）に対する実際のスピードの比率です。つまり、決められたスピード（基準スピード、サイクルタイム）で実際に稼動しているかどうかということになります。設備がスピードダウンしているとすれば、そのロスはどの程度かを浮き彫りにするもので、次の式で表します。

$$速度稼動率 = \frac{基準サイクルタイム}{実際サイクルタイム} \times 100 \ [\%]$$

また、基準サイクルタイムは、以下のいずれかの値とします。

・設計スピード

・同種設備の最高スピード

・ラインの中での最高スピード

・モデル設備でのスピードアップ実験値

・理論速度による最高スピード

・過去の最高スピード

・日あたり生産量から算出されたスピード

正味稼動率とは、単位時間内において一定スピードで稼動しているかどうかを見えるようにするものです。基準スピードに対して「早い・遅い」ではなく、たとえスピードが遅い場合でも「そのスピードで長時間安定稼動しているか」ということになります。これによって、チョコ停によるロスや、日報に表れない小トラブルによるロスを算出することができます。

正味稼動率は次の式で表されます。

$$正味稼動率 = \frac{加工数量 \times 実際サイクルタイム}{負荷時間 - 停止時間} \times 100 \ [\%]$$

5・4 良品率

良品率とは、加工または投入した数量（原料・材料など）に対して、実際にできあがった良品数量との比率です。不良数量の中味は、廃却不良だけではなく手直し品も含めます。

$$良品率 = \frac{加工数量 - 不良数量}{加工数量} \times 100 \ [\%]$$

装置の8大ロスとプラント総合効率

装置産業では、塔・槽、熱交換器、ポンプ、圧縮機、加熱炉など、さまざまな単体機器が配管・計装などで接続されているプラント（設備複合体）が主体となって製品をつくるので、単体機器の設備効率よりも、プラント全体のライン効率を高めることが重要です。

プラントをもっとも効率的に活用するためには、効率化を阻害している要因である「ロス」を徹底的に排除することです。効率化の最終目標は、プラント全体の性能・機能が最高に発揮され、効率化の阻害要因である「ロス」が極限まで追求排除され、その状態を維持していくことになります。すなわち、「故障ゼロ」「トラブルゼロ」そして「不良ゼロ」を達成すること、または「ゼロ」に限りなく接近し、極小化することです。

6・1 プラントの8大ロス

プラントの効率を阻害しているロスとして次の8つがあり、これを「プラントの8大ロス」といいます。

プラントの8大ロスについて、それぞれの定義と内容は**図表2・8**のとおりです。

(1) シャットダウン（SD）ロス

年間保全計画によるシャットダウン工事、および定期整備などによる休止によって、生産ができなくなる時間のロスです。

シャットダウンによる休止は、プラントの性能維持と保安・安全上から不可欠な休止時間です。しかし、プラントの生産効率を高めるためにあえて休止ロスとしてとらえ、その極小化をねらいます。すなわち、連続操業日数の延長、シャットダウン工事の効率化と期間短縮などです。そのほか、シャットダウン工事以外の定期整備などによる休止ロスも含めます。

図表２・８■　プラント８大ロスの定義と事例

ロスの名称	定　　　義	単　位	事　　　例
①ＳＤロス	年間保全計画によるＳＤ工事、および定期整備などによる休止時間ロス	時　間	ＳＤ工事、定期整備、法定検査、自主検査、一般補修工事など
②生産調整ロス	需給関係による生産計画上の調整時間ロス	時　間	生産調整停止、在庫調整停止など
③設備故障ロス	設備、機器が規定の機能を失い、突発的に停止するロス時間	時　間	ポンプ故障、モーター焼損、ベアリング破損、軸切損など
④プロセス故障ロス	工程内での取扱い物質の物性や、化学的、物理的その他操作ミスや外乱などでプラントが停止するロス	時　間	漏れ、こぼれ、詰まり、腐食、エロージョン、粉塵飛散、操作ミス
⑤定常時ロス	プラントのスタート、停止および切替えのために発生するロス	レートダウン、時　間	スタート後の立上げ、停止前の立下げ、品種切替えに伴う生産レートダウン
⑥非定常時ロス	プラントの不具合、異常のため生産レートをダウンさせた性能ロス	レートダウン	低負荷運転、低速運転、基準生産レート以下で運転する場合
⑦工程品質不良ロス	不良品をつくり出しているロスと廃却品の物的ロス、2級品格下げロス	時　間 トン 金　額	品質標準から外れた製品をつくり出すことによる物量、時間ロス
⑧再加工ロス	工程バックによるリサイクルロス	時　間 トン 金　額	最終工程での不良品を源流工程にリサイクルして合格品にする

(2) 生産調整ロス

需給関係による生産計画上の調整時間のロスです。生産される製品がすべて計画どおり販売されれば調整ロスは発生しませんが、需要が減少すれば、プラントを一時的にせよ休止しなければならない場合もあり、生産調整ロスになります。ただし、生産減で計画休止するロスは管理ロスとする場合もあります。

運転中のプラントは、品質、コスト、納期上の優位性を常に保ち、さらに生産性を高めて品種の改良や新製品の開発にあてるプラントの余力を生み出し、需要が増大したときの事前対応を常に考えておくことが必要です。

また、生産調整の方法としては、レートダウン（設備能力を低下させる）して運転する場合もあり、これらは生産性の低下を防止するため配員などを考慮する必要があります。

(3) 設備故障ロス

設備・機器が既存の機能を失い、突発的にプラントが停止するロス時間です。ポンプ故障、モーター損傷などの故障により設備停止した時間を故障ロスとして取りあげます。また、機能低下型故障の場合には、後述の非定常時ロスとして把握します。

(4) プロセス故障ロス

工程内での取扱い物質の化学的・物理的な物性変化や、操作ミス、外乱などでプラントが停止するロス（時間）です。

設備の故障以外でプラントが停止する例は実に多く、たとえば、工程内処理物の付着による開閉不良、詰まりによるトリップ、漏れ・こぼれによる電計機器への障害、物性変化による負荷変動のほか、計量ミス・操作ミスや主副原料不良・副資材などの異常によるものなどがあげられます。

装置型のプラントでは、プロセス故障・トラブルの対策を重視しなければ故障のゼロ実現が難しくなります。

(5) 定常時ロス

プラントのスタート、停止および切替えのために発生するロス（レートダウン・時間）です。

プラントスタート時の立上げ、停止時の立下げおよび品種の切替え時には、理論生産レートは維持できません。この生産低下の量をロスと見なし、定常時ロスと呼びます。

(6) 非定常時ロス

プラントの不具合、異常のため生産レートをダウンさせた場合の性能ロス（レートダウン）です。プラント全体の能力は、理論生産レート（t/h）で表しますが、プラント異常や不具合のため、理論生産レートでは運転することができず、生産レートをダウンして運転することがあり、このように理論生産レートと実際生産レートの差を非定常時ロスと呼びます。

(7) 工程品質不良ロス

工程品質不良ロスとは、不良品をつくり出している時間ロスと廃却品の物的ロス、2級品格下げなどのロス（時間・トン・金額）です。

工程品質不良の要因はさまざまで、主副原料不良・副資材などの異常ロス、計器不良による製造条件設定不良によるロス、運転員の製造条件設定ミスによるロス、外乱によるロスの発生などがあります。

(8) 再加工ロス

再加工ロスとは、工程バックによるリサイクルロス（時間・トン・金額）のことです。

装置型のプラントで、「不良品は再加工すれば良品（合格品）になる」という考え方がある場合は、考え方を改める必要があります。再加工は時間的ロス、物的ロス、エネルギーロスといった、大きなロスを生む原因です。

しかし、業種・製品によっては、再加工が不可能なもの、手直し不可能な場合もあります。このようなプラントでは、再加工ロスを品質ロスしてとらえ、プラントのロス構造を「7大ロス」としてもよいでしょう。

6・2　プラント総合効率（OPE：Overall Plant Effectiveness）

効率化の阻害要因であるロスが、どこにどれだけあるかを知るためには、プラントのロス構造を把握することが必要です。**図表2・9**は、ロスの構造とプラント総合効率の計算式を示した図です。これはプラントの8大ロスの構造を時間的側面からとらえたものです。

図表2・9■　プラント総合効率の計算式

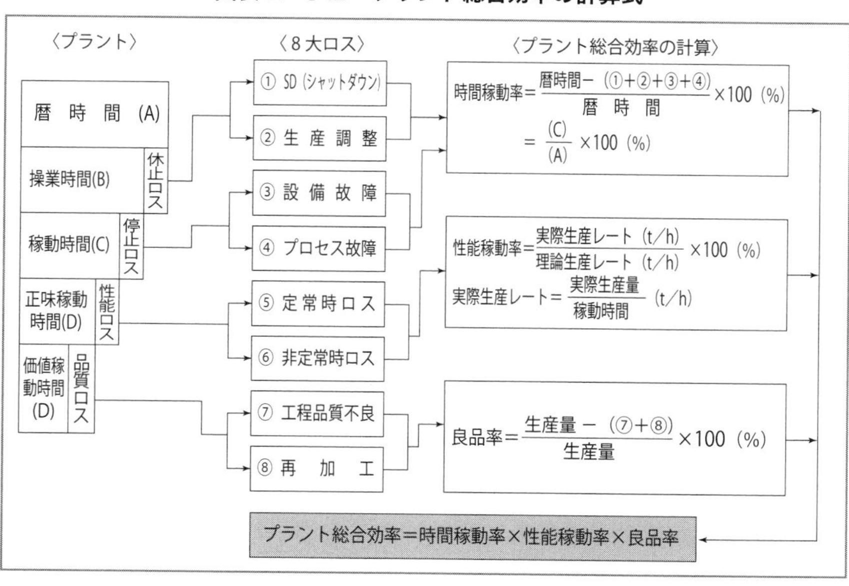

(1) 暦時間

暦時間とは暦のことで、1年 ＝ 24時間 × 365日、1ヵ月 ＝ 24時間 × 30日となります。

(2) 操業時間

年間あるいは月間を通じてプラントが操業できる時間のことで、シャットダウン工事および定期整備などによる休止ロス時間、または生産調整による休止ロス時間を暦時間から差し引いたものです。つまり、実際にプラントが操業できる時間となります。

(3) 稼動時間

操業時間から設備故障による停止ロス時間と、プロセス故障による停止ロス時間を差し引いたもので、実際にプラントが稼動した時間となります。

(4) 正味稼動時間

稼動時間に対して理論生産レートで正味稼動した時間で、スタート・停止および切替えのために発生した定常時ロス時間と、プラント異常のため生産レートをダウンさせた非定常時ロス時間などの性能ロス時間を、稼動時間から差し引いたものです。

(5) 価値稼動時間

価値稼動時間とは、正味稼動時間から不良品をつくり出しているロス時間、リサイクルのロス時間を差し引いたもので、実際にプラントが製品（合格品）をつくり出した時間です。

(6) 時間稼動率

暦時間に対して、計画保全と生産調整などの休止ロス時間と、設備故障とプロセス故障などの停止ロス時間を差し引いた、稼動時間との時間的比率によって算出したものです。

(7) 性能稼動率

プラントの性能を表したもので、理論生産レートに対して、実際生産レートとの性能的比率によって算出します。理論生産レートは設計能力に相当し、各プラントによって決められている固有能力のことで、時間当たりの生産量（ｔ／ｈ）または１日当たりの生産量（ｔ／日）によって表します。実際生産レートは､実際生産量を稼動時間で除した実際(平均）生産レートによって表したものです。

(8) 良品率

生産量から不良品、廃却品および再加工品などを差し引いた合格品と、生産量との比率で算出したものです。

(9) プラント総合効率

プラント総合効率とは、時間稼動率、性能稼動率、良品率の相乗積であり、現状のプラントが時間的、性能的そして品質的に見てどのような状態にあるか、付加価値を生み出すためにどれだけ活用されているかを総合的に判断するための指標です。

[計算例]

図表2・10は、あるプラントの1ヵ月の生産量とロスの関係を表したものです。これをもとにプラント総合効率の計算例を説明します。

図表2・10■　あるプラントの生産量とロス

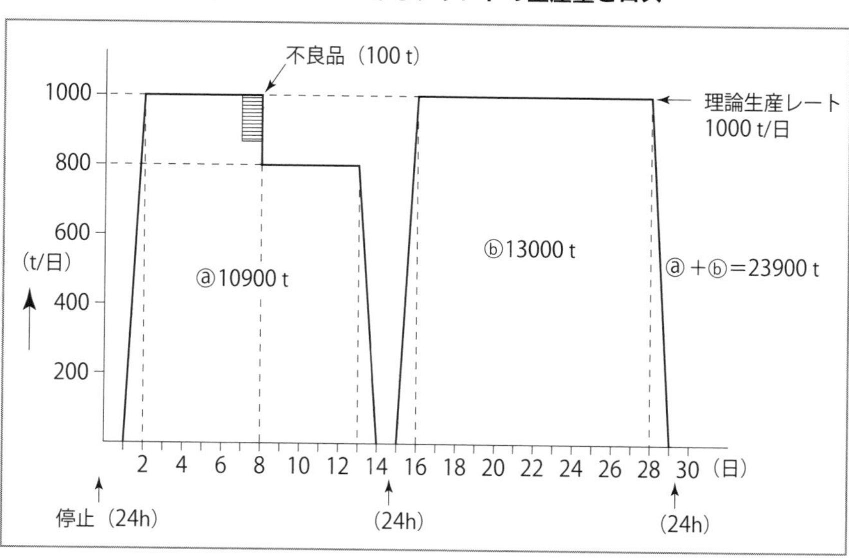

●暦時間：24 時間 × 30 日 ＝ 720 時間
●稼動時間：24 時間 × 27 日 ＝ 648 時間
●実際生産量：（500 t / 日 × 1 日）＋（1000 t / 日 × 6 日）＋（800 t / 日 × 5 日）＋（400 t / 日 × 1 日）＝ 10900 t
（500 t / 日 × 1 日）＋（1000 t / 日 × 12 日）＋（500 t / 日 × 1 日）＝ 13000 t
10900 t ＋ 13000 t ＝ 23900 t
●不良品：100 t として、
プラント総合効率 ＝① ×② ×③ × 100 ＝ 0.9 × 0.885 × 0.996 × 100 ＝ 79.3％

　このプラントの総合効率は 79.3％であり、良品率と比べて改善の余地がある性能稼動率と時間稼動率の改善を検討するのがよいでしょう。

故障ゼロの活動

7・1 故障ゼロの考え方

故障は、人間が「故」意に「障」害を起こすと書きます。設備に携わるすべての人々がその考え方や行動を変えなければ、故障がなくなることはありません。

設備は故障するものという考え方から、「設備を故障させない」「故障はゼロにできる」という考え方に改めることが、まず故障ゼロへの出発点です。

故障ゼロの基本的な考え方とは以下のとおりです。

- 設備は人間が故障させている
- 人間の考え方や行動が変われば、設備は故障ゼロにすることができる
- 「設備は故障するもの」という考え方から「設備を故障させない」「故障はゼロにできる」という考え方に改める

(1) 故障ゼロのための原則

故障はなぜ起こるかというと、故障のタネ（欠陥）を故障の発生まで気づかないからです。

このように、ふだん気がつかない故障のタネを「潜在欠陥」といいます。故障ゼロのための原則は、この潜在欠陥を顕在化する（私たちが、故障の発生前に気づく）ことです。それによって、欠陥が故障に発展する前に対策すること（未然防止 ― 予防）で、故障を予防できます（**図表2・11**）。

一般に潜在欠陥とは、ゴミ、汚れ、原料付着、摩耗、ガタ、ゆるみ、漏れ、腐食、変形、きず、クラック、温度、振動、音などであり、「この程度なら放っておいても大丈夫だろう」「微かな欠陥で気がつかなった」と思ってしまうような不具合です。

図表２・11 ■　故障ゼロのための原則

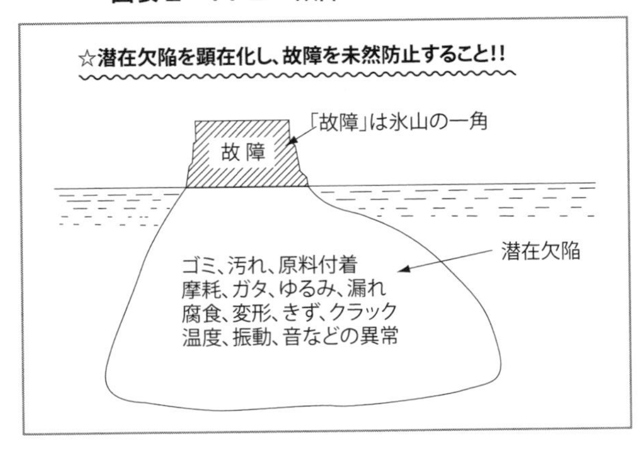

(2) 潜在欠陥のタイプ

潜在欠陥には２つのタイプがあります。

① 物理的潜在欠陥

物理的に目に触れないために放置されている欠陥です。たとえば、以下のとおりです。

- 分解するか診断しないとわからない欠陥
- 取付け位置が悪くて見えない欠陥
- ゴミ、汚れのために見えない欠陥

② 心理的潜在欠陥

保全担当者やオペレーターの意識・技能の不足から、発見できずに放置されている欠陥です。たとえば、以下のとおりです。

- 目に見えるにもかかわらず、無関心から見ようとしない（見えていない）
- この程度は問題ないと無視してしまう
- 技能が不足しているために見逃してしまう

7・2　故障ゼロへの５つの対策

(1) 自主保全活動における基本条件を整える

自主保全活動における基本条件とは、清掃、給油、増締めのことです。故障は劣化（時間とともに、機能が少しずつ働かなくなっていくこと）によって起こります。これは、基本条件の３要素（清掃、給油、増締め）が整っていないから発生しているケースが非常に多く、清掃、給油、増締めを常に整えることにより、故障が起きにくい環境を維持することが重要です。

(2) 設備や機器の使用条件を守る

設備・機器には、設計時にあらかじめ決められた使用条件があります。その条件どおりに使用すれば、もっとも故障しにくい（寿命がもっとも長い）ように使用できます。たとえば、電流、電圧、回転数、取付け条件、温度など、機器によって多くの条件が定められているので、その使用条件を守ることが重要です。

(3) 劣化を復元する

設備は、自主保全活動における基本条件を整え、設備や機器の使用条件をどれだけ遵守しても、いつかは劣化し、故障します。そこで、その劣化を顕在化させ、正しく復元して未然に故障を防止することで、故障を防ぐことができます。

これは、点検、検査を正しく行い、正しく設備をもとの状態に戻す予防修理をすることを意味します。

(4) 設計上の弱点を改善する

故障は、(1)～(3)の対策を施しても完全にはなくなりません。逆に、コスト高になってしまう場合もあります。このような設備は、設計や製作、施工の段階で、技術不足やミスなどの結果としての弱点を持っている場合があります。

そこで、故障をよく解析して、その弱点を改善しなければなりません。

(5) 技能を高める

上記（1）～（4）の対策は、すべて人が設備に対して行うものです。当然、そのためには、これに関わる人の技能が必要となります。ここで問題なのは、せっかく（1）～（4）の対策を行っても、操作ミス、修理ミスなどによって設備を壊してしまうことです。このような故障は、製造部門、保全部門それぞれの専門的技能を高めていく以外に防ぐ方法はありません。

故障ゼロを実現するために、製造部門と保全部門の双方が互いに協力し合って、自主保全活動における基本条件の整備、使用条件の遵守、劣化の復元、弱点対策、技能を高めるといった項目を実施していく必要があります。

7・3 保全用語の理解

(1) 強制劣化

設備に対して当然やるべきことをやっていないために、人為的に劣化を促進させることをいいます。たとえば､給油個所に「給油しない」「決められた潤滑油以外を給油した」「給油の量が少ない」「給油の周期が長すぎる」などのために劣化を促進させるなどです。そのために劣化が進行し､設備の寿命が短縮されるので､自然劣化よりも故障が起きやすく､設備の寿命も短くなってしまいます。

また、自然劣化を放置しておくと、強制劣化につながる場合もあります。

(2) 自然劣化

設備を正しく使用していても、時間とともに物理的に変化し、初期の性能が低下してしまう劣化です。たとえば、決められた個所に、適正な量・周期で給油していても、物理的に劣化が進行する場合などです。

(3) 故障

故障とは「システム、設備、部品が規定の機能を失うこと」と定義され、次の2つのタイプの故障があります。

①機能停止型故障：システムや設備の全機能が停止するタイプの故障で、設備が動かなくなってしまうか、設備が動いてもつくられる製品すべてが不良になってしまうような故障です。一般に「突発故障」といわれます。

②機能低下型故障：システムや設備の部分的な機能低下によって、全機能の停止には至らないものの、さまざまな損失（不良、歩留まり低下、速度低下、空転・チョコ停など）を発生させる故障です。

(4) 故障のメカニズムと故障モード

故障は、物理的、化学的、機械的、電気的、人間的などのさまざまな原因によって引き起こされます。そうした原因が、故障として表面に現れるまでの過程を故障のメカニズムといいます。

一方、故障モードとは、故障のメカニズムによって発生した故障状態の分類です。たとえば、劣化、断線、短絡、折損、変形、クラック、摩耗、腐食などがあります。

故障モードの検討には、その対象となるものの機能や構造、ストレスの情報、過去の製造情報などが必要です。

故障モードと故障メカニズムの例を**図表2・12**に示します。

図表2・12■　「故障モード」と「故障メカニズム」の例

機器・部品	故障モード	故障メカニズム
キー	変形	衝撃荷重→キーの強度以上の異常トルク発生→せん断降伏
取付けボルト	折損	振動→取付けボルトゆるみ→衝撃荷重
スプリング	へたり、折損	繰り返し荷重→作動回数→スプリング疲労→強度低下
ロボット配線	通電異常・接触不良	繰り返し曲げ→素線疲労→素線切れ→断線
電解コンデンサ	短絡・容量抜け	熱ストレス→静電容量低下（アレニウスの法則）

(5) 故障解析

故障解析とは、設備やシステムに故障が発生したとき、その真の原因を系統的に調査研究して、原因に対して是正措置を施し、故障の再発を防止することです。

(6) 寿命特性曲線（バスタブ曲線）

設備の故障率を稼動時間に対して示すと、初期と後期に故障率が高くなり、**図表2・13**のようになります。このことから、初期故障期、偶発故障期、摩耗故障期の３つの期間に分けられます。この曲線が洋式の浴槽に似ていることから、バスタブ曲線と呼ばれています。

①初期故障期：使用開始後の比較的早い時期（新設備の稼動開始など）に、設計・製造上の欠陥、あるいは使用条件、環境の不適合によって故障が生じる時期。時間の経過とともに故障率が減少する期間

②偶発故障期：初期故障期と摩耗故障期の間で、偶発的に故障が発生する時期。いつ次の故障が発生するか予測できない期間であるが、故障率がほぼ一定と見なすことができる時期

③摩耗故障期：疲労、摩耗、老化現象などによって、時間の経過とともに故障率が大きくなる時期。事前の検査や監視によって予知できる故障対策で、上昇する故障率を下げることができる

図表2・13 ■　バスタブ曲線

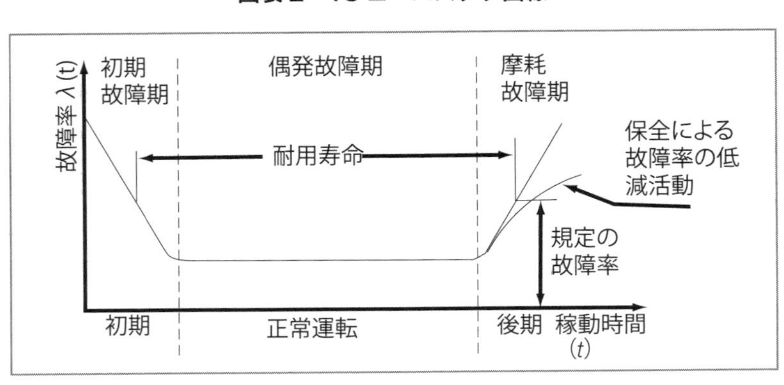

(7) ライフサイクルコスト (LCC：Life Cycle Cost)

製品や設備（システム）の一生涯（開発・設計・導入・操業・保全・支援・廃却）の中でかかる総コストのことです。ライフサイクルコストの低減や適正化を図るには、開発設計段階から検討を行うことが必要です。

(8) 信頼性

信頼性は「あるアイテム（装置や機械）が、与えられた条件で規定の期間中故障を起こさず、要求された機能を果たすことができる性質」と定義されています。たとえば、ある設備が計画した期間中に故障しないで稼動すると、製品は満足しうる状態となり、それは信頼性の高い設備ということができます。

狭義の信頼性では、丈夫で長持ちする耐久性の意味に使われます。また、広い意味では修理・点検の容易さや安全性を含めた使いやすさ（設計信頼性）という意味でも使われることがあります。

(9) 信頼度

信頼度は「アイテムが与えられた期間、与えられた条件下で機能を発揮する確率」と定義されています。抽象的な表現である信頼性を量的に表す尺度が信頼度といえます。

信頼度は、ある装置・機械（部品）が、与えられた条件で規定の期間中に要求された機能を果たす確率であり、総コストが最低になる点が最適信頼度です。

信頼度の評価指標としては以下の指標などがあげられます。

① 故障度数率：負荷時間（設備を稼動させなければならない時間）あたりの故障発生割合を表すものである

$$\text{故障度数率} = \frac{\text{故障停止回数の合計}}{\text{負荷時間の合計}} \times 100$$

（負荷時間＝全動作時間＋停止時間）

② 平均故障間動作時間（MTBF：Mean Time Between Failures）：修理できる設備における、故障から次の故障までの動作時間の平均値を表す。2000 年の JIS 改正により平均故障間隔がこのように変わった

$$\mathrm{MTBF} = \frac{動作時間の合計}{故障停止回数}$$

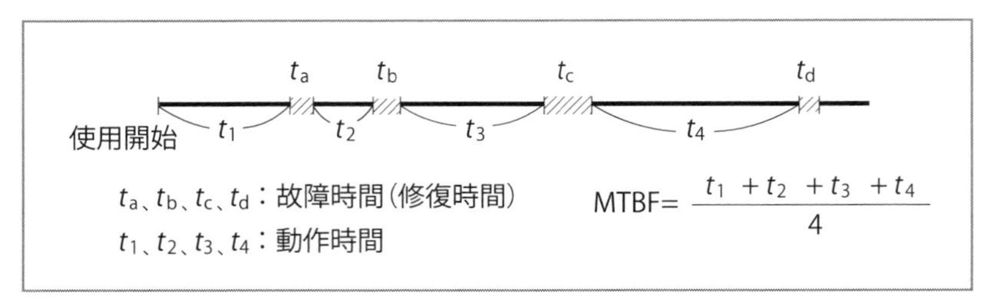

③ 平均故障寿命（MTTF：Mean Time To Failures）：修理しない部品などの使用開始から故障するまでの動作時間の平均値

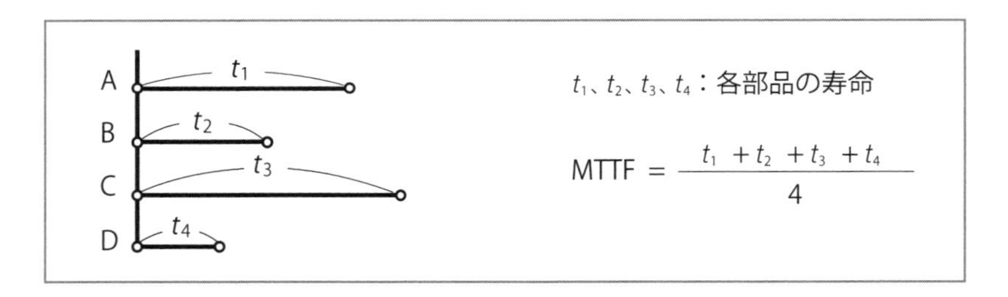

(10) 保全性

保全性は「アイテムの保全が与えられた条件において、規定の期間に終了できる性質」と定義されています。簡単にいうと、保全のしやすさ（正常に保つ能力）を表す性質ということになります。保全性のよい設備とは、故障を防ぐための清掃、点検、給油、定期整備などが容易で、故障・劣化したときに早く不良個所が発見でき、短時間に修復して正常に維持できる設備のことといえます。

(11) 保全度

保全性を定量的に表すための尺度が保全度となります。保全性（保全のしやすさ）を量的に表すもので、修理可能なシステムや設備などの保全を行うとき、与えられた条件において、要求された期間内に終了する確率のことです。たとえば、ある設備の故障が10回発生して、これが与えられた条件の1時間以内に9回修理したとき、保全度は90％ということになります。

保全度の評価尺度には故障強度率・平均修理時間があります。

① 故障強度率：安全管理に使われる強度率を設備管理の言葉に応用したもので、故障のために設備が停止した時間の割合を表すもの

$$故障強度率 = \frac{故障停止時間の合計}{負荷時間の合計} \times 100\ [\%]$$

② 平均修復時間（MTTR：Mean Time To Repair）：事後保全に要する時間の平均値で、次式で表される

$$MTTR = \frac{故障停止時間の合計}{故障停止回数}$$

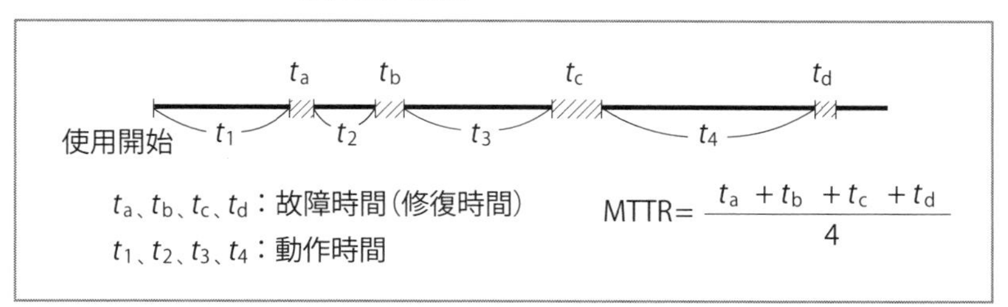

(12) アベイラビリティ（可用性）

アベイラビリティは日本語では可用性となり、「使用できる度合い」を示します。つまり、修理可能なシステムや設備などが、ある期間中において、その機能を果たしうる状態にある時間の割合です。平均アベイラビリティ（記号：A）は次の式によって求める場合が多くあります。

$$A = \frac{動作可能時間}{動作可能時間 + 動作不可能時間}$$

第3章

設備の日常保全（自主保全活動）

<学習のポイント>

この章は「自主保全の基礎知識」「自主保全活動の支援ツール」「自主保全のステップ方式」の3つに分かれています。自主保全活動を進めて、いかに災害ゼロ、不良ゼロ、故障ゼロの職場を築いていくか、その考え方とノウハウを学習しましょう。

1 自主保全の基礎知識

テクノロジーが進化・普及し設備の高度化・自動化などが一段と進んでいます。また、製造業における競争環境も常に変化を求められています。

第1、2章でも述べたとおり、安全や品質の重要性も増している中で、生産保全活動を実行していくためには、設備が安定して稼動することが大前提です。そのためには全員参加の保全が求められています。

設備のもっとも身近にいるオペレーターが正しい運転をして、「給油や増締めをする」「いつもと違うことに気づく」ことで、故障や不良、災害を未然に防止できることが非常に多くあります。

「私つくる人、あなた直す人」という考えから脱却し、自主保全活動に取り組んでいきましょう。

1・1　自主保全とは

(1) 自主保全＝未然防止

図表3・1に示すように、たとえば故障は氷山の一角であり、水面下

図表3・1■　故障ゼロのための原則

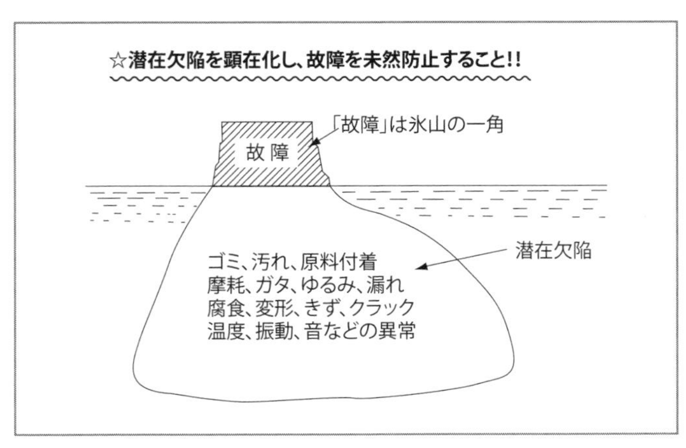

に潜んでいる潜在欠陥を放置していると、その潜在欠陥が成長して故障になります。これは品質でも同様です。安全面でヒヤリハットをなくすことで災害ゼロを目指すように、潜在欠陥を顕在化して対策を行うことで、故障、不良、災害を未然防止し、「ゼロ」を目指します。

(2) オペレーターに必要な4つの能力

「自分の設備は自分で守る」設備に強いオペレーターには、**図表3・2**のような4つの保全の知識、技能を持つことが求められます。

これらの能力を持ったオペレーターは「不良が出そうだ」「故障しそうだ」という原因系の異常を発見でき、それらを未然に防ぐことができる「真に設備に強いオペレーター」だといえます。

図表3・2■　オペレーターに求められる4つの能力

4つの能力	意　味	解　説
1. 異常発見能力	異常を異常として見る目を持っている	・故障した、不良が出たという結果としての異常を発見するのではなく、故障が起こりそうだ、不良が出そうだという原因系の異常がわかる
2. 処置・回復能力	異常に対して正しい処置が迅速にできる	・発見した異常については、元の正しい状態に戻せる ・異常を発見したらすぐに上司や保全に報告する
3. 条件設定能力	正常や異常の判定基準を定量的に決められる	・異常と正常の判断基準を、個人の勘や経験に頼らず、「○○度以下であること」のように定量的に決められる
4. 維持管理能力	決めたルールをきちんと守れる	・「清掃・点検基準」などの決めたルールをきちんと守り、守れないときは、守れるように設備改善したり、点検方法を見直す

1・2　保全の役割分担

製造部門が担当する保全の活動は、おもに「劣化を防ぐ活動」です。毎日設備に触れているからこそわかる、ちょっとした異常を感知して自主保全活動を進めます。

製造部門が自主保全活動を進めることで、保全部門は専門的保全の真の威力を発揮できるようになり、「劣化を測る活動」と「劣化を復元する活動」に力を集中できるようになります。

自主保全活動のステップ方式とともに、製造部門と保全部門が互いに協力し合うことにより、効率的な保全体制を実現できます（**図表3・3**）。

図表３・３■　保全の分類と自主保全の範囲

手段分類			実施活動			分担	
			劣化を防ぐ	劣化を測る	劣化を復元する	製造	保全
生産保全	予防保全	正常運転	正しい操作			○	
			段取り調整			○	
		日常保全	清掃・潜在欠陥摘出・処置			○	
			給　油			○	
			増締め			○	
			使用条件、劣化の日常点検			○	
					小整備	○	
		定期保全		定期点検		○	○
				定期検査			○
					定期整備		○
		予知保全		傾向検査			○
					不定期整備		○
	改良保全	改良保全（信頼性）	強度向上				○
			負荷の軽減				○
			精度向上				○
		改良保全（保全性）		コンディション・モニタリングの開発			○
				検査作業の改善			○
					整備作業の改善		○
					整備品質の向上		○
		その他 操作性 安全性など					
	保全予防	MP活動				○	○
	事後保全	計画事後保全					○
		緊急保全		状況の早期発見と確実迅速な処置連絡		○	
					突発修理	○	○

自主保全の範囲

(1) 製造部門の活動（主に劣化を防ぐ活動）

製造部門は「劣化を防ぐ活動」に重点を置いて、次のような活動を実施しなければなりません。

① 正しい操作（ヒューマンエラーの防止）
② 自主保全における基本条件の整備（清掃・給油・増締め）
③ 調整（運転・段取り上の調整など）
④ 異常の予知・早期発見（故障・災害の未然防止）
⑤ 保全データの記録（再発防止、MP 情報収集）

なかでも、清掃・給油・増締めや日常点検はもっとも重要な活動です。保全部門のメンバーだけでは範囲が広くなりすぎるため、手の届かない場合があります。そこでこうした活動は、設備の状況を一番よく知っている製造担当者が行ってこそ効果があります。

ただし、「劣化を測る活動」「劣化を復元する活動」についても、保全部門と協力して以下の活動は行う必要があります。

<劣化を測る活動>

① 日常点検
② 定期点検の一部（主として五感による）

<劣化を復元する活動>

① 整備（簡単な部品取替え・応急的処置）
② 故障、不具合状況の迅速かつ正確な連絡
③ 突発修理の援助

(2) 保全部門の活動と製造部門の支援

保全部門の活動の重点は「劣化を測る活動」「劣化を復元する活動」であり、いわゆる定期保全、予知保全、改良保全など、より高度な技術・技能の要求される分野に力を注ぐことが求められています。そのためには自主保全活動として、製造部門への教育・支援する必要があります。

製造部門が保全部門へ期待するものとして次のものがあげられます。

① 設備の構造機能・部品名称・分解してはならない部位の教育・指導

② 潤滑教育・油種の統一・給油基準の作成指導（給油個所・油種・周期）

③ 発生源対策・清掃困難個所対策・効率化などの改善活動に対する技術援助

④ 劣化・基本条件の未整備・欠陥といった不具合の依頼工事の迅速な処理

⑤ 設備総点検技能に関する教育・指導

⑥ 点検技能の教育・指導・点検基準の作成指導（ポイント・周期など）

自主保全活動を進めるうえで、具体的なサポートも含め、製造・保全部門が相互に協力し、学び合う姿勢が大切です。

1・3　自主保全活動の目的（ねらい）

自主保全活動の大きな目的の1つは、自主保全の活動を通して、
① 設備が変わり → ② 人が変わり → ③ 現場（会社）が変わる
体質の改善です（**図表3・4**）。

図表3・4 ■　自主保全ステップ方式の考え方

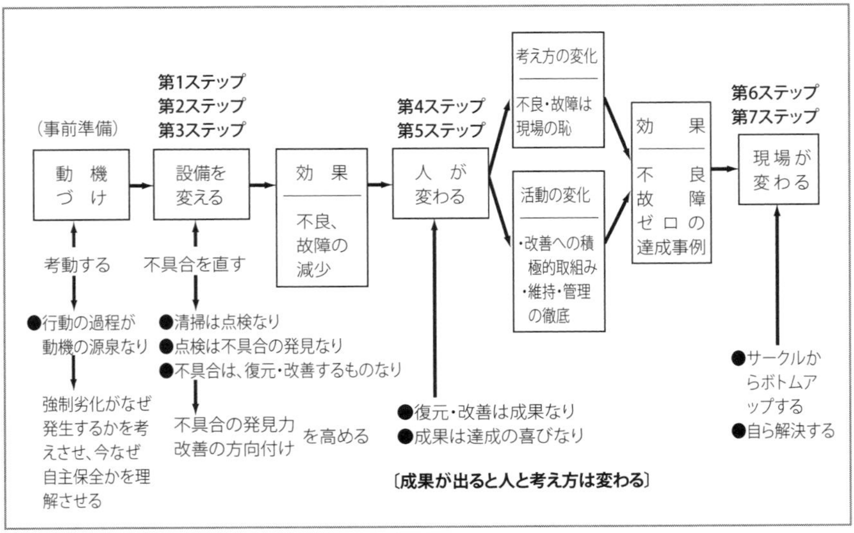

（事前準備）
動機づけ
考動する
●行動の過程が動機の源泉なり
強制劣化がなぜ発生するかを考えさせ、今なぜ自主保全かを理解させる

第1ステップ
第2ステップ
第3ステップ
設備を変える
不具合を直す
●清掃は点検なり
●点検は不具合の発見なり
●不具合は、復元・改善するものなり
不具合の発見力
改善の方向付け
を高める

効果
不良、故障の減少

第4ステップ
第5ステップ
人が変わる
●復元・改善は成果なり
●成果は達成の喜びなり

考え方の変化
不良・故障は現場の恥

活動の変化
・改善への積極的取組み
・維持・管理の徹底

効果
不良故障ゼロの達成事例

第6ステップ
第7ステップ
現場が変わる
●サークルからボトムアップする
●自ら解決する

〔成果が出ると人と考え方は変わる〕

(1) 設備面での目的

とくに初期清掃、発生源・困難個所対策、自主保全仮基準の作成の活動は「設備を変える」重要な活動です。

① 潜在欠陥（微欠陥）を顕在化し、対策や復元、改善を行うことで強制劣化を防止する
② 清掃・給油・増締めなどの自主保全における基本条件の整備と体制の構築
③ 五感と理論に基づいた点検

(2) 人材育成面での目的

自主保全活動は設備を教材にして、自主管理活動を行う意欲と能力を持つ人材を育成する教育訓練のステップととらえられます。

日常使用している設備を通して故障や不良、災害の原因やメカニズムを体験的に学ぶことができます。また、サークル活動を通してメンバーシップやリーダーシップなど職制者にもオペレーターにも多くの効果が期待できます。

ステップごとに活動を進めることで知識・技能を向上させ個人としても集団としてもレベルアップすることで現場力の向上を図ります。

1・4 自主保全活動の進め方

自主保全活動は、職制主導による全員参加で、ステップ方式（第1～第7ステップ）で活動することが特徴です。自主保全活動を確実なものにするために、設備と人の能力を段階的にレベルアップするように進めていきます。1つのステップが完了すると管理者やスタッフによる診断を受け、合格すると次のステップに進むという方式で、活動を進めていきます。

(1) 自主保全ステップ方式の進め方

自主保全活動は、**図表3・5**のように大きく3段階に分けて進めていきます。

① 第1段階：第1、2、3ステップ

設備の清掃・点検・給油を中心とする活動を通じて、自主保全活動における基本条件の整備を徹底的に行い、その維持体制をつくりあげる段階です。自主保全活動における基本条件の整備である清掃・給油・増締めの3要素は、劣化を防ぐための最低限の条件であり、すべての活動のベースとなるものです。

② 第2段階：第4、5ステップ

設備総点検の技能教育と点検の実施により、劣化を防ぐ活動から劣化を測る活動へと発展させる段階です。五感から理屈に裏付けられた日常点検ができる「真に設備に強いオペレーター」になり、改善への積極的な取組みを行うステップです。

成果が出て人が変わり、「不良・故障は現場の恥である」という雰囲気が醸成され、真の自主管理体制づくりに踏み出す重要な段階です。

図表3・5■　自主保全ステップ方式の進め方（例）

進め方	ステップ	名　称	活動内容
第1段階	第1	初期清掃 （清掃点検）	設備本体を中心とするゴミ・汚れの一斉排除と、給油・増締めの実施および設備の不具合発見とその復元を図る
	第2	発生源・ 困難個所対策	ゴミ・汚れの発生源、飛散の防止や清掃・給油・増締め・点検の困難個所を改善し、それらの活動時間の短縮を図る
	第3	自主保全仮基準の作成	短時間で清掃・給油・増締め・点検を確実に維持できるよう行動基準を作成する（日常、定期に使用できる時間枠を示すことが必要）
第2段階	第4	総点検	点検マニュアルによる点検技能教育と総点検実施による設備の微欠陥摘出と復元
	第5	自主点検	効率よく確実に維持できる清掃・給油・点検基準作成および自主点検チェックシートの作成・実施
第3段階	第6	標準化	各種の現場管理項目の標準化を行い、維持管理の完全システム化を図る ●現場の物流基準 ●データ記録の標準化 ●型・治工具管理基準 ●工程品質保証基準　など
	第7	自主管理の徹底	会社方針・目標の展開と、改善活動の定常化およびMTBF分析記録を確実に取り、解析して設備改善を行う

③ 第3段階：第6、7ステップ

標準化と自主管理の仕上げの段階です。オペレーター自身が次のような保全技能の完成を図ります。管理技術の向上、自主管理の範囲拡大、目標意識の高揚、コストの低減、設備小修理など、これらによりオペレーターと現場が大きく変わり、自主管理の職場となります。

第7ステップの自主管理には、第1ステップから第6ステップまでの活動が入っています。つまり、自主管理のレベルに到達した職場は自主的に第1～7ステップの活動を維持・向上していくことになります。

(2) 自主保全ステップ診断

自主保全ステップ診断とは、自主保全活動における各ステップの目的（ねらい）・目標が、サークルメンバーにどこまで理解・徹底されているかを指導的立場にある重複小集団の上位集団が診断することです。

ステップ診断を実施することで、サークル活動の進め方や現場の実態を診断して把握し、サークルの持つ悩みや問題点を明らかにし、指導・援助を実施していくことができます。

そこで、単に合格・不合格を判定するのではなく、サークルメンバーとのミーティングを行い、受診側のみならず診断側も今後何をしなければならないのかを明らかにすることが必要であり、サークルメンバーに対して、ただ問題点を指摘するだけでの診断にならないようにしなければなりません。

サークル全体やサークルメンバーのよいところを発見し、持ち味を活かすことが大切です。

① 診断の目的（ねらい）

・サークルの各ステップにおける現状を把握し、サークルメンバー1人ひとりの指導育成の場とする
・診断を通じてサークルのかかえる問題点をその場で明らかにし、具体的改善アドバイスを行い、達成感を味わいながら全体のレベルアップを図る

・自主保全ステップの区切りとする
・自主保全活動の評価と進捗把握の場とする
・オペレーターの製造・保全スキル向上の場とする
・リーダーシップ・メンバーシップおよび学習意欲、意識・モラール向上の場とする
・問題のとらえ方と改善力向上の場とする
・データのまとめ方・表現向上の場とする

② ステップ診断のフロー

ステップ診断は、自主診断、課長診断、トップ診断の順に行われ、すべてに合格して次のステップに進みます（**図表3・6**）。診断がそれぞれ実施できるのは共通の診断シートがあるからであり、診断シートの作成

図表3・6 ■　ステップ診断フローの例

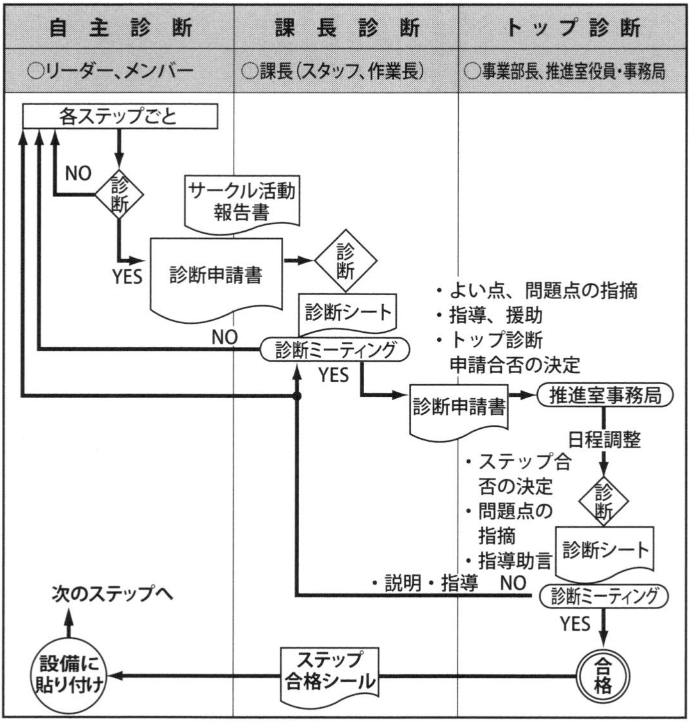

自主診断	課長診断	トップ診断
○リーダー、メンバー	○課長（スタッフ、作業長）	○事業部長、推進室役員・事務局

各ステップごと
NO
診断
YES
診断申請書
サークル活動報告書
診断
診断シート
NO
診断ミーティング
YES
・よい点、問題点の指摘
・指導、援助
・トップ診断申請合否の決定
診断申請書
推進室事務局
日程調整
・ステップ合否の決定
・問題点の指摘
・指導助言
診断
診断シート
・説明・指導　NO
診断ミーティング
YES
合格
ステップ合格シール
設備に貼り付け
次のステップへ

にあたっては、その職場の特性に合ったもの、または到達点などを明らかにする必要があります。

③ 診断要領のポイント

<サークル（受診）側>

- サークルメンバー全員が発言する：発表も全員で役割分担し、自分の設備の指摘や指導は診断者から直接受ける
- 診断員の考えを聞く：診断員の意見を聞き、改善案を一緒に考える。合否の判定だけでなく、今後の活動の指針となるようにアドバイスを参考にする

<職制（診断）側>

- 診断員としての考えを述べる：診断員も全員意見を言い、改善案を一緒に考える。設備管理・生産技術スタッフも診断に参加する
- 質問して答えてもらう：能力に応じて内容に配慮した質問を行い、作成された資料や改善内容に関して直接指導を行う
- サークルの問題を聴く：不明な点はその場で質問し、できるだけその場で解決する。サークルの悩み、疑問点の抽出も行う
- 合否の判定：点数だけでなく総合判定とする（個々の能力を測りながら、理解と意欲・汗と努力度も評価し、人の成長を重視）
- 不合格の場合：よい点・改善点について、サークルが納得するまでミーティングを行い、次回までの計画・診断予定を決める
- 現場診断：欠陥や不具合がある場合、現場・現物で指摘しエフ付けなどの対応を行う

(3) 職制モデル（管理者モデル）活動を先行する

自主保全活動は職制主導で活動するため、管理職がモデル活動を行うことで、今後の活動に大きな効果が期待できます。職制モデル活動後に、先行して活動を行うサークルモデル活動を行う場合もあります。職制モデル活動で管理者が自ら行動することで、オペレーターも「今までとは何か違う」ということを感じることも職制モデル活動の効果だといえます。

① 職制モデル活動の目的（ねらい）

・管理者自ら活動を体験し、サークルに対する指導力を身につける
・はじめて体験する活動に対して、どのように活動すればよいのか理解する
・活動が成果に結びつくことを実感し、伝達、報告できる
・先行して行った活動内容が広く水平展開できる
・活動に必要な工数・費用をつかみ、活動のマスタープラン作成や予算計画に役立てる
・直接設備に触れることにより、設備の管理状況・管理レベルを知る
・伝達教育などで使う教材の準備を行う

② メンバーやモデル機選定のポイント

＜メンバー選定のポイント＞

・職制（またはトップ）を責任者とする
・ステップ診断を行う職制（部長や課長）もメンバーとして参加する
・人員は各設備 5 〜 10 人とし、サークルリーダーも 2 〜 3 人参加させる

＜モデル機選定のポイント＞

・各工場・棟・職場単位で設備を 1 台選ぶ
・サークルでは時間がかかりそうな、古く汚れの目立つ設備を選ぶ
・同じ仕様の設備が多数あり、水平展開した場合に効果のあがる設備を選ぶ
・問題が多発し、効果測定がしやすい設備を選ぶ

③ モデル活動のノウハウ展開

モデル活動で得たノウハウを活動の指導に活用する例として、**図表 3・7** を参考にしてください。

図表 3・7■ モデル活動のノウハウ展開

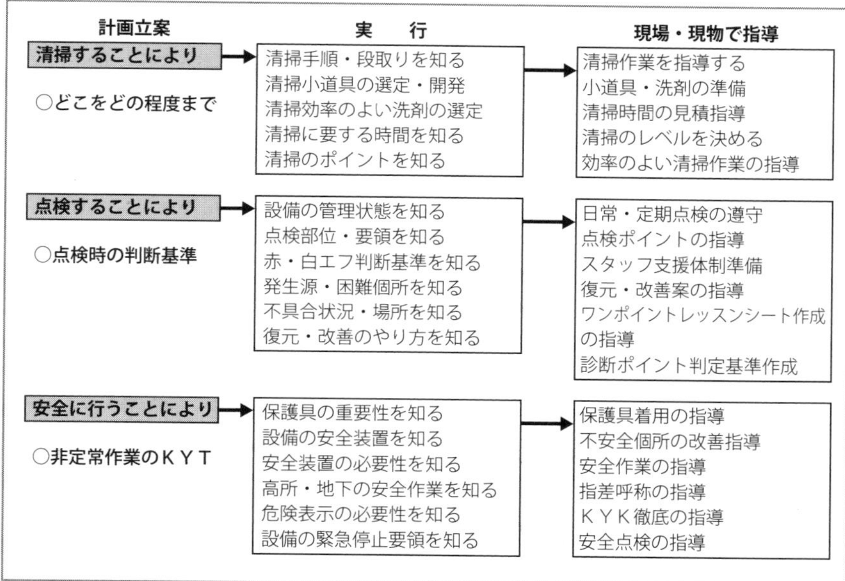

(4) 事前準備

① 自主保全活動の組織整備

活動の母体であるサークルの人員配分は、同一作業・同一設備で 5 ～ 10 人程度が適切です。また仕事上、製品区分・会社組織によって作業範囲などを考慮して、サークルの組織化と登録を行います（QC サークル組織と同一でもよいのですが、できるだけ業務組織に合わせてください）。

② 活動記録収集ルール

・作業日報・報告書より、サークルの PQCDSME と各ロス・故障データが集められ、集計できるしくみをつくる（各サークルの活動板に情報を提供し、グラフ化する）

・各サークルの活動時間・会合回数・ワンポイントレッスンシート作成枚数など収集できるしくみをつくる

・設備総合効率・時間稼動率・性能稼動率・良品率がデータ化でき

るしくみをつくる

③ 活動活性化ツール整備（詳細は後述）

・エフの作成と運用ルール

・データ処理のルール化

・活動板の仕様・レイアウトの決定（PDCA または PQCDSME がわかるレイアウトにする）

・ワンポイントレッスンシート作成と運用ルールを決める

・活動時間・活動回数・ミーティング時間・ミーティング回数・改善件数などの記録、グラフ化

④ 改善道場の整備

いつでも誰でも改善できるように、鉄板・アクリル板・工具などを準備して、工作できる環境を整備します。たとえば、清掃してもすぐに汚れてしまう場所については、この道場を利用して簡単な受け・囲いを作成し、取り付けるような改善を行います。

⑤ 記録写真を撮る

初期清掃を行う前に、汚いと思われる場所、汚れの多い場所、書類などの保管状況など、悪さ加減をたくさん写真に撮ります。とくに改善前の写真は改善後との比較を行ううえで貴重な資料となります。

⑥ TPM・自主保全ニュースの発行

苦労話、発見事例、改善事例、成果、管理者談、ステップ合格結果など、ニュースになるものすべてを掲載します。社内報がある場合は、1 ページ程度を TPM・自主保全に使用するといいでしょう。

(5) マスタープランの設定と目標設定

自主保全活動を計画的に進めるために、全体計画の段階でそれぞれの設備やラインの構成に合った進め方を企画立案し、その運用を図る必要があります（**図表 3・8**）。

① 基本日程

基本日程は取り組む企業にもよりますが、キックオフ後 3 年程度を

目安とします。

② 目標設定の仕方

目標設定はアウトプット（効果）として、何をどのくらい期待するかによって決まります。自主保全活動の場合は、考え方として「いつまでに何点以上のレベルで何ステップまで何台行うか」という推進上の目標と、その結果としてついてくる「設備およびシステム全体の効率化」という目標があります。

図表３・８■　マスタープランの例

項目＼年度		準備期	導入期	普及と実践期	充実と定着期	TPM優秀賞受審
		○○○○年	○○○○年	○○○○年	○○○○年	○○○○年
基本日程トップ診断		0ステップ	キックオフ 1～3ステップ ☆1回 ☆2回	4ステップ ☆3回 ☆4回	◎特別指導会 5～6ステップ ☆5回 ☆6回	◎受審 7ステップ ☆7回 ☆8回
職制モデル機		管理職モデル 1～3 課モデル 1～3	自主保全 個別改善 自主保全 個別改善	4 4	5～6 5～6	
サークル	個別設備		1～3ステップ 1号機 1～3ステップ 2号機	1～3ステップ 3号機	4ステップ	5～6ステップ 7ステップ
	大型ライン設備		1～3ステップ 1～3ステップ ← 1号機 →	1～3ステップ		

<推進上の目標>

・日程

・完了台数

・自主保全アウトプット目標例

・故障

・チョコ停件数
・設備総合効率
・品質不良

1・5　自主保全活動を成功させるポイント

自主保全活動を成功させるためには、守らなければならないポイントがいくつかあります。そのポイントについて簡単にまとめます。

(1) 導入教育と部門間の協調

自主保全活動のステップを実施する前に、関連するすべての部門およびトップから第一線監督者に至るまで、共通の理解が必要です。製造部門はもちろんのこと、関連するあらゆる部門が、製造部門にどのような援助・協力をすべきか、各管理者（部・課長）間でミーティングを重ね、合意徹底を図ります。

(2) サークル活動主体（各階層別）

活動小集団組織（サークル）、いわゆる重複小集団で進めます（**図表3・9**）。ポイントは、サークルリーダーは職制と一致させることです。重複

図表3・9■　重複小集団のイメージ

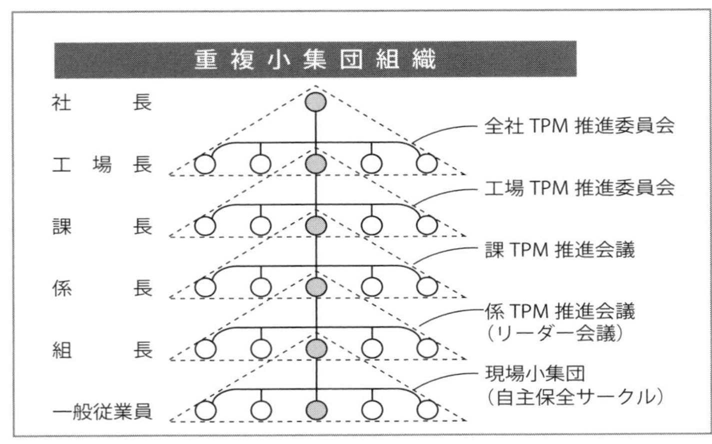

小集団の「重複」とは、すべて重層連結ピン（サークルリーダー）でしっかり連結され、コミュニケーションが取られている状態をいいます。

重複小集団組織はライン組織を補完するもので、ゆえに、トップダウンの意思系統がしっかりして、末端の集団まで活動の意義が徹底されます。合わせてボトムアップ機能も果たし、自由かっ達な雰囲気で運営・推進し、それぞれが各階層別サークルの役割を果たす組織となります。

組織の編成は、第一線の班長（リーダー）を中心に自主保全サークルをつくり、サークルメンバーが多いときは、サブサークル、ミニサークルとグループ分けをし、5～6人程度のメンバーで構成することがポイントです。

(3) ステップ診断

管理者・スタッフ層は、自主保全活動の各ステップが合格レベルに達しているかどうか、現場・現物を通して診断します。診断は、サークルメンバーやサークル全体の育成の場であるという認識で取り組むことが大切です。

(4) 伝達教育

自主保全活動でもっとも重要な項目の1つに教育があり、全員が知識と技能を身につけなければなりません。また、階層別にその期待度も異なるため、教育のやり方にも工夫が必要であり、そこで考え出されたのが「伝達教育方式」です。

(5) 目で見る管理

目で見る管理とは、生産システム上の管理対象の機能や役割などが、正常か異常かを誰が見ても明確に判断できる状態にすることです。簡単にチェックできる状態をつくることによって、故障・チョコ停などの結果系の異常ではなく、「ロスが発生しそうだ」という「おかしい、あやしい」レベルの原因系の異常を発見し、迅速な復元・改善をして、常に正常な状態を維持できるようにします。

目で見る管理の進め方

① 目で見る管理を行うための条件

目で見る管理の対象項目の抽出と、正常・異常の判断基準およびその判定周期・担当・処置を決め、目で見てわかる工夫（シール・ランプ表示・色別表示など）の基準化が必要です（**図表3・10**）。

図表3・10 ■　目で見る管理の対象項目例

区分	対象項目例
空圧関係	・設定圧力表示 ・ルブリケーターの滴下量表示 ・ルブリケーターの上限、下限表示 ・ソレノイドの用途銘板 ・配管接続表示（イン、アウト）
油圧関係	・設定圧力の上限、下限ラベル表示 ・油面計ラベル表示と周期表示 ・油種のラベル表示 ・給油口の色別表示 ・ソレノイドの用途銘板 ・リリーフ弁のロックナットの合マーク
駆動関係	・Vベルト、チェーンの型式表示 ・プーリー、スプロケットの型式表示 ・Vベルト、チェーンの回転方向表示 ・点検用窓の設置
潤滑関係	・給油口の色別表示 ・油種ラベルと周期表示 ・単位あたりの油消費量の表示 ・オイルジョッキの油種別ラベル表示 ・油面の上限、下限のラベル表示
機械要素関係	・点検済みのマークと合マーク ・保全が点検するボルト、ナットの色別表示（青マーク） ・不要ボルト穴（未使用のもの）の色別表示（黄マーク）
電気関係	・モーター冷却ファン回転表示風車取付け ・制御盤内の温度・湿度管理用ファン取付け ・モーターの回転方向表示
その他	・点検順路表示 ・機器の動作表示

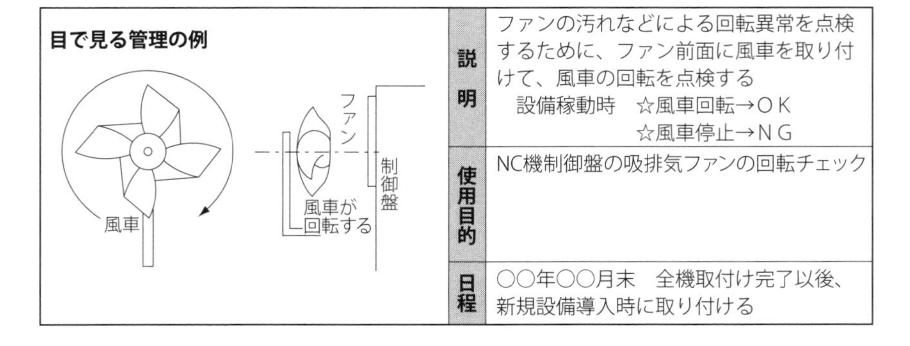

説明	ファンの汚れなどによる回転異常を点検するために、ファン前面に風車を取り付けて、風車の回転を点検する 設備稼動時　☆風車回転→ＯＫ ☆風車停止→ＮＧ
使用目的	NC機制御盤の吸排気ファンの回転チェック
日程	○○年○○月末　全機取付け完了以後、新規設備導入時に取り付ける

「自分の設備は自分で守る」を実践する際に、点検（清掃）・給油のしやすさ、ゆるみ、ガタ、圧力などの異常の発見しやすさが目で見てわかるように工夫する必要があります。また、目で見る管理により「安

く、ラクに、楽しく、正しく、早く」を目指します。

②目で見る管理の活動

この活動は、ステップアップとともに充実させ、第4ステップ「総点検」で確実なものにするのが一般的な進め方です。さらに、道具・工具、給油関連の容器・治具・金型、計測器類、刃具についても、併せて進めます。

目で見る管理の工夫はできたが、圧力計の指示値が許容範囲を大幅に超えていたり、合マークがズレているのを放置するなど、行動が伴わない活動にならないよう、根気よく異常を異常として見抜き、正常な状態に復元していく活動とすることが重要です。

(6) サークル活動における個別改善

サークル活動をより活発にするということと、1人ひとりの改善能力を高めて実質的成果を出すということを具体化するために、個別改善テーマを示し、挑戦と創造の場を通し、改善活動を図ることが必要です。個別改善は1人ひとりの改善意欲と、ロスの低減に顕著な成果を出す活動です。**図表3・11**のように自主保全活動の第2～3ステップから個別改善に取り組み、それぞれのテーマを完了させるとよいでしょう。

サークル活動における個別改善領域はおのずと限定されるので、第一線のサークルが行う個別改善テーマの選定は、改善の必要性や活性化の成長レベルなどをよく見きわめて行うことがポイントです。

図表3・11■　自主保全と個別改善の関係

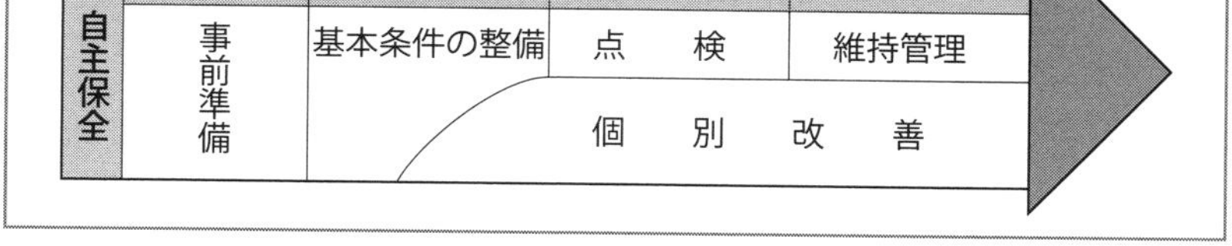

自主保全	ゼロステップ	1〜3ステップ	4〜5ステップ	6〜7ステップ
	事前準備	基本条件の整備	点　検	維持管理
			個　別　改　善	

(7) 守るべきことは本人が決める

清掃・給油・点検・段取り・操作・整理整頓など、標準・基準は、サークル活動を通してオペレーター自ら作成し、自主管理の能力を身につけます。

(8) 迅速な工事処理

自主保全活動によって摘出された不具合点の処置や改善項目の実施は、迅速に行われなければなりません。これらの工事の大半は保全部門へ依頼されることになります。保全部門では、自部門で計画した工事のほかに、このような自主保全からの膨大な依頼工事も処理しなければならず、かなりの負担となることが予想されます。

しかし、自主保全からの依頼工事を迅速にできないとすれば実態は一向によくならず、自主保全が進まないばかりか、サークル活動も活性化しません。したがって、保全部門では工事処理の効率化を考え、人員編成やシフトを再検討したり、残業・休日出勤、あるいは外注の活用など、あらゆる努力をして迅速に工事処理を行う必要があります。

各ステップの活動や上記のポイントを「徹底」させることがもっとも大切です。次のステップへの進行や形式のみを短期間に追っていくと、形ばかりで本来の能力が身につかず、現場には何も定着しません。成功体験を積み重ねながら着実に活動を進めて実のある活動となるように心がけてください。

1・6 活動時間

TPM 活動、自主保全活動は「仕事そのもの」の考え方から、自主保全の活動は、すべて就業時間内で行うことが原則です。

(1) 就業時間内に時間をつくる方法

さまざまな事柄（担当するフロア面積、活動を始める前の設備の状態、オペレーターの技術・技能など）によっても異なりますが、自主保全活動を計画的に進めるためには、平均20時間／人・月程度の活動時間が必要となります。しかし、生産活動後の残業時間だけで20時間／人・月を要することは、従来からの残業、教育研修などもあるので容易ではありません。活動を進めるには、「できることをやる」「できる範囲でやる」「余裕を生み出す」、この3つの点を意識して、活動時間を少しでも生み出す検討を行いましょう。

(2) 設備が止められない場合

装置産業などで24時間365日連続操業の場合、設備は止められませんが、運転中でも配管・継手類からのにじみ・漏れのチェック、基礎ボルトのゆるみチェックなど、従来からパトロールで点検している項目をより充実させていくとよいでしょう。

操業度が高い職場については、故障や材料待ちなどで設備が停止したチャンスを利用するチャンス保全や、毎日5分間でも清掃点検の時間をとることなどが有効です。

さらに、異音・振動・発熱など、設備が動いていないとわからない不具合にエフ付け（後述）する、作業がやりにくい、段取り替えがやりにくいといった作業困難個所にエフ付けするといった稼動中のエフ付けも考えましょう。

1・7　自主保全活動における安全対策（指導）

自主保全活動の安全対策（指導）は2つのねらいがあります。1つは自主保全活動や作業で災害を起こさないことです。もう1つは、災害の原因である危険や不安全個所を排除することです。

自主保全活動では、現場の作業者がこれまでやったことがない作業や事柄も含まれ、「設備の分解などは労働災害を引き起こす可能性が高いのではないか」と心配する管理職も多いでしょう。しかし、自主保全活動を通じて知識と経験を高め、積極的に災害の芽を摘む機会とする発想が必要です。

そのためには、自主保全活動の導入初期から、不要物の整理や微欠陥へのエフ付け・エフ取りと合わせて、不安全個所へのエフ付け・エフ取りを実施すると効果的です。設備の機能・構造への理解を深めるとともに、正しい分解点検作業を教え、労働災害の可能性の排除と意識づけをさせることが必要です。

自主保全活動の実施にあたっては、そのステップごとに危険作業を教え、保護具の着用などの指導を行う必要があります。自主保全活動時には必ず、どこで、誰が、何をやっているのかについて、誰が見てもすぐ確認できるようにします。また、設備を止めた際には、ほかの人が誤って起動ボタンを押さないように表示やカバーを付けたり、その近くに活動内容や名前を掲示することなどを指導しましょう。

自主保全活動の支援ツール

自主保全活動を進めていくうえでは、ステップ方式で進めていきますが、活動を進めるうえでさまざまなツールを活用することで、活動が活性化するとともに効率的に進めることができます。

3種の神器（活動板、ワンポイントレッスン、ミーティング）やエフなどの必須ツールや各社で工夫して、独自のツールを使用して活動を行う場合もあります。

目的に応じてツールを活用して自主保全活動に取り組んでください。

2・1　自主保全3種の神器

自主保全のサークル活動を円滑に推進するための3種の神器ともいえる「活動板」「ワンポイントレッスン」「ミーティング」について説明します。

(1) 活動板

活動板は、自主保全活動と現場管理や生産状態の状況や活動のPDCAなどを可視化するためのツールです。上位方針を受け、その実現のために自分たちのサークルが「今何をしなければならないのか」「どんな問題を抱えているのか」「それをどう解決していこうとしているのか」といったことを明確にし、共有するための道具です。

活動板は、サークルメンバーの集まりやすい所定の場所に設置して今後の課題、自主保全活動のプログラム、スケジュール、進捗状況、成果、個別改善、サークル独自の内容掲示などを誰が見てもわかるようにし、サークルメンバー全員で認識することが重要です。したがって、単に結果や伝達事項の掲示板ではなく、ミーティングで十分に活用してください（**図表3・12**）。

図表 3・12 ■ TPM 活動板の例

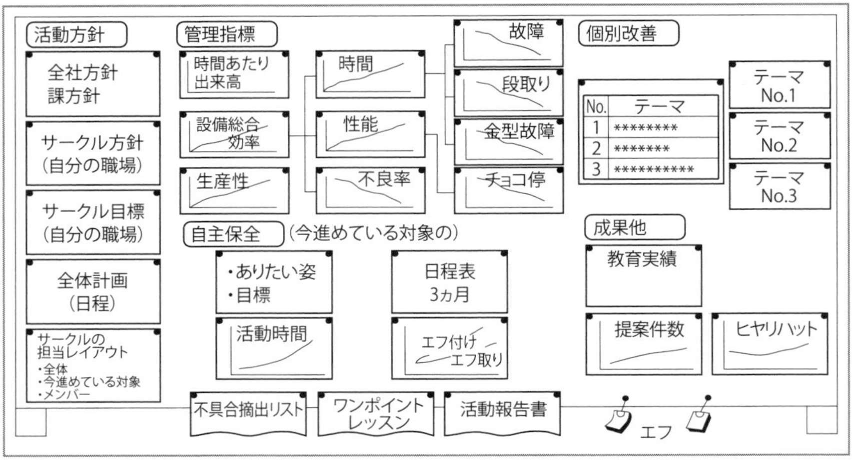

① 活動板の目的（ねらい）と運用

・活動計画・目標と現在までのサークル活動経過と効果・成果を目で見てわかるように示す（活動達成度や活動進捗の可視化）

・生産性（P）・品質（Q）・コスト（C）・納期（D）・安全衛生（S）・作業意欲（M）・環境（E）がわかるように、絵・グラフなどを使って表示する

・サークルメンバーが互いに活動内容をよく理解できるように掲示する

・サークルミーティングを行う場所、朝礼場所などに設置する

・ステップ診断時、活動板の前で掲示してある資料の説明をする

② 活動板の効果

・管理者、他サークルのメンバーなど、誰もが活動板を見れば、そのサークルの活動状況がわかる

・管理者にとって、部下の指導に必要な活動進捗状況、レベル、問題点を知る確実な資料となる

・すぐれた改善案やワンポイントレッスンは他サークルへの水平展開の参考資料となる

活動板はどこに置く？　Column

工場によっては「スペースがないために活動板が設置できない」あるいは「クリーンルームなどの物理的制約で活動板が設置できない」といったところがあります。そのような場合、どうすればよいのでしょうか？ ここでは、工夫した例を紹介することにします。

- 観音開きの形式や紙芝居のように差替えができる形にして、少ないスペースでも多くの情報を盛り込めるようにする
- 工場付近の廊下など、なるべく多くの人の目につきやすい場所に設置する
- クリーンルームなどでは、無塵紙やラミネートプレスを施して紙片が飛散しないようにする

ここで紹介したのは、ほんの一例です。あくまでもサークルの活動を示し、かつ日々そこはサークルメンバーが集う場である、という目的をはずしては、意味がありません。

(2) ワンポイントレッスン（伝達のツール）

製造現場では、教育のためにまとまった時間が取れない場合があります。また教育を受けても、日常業務で繰返しの復習がなければ身につきません。そこで、朝礼やちょっとした時間（5～10分）を利用して、日常活動の中で学習することが非常に有効となります。その際に効果的なツールが、ワンポイントレッスンです（**図表3・13**）。

① ワンポイントレッスンの種類

製造現場での教育で大切なことは、「学ぶだけでなく、学んだことを実践して体得する」ということです。ワンポイントレッスンの使用目的により、大きく3つに大別されます。

＜基礎知識＞

日常の生産活動や自主保全活動を行ううえで、知っていなければならないことをまとめたもので、基礎知識の不足を補うために有効です。

伝達教育・機械の基礎・設備の使い方・品質・整理・整頓・ノウハウなどを扱います。

＜トラブル事例＞

実際に発生した不良・故障などのトラブル事例をもとに、再発防止の観点から日常何をしなければならないかといったポイントをまとめたものです。トラブルがどのような不具合の見逃しによるものか、それはどのような知識不足によるものなのか、発生したトラブルを再び繰り返さない・起こさないためのものです。

見つけてよかった事例・発見事例・修理交換要領・五感点検要領・安全作業などを扱います。

＜改善事例＞

現場のサークル活動の中から生まれ、成果に結びついた改善事例を水平展開するために、改善の考え方・対策内容・効果についてまとめたものです。また、伝達教育の終了後も教えたことがサークルメンバー全員に理解されているか、日常実践されているかが重要です。

効果のあった改善ノウハウ集・効果算定要領・改善スキル集・水平展

図表3・13■ ワンポイントレッスンの例

ワンポイントレッスン

テーマ名	リミットスイッチの点検

部位別故障発生件数

(件/月) 20 10 0 電気部品 駆動部品 油圧機器 3月 4月 5月

部品別故障発生件数

(件/月) 10 5 0 配線 近接スイッチ リミットスイッチ 4月 5月

最近の故障を見ると、「電気部品」によるものが増える傾向です。その中でもリミットスイッチによる故障が多いため、次の「一斉点検」を行ってください。

【ローラーレバー式リミットスイッチ】

① 切削油はかかっていないか
② 可動部に取り付けていないか
③ 本体の固定はよいか
④ レバーの固定はよいか、押し込みすぎていないか
⑤ プリカチューブの破損はないか、向きはよいか
⑥ ドッグの固定はよいか

一斉点検実績

日付	場　所	氏名

レッスン実績	月 日		(講師・受講者)		
	氏 名				

職制印	課 長	係 長	組 長

連番		作成者名		作成年月日	

開などを扱います。

② ワンポイントレッスンを活用した教育の目的（ねらい）と注意点

<目的（ねらい）>

・必要なとき、タイミングよく、知識を深め、やる腕を磨く（自ら考え、調査し、工夫を凝らし、絵・図・イラストを使い、色分けできるとよい）

・教えるという行動を通じてリーダーシップを確立する（うまく説明できなかったらもう一度復習して教える）

<教育を行うときの注意点>

・リーダーはサークル全員のレベルアップを図るため、伝達教育を行う

・教育手段として短時間に要領よく行う（5 ～ 10 分以内で行える内容にする）

・単なる知識で終わることなく、伝達教育後日常実践されているかフォローする

・行動として実践できるまで、繰返し必要に応じて行う

・原則として 1 項目 1 ページにまとめる

③ 伝達教育

教育を受けたサークルリーダーが、その内容をサークルメンバーなどに教えることを伝達教育と呼びます。リーダーは単に同じことを教えるだけでなく、自分なりに工夫し、自分の現場の設備に合ったものに置き換えて教えることが大切です。このとき、ワンポイントレッスンを活用すると有効です。

(3) ミーティング

ミーティングは、やる気・やる腕・やる場の条件を整え、自主保全活動を定着させるために欠くことのできない活動です。全員で活発に意見を出し合うことによって、意外なよい提案・改善案が生まれます。

ミーティングを実施したら、必ずミーティングレポート（**図表 3・**

図表３・14■ ミーティングレポート

サークル活動報告書（例）

サークル活動報告書	発　行	○○年10月18日（第５回）		
	サークル名	ヘリカル　サークル		
テーマ 第２ステップ受診に向けて	所　属	工具三課一組五班		
	サークルリーダー	和泉	記録	大塚
参加者 市川　高木　篠塚　小倉　和泉　大塚 欠席者　なし	活動内容　実作業	月　日　時　分～　時　分		
	活動内容　ミーティング	10月15日15時50分～17時00分		
	活動内容　教育実習	月　日　時　分～　時　分		
	活動内容　総時間	(1.1時間)×(5人)＝(5.5時間)		

No.	項目	実施内容または対策	期日	担当
1	第２ステップ受診日を10/22に設定する。それまでに今後どのようなことをやるか	(1)初期清掃の見直し（昼・夜勤）ともに休憩後15分間精力的に行う	10/8より	全員
		(2)初期清掃の重点項目をあげる	10/8	市川
		(3)油漏れエフ取り状況を活動板に記入する	10/20	高木
2	飛散防止カバーを取り付けたが、カバーのすきまからこぼれる	(1)局所カバーのトライ	10/20	篠塚 小倉
3	現象の再確認	(1)VTRを課長から借りて実写	10/20	大塚

（課長コメント）	（課事務局コメント）	（組長コメント）
第3ステップを読み理解すること	ミーティング回数をもっと多くしてください	PDCAを回しながら進めてください

14）を作成し、上司に提出してコメントをもらいます。

①ミーティングの目的（ねらい）

・各ステップの活動内容の勉強、活動を前にしてやるべきことの確認と共有認識
・ワンポイントレッスンによる伝達教育と訓練の場とする
・リーダーがリーダーシップを発揮し、チームワークをつくり出す（全員の意識の徹底を図る）
・リーダーは、小集団の指導の仕方・運営の仕方、リーダーのあり方を学ぶ
・メンバーは、サークル活動の仕方、参加の仕方に慣れる
・職制指導型による、自らのサークル活動に対する反省と勉強の場とする
・ミーティング記録を取ることで、活動経過を整理し活動の効率化を図る

②ミーティングの運営

・命令や強制でなく、メンバーの合意で活動に参加させる
・全員の理解とやる気を引き出す努力をする
・全員がムラなく意見を出し合える雰囲気をつくる
・限られた時間内で効率のよいミーティングを行えるようにする
・短時間で密度のある進め方として、討議テーマと開催日・時間は前もって知らせておく（活動予定表に次回予定を記入しておく）
・ミーティングは短い時間で回数を多く持ったほうがよい

③ミーティングのサポート

・上司・事務局は必ずミーティングレポートに目を通す
・適切なアドバイスとなるコメントを必ず記入する
・サークルは、コメントを参考にして活動を効率よく進める

2・2 エフ

エフ（絵符）とは、設備の不具合を摘出するごとに不具合個所、設備部位に取り付けるものです。エフは、品質・安全・保全性の悪い場所などにも取り付けます。

また、どこにどのような不具合があるか、その場所と処置内容を忘れないために、不具合個所に日付や発見した人の名前、不具合の内容を記入して取り付けるのが基本です。

このエフ付け・エフ取りは、不具合顕在化のツールとしてステップに関わらず継続すべき活動で、エフの活用を含め、この考え方を会社のしくみとして残すことが大切です。エフ付け・エフ取りが、自主保全第1ステップだけの活動でないことを理解しましょう。

(1) エフの種類

基本的に、保全担当者や技術スタッフが処置する赤エフと、オペレーターが処置する白エフの2種類（**図表3・15**）があります。また、安全や環境に対してもエフを使用する場合があります。エフの色使いに決まりはありませんが、代表的な使用例は以下のとおりです。

① 白エフ：自サークルで処置できる不具合（自サークル）

図表3・15 ■ エフの例

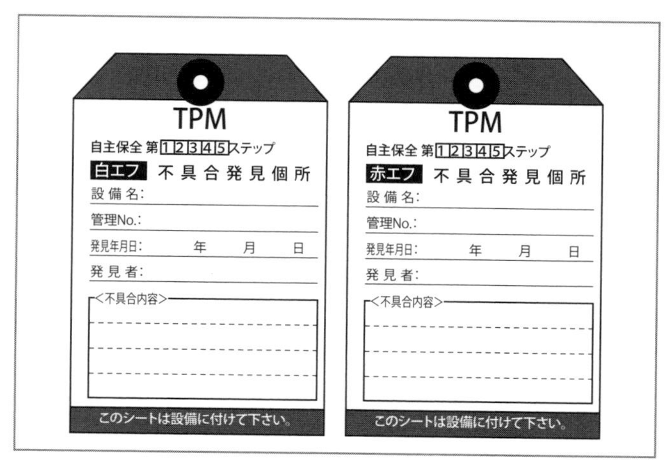

② 赤エフ：自サークルで処置できない不具合（おもに保全部門）
③ 黄エフ：危険個所（安全担当）
④ グリーンエフ：環境、省エネが必要な個所や場所（環境担当）
※エフが付けられない個所や場所は、画像データ上でエフ付けを行う「デジタルエフ」を使用する場合もある

(2) エフ活用の目的（以下、上記の色区分で説明）

設備の不具合と微欠陥の摘出・改善に使用し、設備の保全性、操作性、安全性などの向上を目的に使用します。

① 設備の不具合を摘出する
② 設備の不具合個所に取り付けることにより、不具合を不具合として見る目を育てる
③ サークル全員がエフを見ることにより不具合個所を知る
④ エフを取り付けておくことで不具合が明確になり、改善場所が早くわかり、不具合を忘れない（とくに赤エフ）
⑤ エフを取ることにより保全・改善力が身につき、活動成果が目で見てわかる
⑥ 赤エフ・白エフの取付け・取外しの差によってサークルの保全・改善力がわかる

(3) エフの取り付けられない場所

① 激しく水滴、切削油などがかかる場合は、エフをビニール袋などに入れて、汚れないような配慮をして取り付ける
② 設備に直接エフが付けられない場合は、後で不具合の位置がわかるようにマップをつくり、デジタルエフも活用する

(4) エフ付け手順

設備の清掃を始める前に、気がついた不具合にまずエフを付け、次に設備のカバーを外して隅々まで不具合を探します。

異常音などについては運転中にしかわからないので、その設備の担当オペレーターが中心になって確認します。もちろんエフを設備に取り付ける作業は、設備停止後に行ってください。

発見した不具合は、不具合摘出リスト（**図表3・16**）に記入します。

図表3・16■ 不具合摘出リストの例

設備名　ユニット名　No.

No.	発見日	発見者	不具合項目	なぜ不具合なのか（放置するとどうなるか?）	不具合の原因	対策内容	エフ区分	実施者	予定日	完了日

(5) **エフ取り（再発防止）**

エフ付けして摘出した不具合は、必ず処置を行います。これをエフ取りといいます。

付けたエフをそのままにしておくことは職場・設備の不具合を放置していることになり、そのままの状態では設備の停止や品質不良、作業効率の低下につながります。

そこで、エフ付けしてその場で処置できるものはすぐ取るようにします。また、時間のかかるものについては、エフ取りの計画を明確にして、なるべく短期間で処置・対策ができるようにしておきましょう。

1度エフ取りをした個所は、引き続き観察をしていく必要があります。これは処置や改善方法が適切であったかどうかを確認するために重要です。もし、処置後に再発するようであれば、処置が適切ではなかったことになります。このように再発した個所へは、「繰返しエフ付け」を実施することになります。エフの処置は、「再発防止」を念頭に置くことが大事です。

(6) エフ付けする不具合の内容

設備の何をもって不具合とみるかという、不具合摘出のポイント例は**図表 3・17** のとおりです。

図表 3・17 ■ 不具合摘出のポイント例

項目	不具合	不具合の細目
1 微欠陥	汚れ きず ガタ ゆるみ 付着 その他の異常	ホコリ、ゴミ、粉、油、錆、塗料 亀裂、つぶれ、変形、欠け、曲がり 揺れ、抜け、傾き、偏心、摩耗、ひずみ、腐食 ボルト・ナット、ゲージ、カバー、ベルト、チェーン 詰まり、固着、堆積、はがれ、動作不良 異音、発熱、振動、異臭、変色、圧力、電流
2 基本条件	清掃 給油 増締め	油汚れ、ホコリ、ゴミ、スケール、油漏れ 油切れ、油種の適否、給油量の適否、給油口汚れ、詰まり、破損、変形、配管つぶれ、油の保管状態、給油機器不良 汚れ、破損、漏れ、レベル表示不良 ボルト・ナット：ゆるみ、脱落、かかり不良、長すぎ、つぶれ、腐食 ワッシャー不適、ボルト向き、Wナット逆
3 困難個所	清掃 点検 給油 増締め 操作 調整	機器構造、カバー、配置、足場、スペース カバー、構造、配置、計器位置、方向、適正表示 給油口位置、構造、高さ、足場、廃油口、スペース カバー、構造、配置、サイズ、足場、スペース 機器配置、弁類、スイッチ、ハンドル位置、足場 圧力計、温度計、流量計、水分計、真空計などの位置不良
4 発生源	製品 原料 油 気体 液体 加工 その他	漏れ、こぼれ、吹き出し、飛散、あふれ 漏れ、こぼれ、吹き出し、飛散、あふれ 潤滑油・作動油・加工油・燃料油の漏れ、こぼれ、にじみ 空気・ガス・蒸気・排気の漏れ、飛散 水・温水・冷却水・排水・循環液体の漏れ、こぼれ、にじみ バリ、切断屑、包装材、スパッタ、火花、煙、端材、接着剤、塗料、油、光、研磨粉、不良品など 人・フォークリフトなどによる持込み、建物のすきまからの侵入
5 その他の不具合および疑問点	その他の不具合 疑問点	不安全個所や環境上の不具合など、1～4にあてはまらない不具合 活動中に疑問に思った個所（正常か不具合かわからないところ）

2・3 定点撮影（定点管理）

(1) 定点撮影とは

定点撮影とは、設備機械・装置、型・治工具、材料部品、予備品、廃棄物、書類、通路、建物などを、

① 同じ対象物の、

② 同じ問題点に向かって、
③ 同じカメラで、
④ 同じ位置から、
⑤ 同じ高さで、
⑥ 同じ角度で、

定期的・段階的に写真撮影をして、同じ対象物の改善・改良の変化をとらえる方式です（**図表 3・18**）。

図表 3・18 ■ 定点撮影チャートの例

PART	
ねらい	

職場名

経過 / 場所	第1段階		第2段階		第3段階		第4段階	
	鏡に照らせわが非と短所 ・自己の職場の— ・短所となっているところ ・人に見せたくない恥ずかしいところ ・危険・災害のおそれのあるところ ・品質不良がよく発生するところ ・5Sの不良なところ ・チョコ停の発生するところ ・ネックとなっているところ	月 日 ➡ 担当	少しでも改善したら ・同じカメラで ・同じ場所から ・同じ対象物に向かって撮っていこう	月 日 ➡ 担当	少しでも改善したら ・同じカメラで ・同じ場所から ・同じ対象物に向かって撮っていこう	月 日 ➡ 担当	少しでも改善したら ・同じカメラで ・同じ場所から ・同じ対象物に向かって撮っていこう	月 日 ➡ 担当
評価点	1 2 3 4 5		1 2 3 4 5		1 2 3 4 5		1 2 3 4 5	
コメント								
	鏡に照らせわが非と短所 ・自己の職場の— ・短所となっているところ ・人に見せたくない恥ずかしいところ ・危険・災害のおそれのあるところ ・品質不良がよく発生するところ ・5Sの不良なところ ・チョコ停の発生するところ ・ネックとなっているところ	月 日 ➡ 担当	少しでも改善したら ・同じカメラで ・同じ場所から ・同じ対象物に向かって撮っていこう	月 日 ➡ 担当	少しでも改善したら ・同じカメラで ・同じ場所から ・同じ対象物に向かって撮っていこう	月 日 ➡ 担当	少しでも改善したら ・同じカメラで ・同じ場所から ・同じ対象物に向かって撮っていこう	月 日 ➡ 担当
評価点	1 2 3 4 5		1 2 3 4 5		1 2 3 4 5		1 2 3 4 5	
コメント								

定点撮影の写真や画像を定点撮影チャートして活用することで、次のような効果が期待できます。

<定点撮影チャートの効果>

① 数値で表現しにくい現象・状態を評価できる
② 整理・整頓・清掃の進行度合いを確認できる
③ 誰でも確認できる状況になる
④ 活動の停滞防止
⑤ やる気の維持と促進

2・4　マップ

(1) マップとは

マップは現場の状態を視覚化するツールです。管理対象物の目的に沿って、発生状態などを現場のレイアウトや設備の配置、工程などとともにマップ（地図）にして、発生部位を特定した管理を進めていくことに役立てます。

災害・故障・チョコ停・汚れ・発生源・困難個所、不良など、いろいろなマップが作成可能です（**図表3・19**）。

図表3・19■　清掃・点検・給油困難個所マップの例

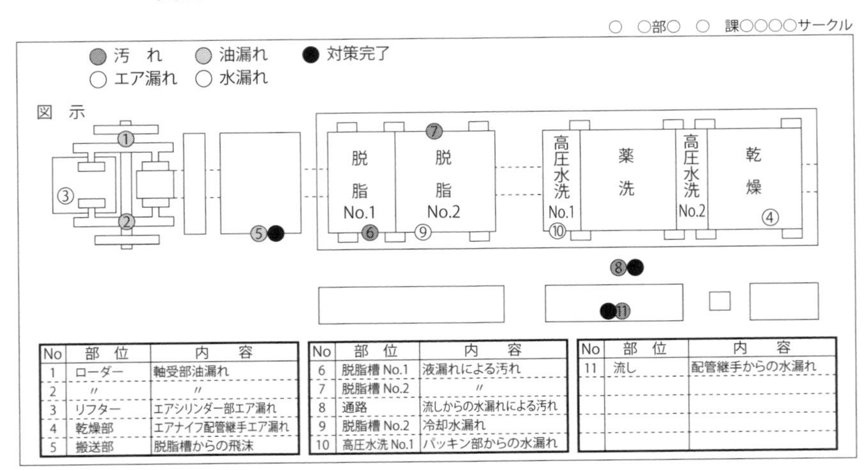

No	部　位	内　　容
1	ローダー	軸受部油漏れ
2	〃	〃
3	リフター	エアシリンダー部エア漏れ
4	乾燥部	エアナイフ配管継手エア漏れ
5	搬送部	脱脂槽からの飛沫
6	脱脂槽 No.1	液漏れによる汚れ
7	脱脂槽 No.2	〃
8	通路	流しからの水漏れによる汚れ
9	脱脂槽 No.2	冷却水漏れ
10	高圧水洗 No.1	パッキン部からの水漏れ
11	流し	配管継手からの水漏れ

(2) マップ作成のねらい

① 不具合の発生状況・部位が理解しやすい

② 問題点や改善部位が顕在化できる

③ 改善の優先順位の決定が速やかにできる

不具合個所・ロス発生個所・改善個所などをレイアウトで表現し、何をやるべきか、何をやったかを明確にします。マップの作成にあたっては、簡単なレイアウトの作成や写真などを利用して進めるとわかりやすくなります。

第1ステップ：初期清掃

3・1　初期清掃とは

初期清掃は「清掃点検」とも呼ばれ、清掃を通じて潜在欠陥を顕在化して微欠陥を認識できるように、製造部門のオペレーター、管理者のみならず、これを支援する保全・生産技術・品質保証部門の全員が自工場の設備で体験します。

設備清掃を中心とする活動を通して、自主保全活動における基本条件を徹底し、その維持体制をつくりあげます。

(1) 自主保全活動における基本条件の整備

自主保全活動における基本条件の整備とは、清掃、給油、増締めの3要素を実施することです。これら3要素の不備が、故障や不良など設備面におけるロス発生のもっとも大きな要因の1つです。清掃、給油、増締めの徹底は劣化を防ぐための最低条件であり、生産保全（PM）活動のベースとなります。

3・2　初期清掃の目的（ねらい）

初期清掃の目的は、設備本体を中心とするゴミ・ホコリ・汚れなど（微欠陥）を一斉に排除することにより、強制劣化を防止し、潜在欠陥を顕在化（摘出）して処置することです。

(1) 設備面の目的

① 微欠陥の排除

微欠陥とは、「欠陥に見えるか見えないかという程度の不具合」です。微欠陥が複合することにより慢性ロスを引き起こしているケースが多くあります。

一般に微欠陥とは、ゴミ、汚れ、摩耗、ガタ、ゆるみ、漏れ、腐食、変形、きず、クラック、温度、振動、音などの異常を指します。これらは小さな欠陥であり、個別には軽微であるため放置したり、見逃してしまう場合があります。

微欠陥の発見には、「目で見て・耳で聞き・臭いを嗅ぎ・手で触れ」といった五感を駆使すると発見しやすくなります。また、微欠陥は、自主保全活動の中で復元できるものについては、オペレーターが復元することが原則となります。

清掃の不備による弊害は数多くありますが、その代表例は以下のとおりです。

- 故障の原因：回転部、摺動部、空気圧、油圧、電気制御系、センサーなどの汚れや異物の混入は、摩耗、詰まり、抵抗、通電不良などによって精度低下や誤動作、故障の原因となる
- 品質不良の原因：製品への異物の直接混入や設備の誤動作による、組付け不良・加工不良などの品質不良の原因となる
- 強制劣化の原因：ゴミ、汚れによってゆるみ、亀裂、ガタ、油切れなどの摘出が困難となり、強制劣化の原因となる
- 速度ロスの原因：汚れによって摩擦抵抗、摺動抵抗が増し、能力低下や空転などの速度ロスを起こす

② 給油

給油は設備の劣化を防ぎ、信頼性を維持するための基本的な条件であることはいうまでもありません。製造現場では、中継タンクやルブリケーター、給油ニップルなどへのゴミ付着、集中給油装置の配管の詰まりなどがあり、これではいくら給油しても意味がありません。

給油や作動油の管理が不完全であることによる損失は、焼付きといった突発故障などの直接的損失につながります。直接的な損失以外にも、間接的に摺動部や油圧、空気圧系などの作動精度が低下、摩耗がさらなる摩耗を助長することによって劣化を早める、不良の発生、段取り調整の手間、などといったことへ影響を与え損失が発生します。

③ 増締め

ボルト・ナットなどのゆるみは直接・間接的にトラブル（締結部品の脱落、折損など）の発生に大きな影響があります。ボルト1本のゆるみが振動を増幅させ、さらにほかのボルトのゆるみを誘い、劣化を波及させ、作動精度を落とし、最終的には不良や部品の破損につながっていく場合があります。

④ 復元と改善

復元とは「原理原則に従い、もとの正しい姿に戻すこと」です。復元するためには、正しい状態から外れているものを見つけ出し、正しい状態に戻すことが必要です。改善活動を行う前には、必ず復元を行う必要があります（図表3・20）。

図表3・20■ 改善活動の概念

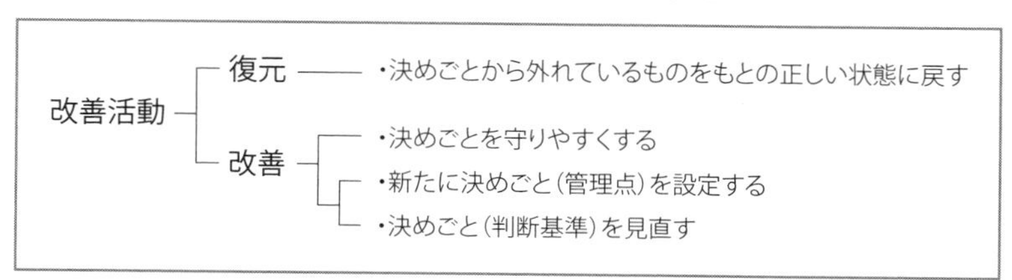

＜改善の合い言葉＞

「改善の前に復元」：改善活動は、復元と改善の内容を組み合わせた活動です。

（2）人材育成面の目的

自主保全活動では、設備に対する固定観念や常識を改革しながら、設備を通じて活動に関わる人材育成も目指します。初期清掃は第1ステップであることから、人材育成面では重要な段階です。

① 清掃を通じてサークル活動に慣れる

初期清掃の進め方（後述）に沿って活動を進めることにより、計画や作業内容を理解し、サークルとしての活動を体験的に学習します。はじめは戸惑うことや慣れないこともありますが、サークルリーダーを中心にメンバーとともに活動することにより、サークルとしての目標に向けて活動することを身につけましょう。

② リーダーはリーダーシップを学ぶ

サークルリーダーはメンバーのモチベーション向上と目標達成のための活動を考える必要があります。メンバーは慣れない作業や活動で戸惑う場面がありますが、リーダーシップを発揮してメンバーの支援・指導を行いましょう。リーダー自身もその活動を通じてリーダーシップについて学習を行います。

③ 設備を目で見て、手で触れ、設備に対する関心を高め、疑問や好奇心を持たせる

設備の隅々まで手入れをすることにより、オペレーターの設備に対する関心と、設備を大切にする気持ちを高めます。

苦労してキレイにした設備をもう汚したくないという気持ちが起き、それから一歩進んで、ここにゴミ・ホコリがあるとどのような不具合につながるか？ などといった疑問や発見が次第に生まれてきます。このような疑問や発見をサークル・ミーティングの場で全員が一丸となって追究し、解決していくことによって自主管理の芽が育っていきます。

④清掃は点検なりを修得する

清掃するということは、設備の隅々まで手で触れ、目で見ることになるため、微欠陥や振動、温度、音などに対する五感が磨かれ、異常の発見がしやすくなります。自主保全活動における清掃は単にキレイにするだけでなく、設備を点検するという要素が含まれています。このことが「清掃は点検なり」といわれる所以です。

清掃を通して微欠陥を摘出し、故障や不具合を防ぐことがもっとも有効な手段です。ゴミ、汚れを取り除いた設備は欠陥が見つかりやすくなり、欠陥が設備の故障、不良になって表れる前に発見し、処置を行うことができます。

この清掃の大きな目的（清掃は点検なり）を理解することが重要です。

3・3　初期清掃の進め方

どのステップに限らず、活動の目的を理解して、活動することが重要です。

そして目標とツールなどを活用しながら活動を進めることで、効果的な活動となります。また、疑問やわからないことは、メンバー間で話をしたり、リーダーや職制に相談して活動を進めましょう。

(1) 初期清掃のための事前準備

初期清掃は第１ステップのため、モデル活動など準備と併せ事前に目的や計画（作業の手順・担当・日程・時間など）、安全についての準備を行います（**図表3・21**）。

図表3・21■　事前準備（ゼロステップ）

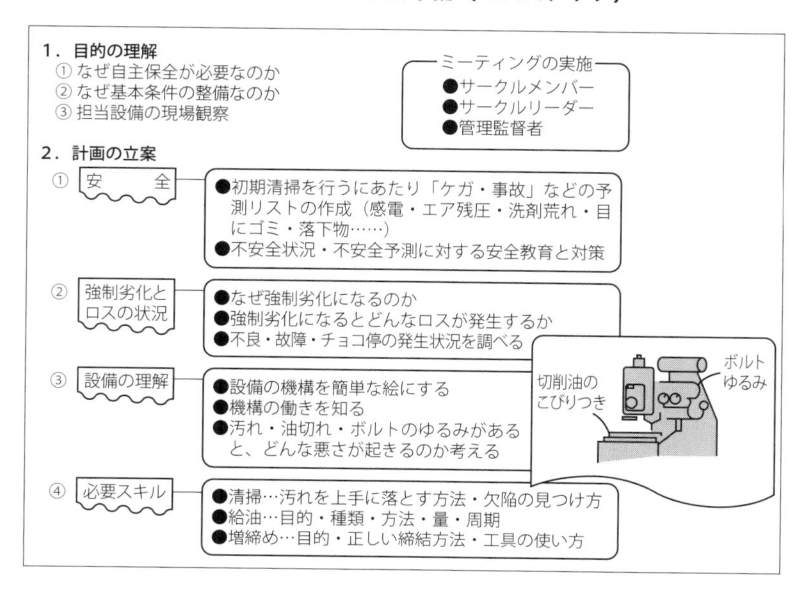

(2) 清掃・点検の重要性の理解

「清掃は点検なり」という言葉には、どのような意味があるのかについて理解することが必要です。清掃を行うことによって得られる効果や重要性について**図表 3・22、23** で確認しましょう。

図表 3・24 に初期清掃の進め方を、**図表 3・25** に自主保全活動を利用した初期清掃の内容例を示します。

図表 3・22 ■　清掃の効果

物理的な面	心理的な面
1　品質　・不良の低減・バラツキの減少 2　設備　・不具合の早期発見 ・摩耗の防止・精度維持 ・寿命の延長 ・機能の維持 ・誤動作の防止	・不具合を発見する力・愛着心の高揚 ・ルールの遵守・やる気の向上 ・キレイで清潔な職場 ・対外的な信用の向上

図表 3・23 ■　清掃・点検の重要性

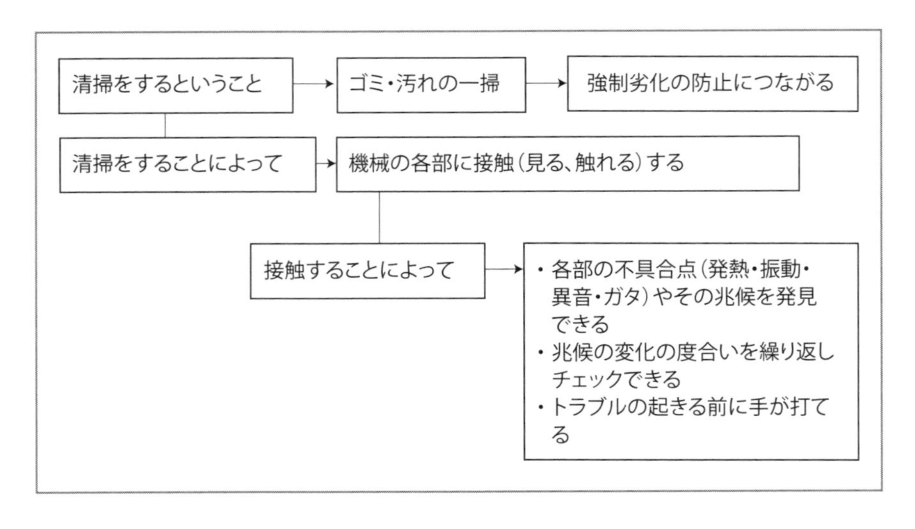

図表3・24 ■ 初期清掃の進め方

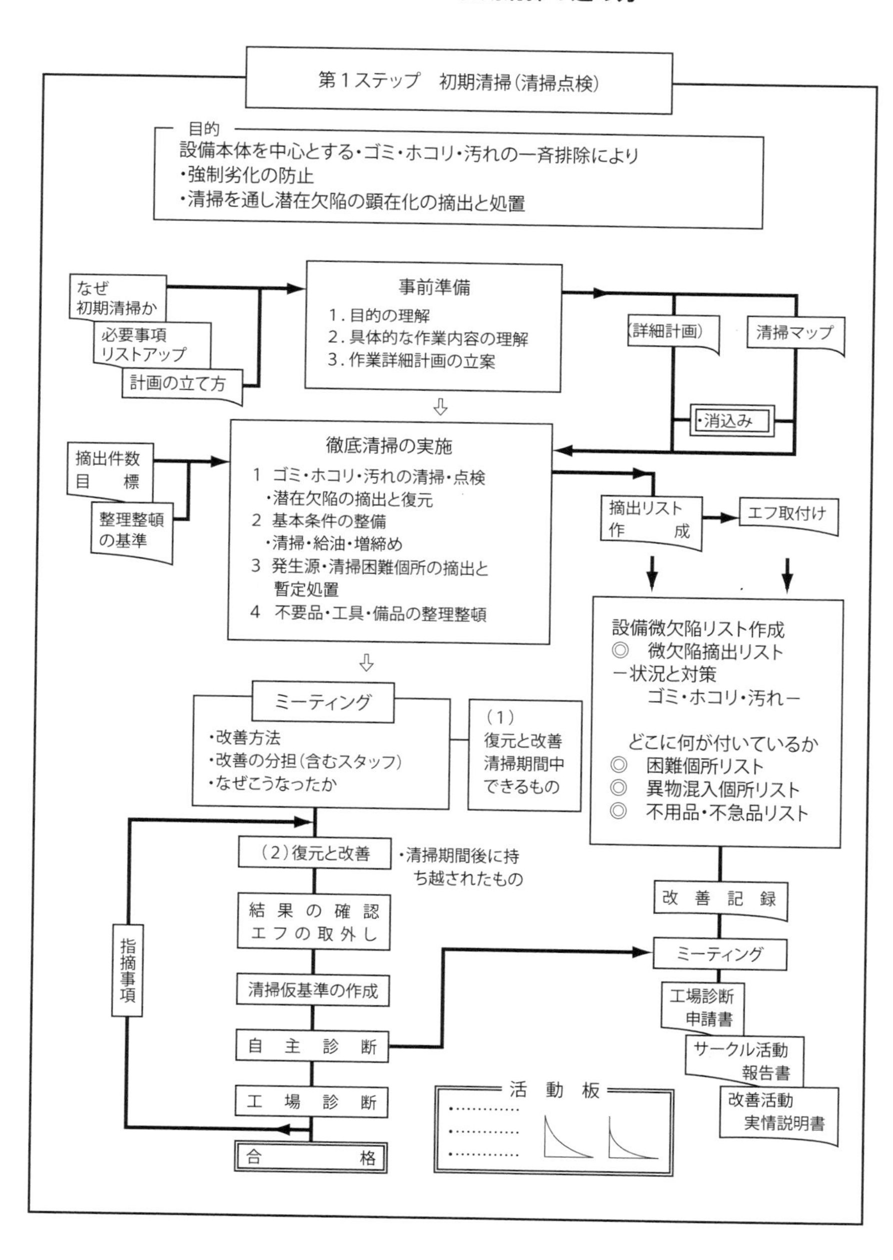

図表 3・25 ■ 自主保全活動を利用した初期清掃の内容例

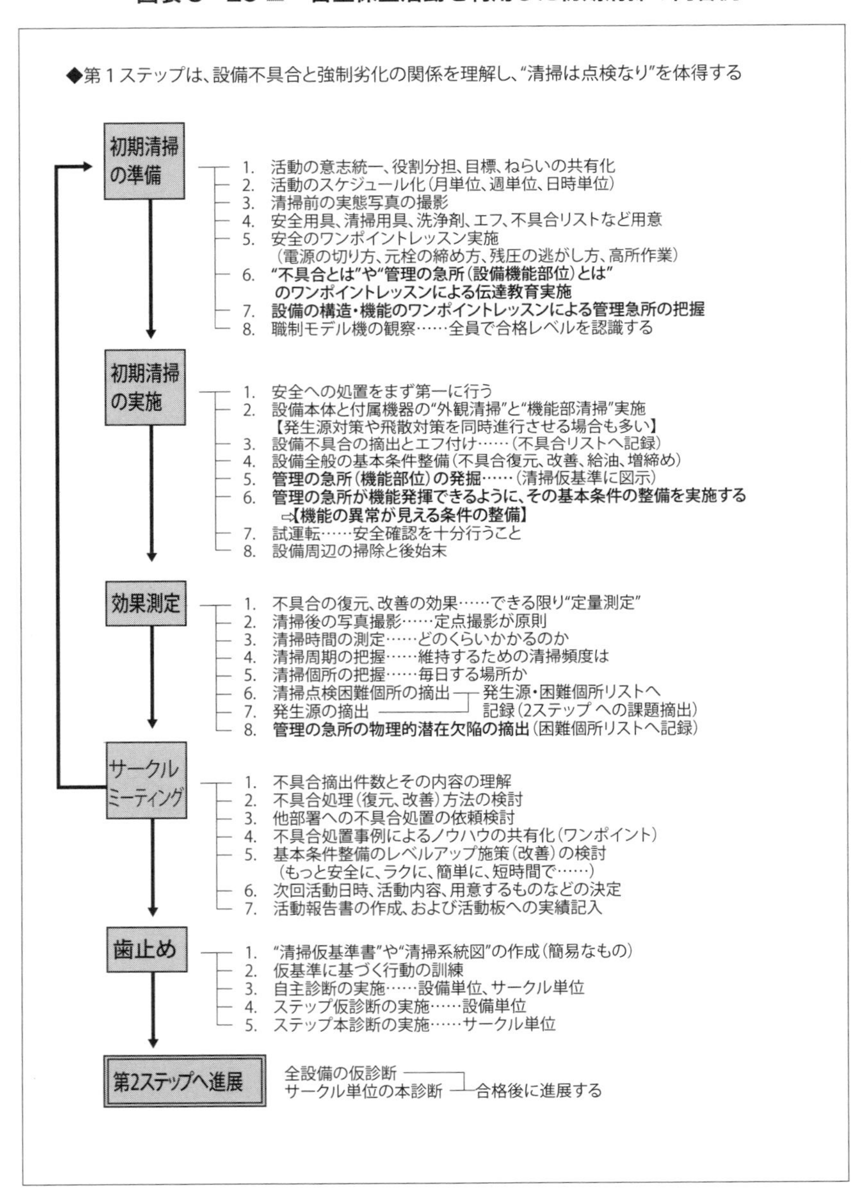

3・4 初期清掃のポイント

初期清掃のポイントは以下のとおりです。

・設備清掃を中心とする活動を通して、設備の基本条件を徹底的に整備し、その維持体制をつくりあげる

・基本条件の整備を全員参加による活動によって達成し、この活動を通して、自主管理とは何かを体験的に学習する

・次ステップ以降の準備

① 発生源の摘出

第2ステップで行う発生源・困難個所対策のために初期清掃でいったん設備をキレイにすると、ゴミ・汚れ・異物の発生源が確認しやすくなります。さらに、それらがどのように設備や製品の品質に影響しているかも、よくわかるようになります。

② 仮仮基準

自主保全活動の第1ステップ：初期清掃や、第2ステップ：発生源・困難個所対策で復元・改善したものをそのまま放置すれば、またもとの状態に戻ることは明らかです。そこで、後戻りしないために、第3ステップでは清掃・給油・点検の自主保全仮基準を作成します。なぜ、仮基準なのかというと、最終的な「自主点検基準書」を第5ステップで作成するからです。

そこで、第1、2ステップでまとめる基準は、第3ステップの仮基準作成の準備としてまとめる基準なので、「仮仮基準」と呼ばれます。

3・5 初期清掃における安全対策

災害防止に万全を期すため、単なる教育のみならず、具体的な作業内容、項目、設備ごとに管理・監督者が注意と指示を与える必要があります。

一般的には、下記の項目に注意してください。

① ヘルメット、防じんマスク、メガネ、耳栓、皮手袋などの保護具を着用する

② 大型設備・塔槽内などの作業は見張りを置き、2人1組で作業する

③ 暗いところでは作業をしない
④ 作業表示、指示、警告などの表示板を用意し、使用方法を徹底する
⑤ 電源スイッチを切り、作業中の表示をつける
⑥ キースイッチを抜く
⑦ 油・空気圧は元バルブを閉め、機器、配管の残圧を抜き、表示をつける
⑧ 設備の起動・停止は、周囲の作業者への合図と安全確認をする
⑨ 運転中は設備の作業範囲に入らない、手足を出さない
⑩ 昇降は脚立、ハシゴを使用する
⑪ 配管・ケーブルの上に乗らない
⑫ 高所作業では、足場、手すり、命綱、ネットなどを設置し、転落・落下を防止する
⑬ 転落・モノの落下による災害防止のため、人の頭上で作業しない
⑭ 作業前・中に酸素濃度測定や有毒・可燃性ガス検知を行う
⑮ 換気装置を使用する
⑯ 発生したゴミの分別回収を行い、不燃・可燃・産廃処理を行う

3・6　初期清掃の効果測定

初期清掃は、単に設備や現場をキレイにする活動ではなく、本来の目的は自主保全活動における基本条件を徹底して強制劣化を排除し、「あるべき姿」にすることです。効果は、初期清掃を行うことで定量的に現れる発見や改善といったプロセスにおける効果と、チョコ停低減などのアウトプットとしての効果として現れるものがあります。

また、定性効果として清掃の習慣や微欠陥を見逃さなくなった、復元・改善ができるようになったということもあげられます。

（1）定量効果（例）

①プロセスにおける効果

・積年のゴミの除去量

・ピット内の汚水・油の処理量

・微欠陥・不具合の発見件数

・自サークルで行った復元率

・重大な欠陥の発見事例件数

・清掃ノウハウ・ワンポイントレッスン作成件数

・改善件数

・清掃小道具開発件数

②アウトプットとしての効果

・チョコ停の低減

・故障の低減

・清掃時間の短縮（清掃時間の測定、清掃周期の把握（維持するための清掃頻度）、清掃個所の把握）

・点検時間の短縮

（2）定性効果（例）

・清掃の重要性を理解した

・清掃を嫌がらなくなった

・微欠陥を見逃さなくなった

このほかにも多数ありますが、自社に適用した評価モードを採用して活動を進めることが大切です。

第2ステップ：発生源・困難個所対策

4・1　発生源・困難個所対策とは

第２ステップとなる発生源・困難個所対策は、第１ステップの初期清掃で自主保全における基本条件の整備（清掃・給油・増締め）、「清掃は点検なり」を通じて顕在化した微欠陥に対して実質的なアプローチ（改善）を行い、効果を生み出すステップです。

また、自主保全活動においては、ステップが進んだからといって、前のステップの活動が終了したわけではありません。初期清掃で行った活動は維持しながら、第２ステップ以降の活動を行うことが重要です。

(1) 発生源対策とは

発生源とは、下記の異物などが発生するもとを指しています。

・加工上発生する切粉、屑、バリ、スケール、スパッターなど

・搬入部品に混入する異物

・設備から発生する油、水、摩耗粉など

・環境上外部から侵入するゴミ・ホコリなど

発生源対策として、「発生源を絶つ（発生させない）」「飛散を防止する」「カバーやシールによって侵入や付着を防止する」などの改善が必要となります。

それでも発生源を完全に絶つことができないのであれば、量や範囲を極小化・局所化し、清掃をより短時間でやり終えるような作業改善が必要です。発生源から出る異物などが、どこから（設備の部位など）、どれだけ（重量、体積、面積など）、どのような経路で発生しているかをとらえます。また、清掃に要する時間もロスとしてとらえる必要があります。

(2) 困難個所とは

困難個所とは、主として清掃・点検・給油が困難な（手間のかかる、やりにくい、見にくい）個所を差します。清掃・点検・給油作業を行ううえで、かがむ、登る、しゃがむ、カバーをあけるといったやりにくさの状態を、長さ、距離、移動、分解、点検個所の多さといったロスとなる時間などでデータ化します。

4・2　発生源・困難個所対策の目的（ねらい）

発生源・困難個所対策では、設備改善に対する意欲を活かし、さらに実質的な改善効果を生み出すとともに、設備改善の進め方を学び、改善による成果と次のステップへ向かっての自信を深めることを目的としています。

具体的には、ゴミ・ホコリ・汚れの発生源の対策や飛散防止と、清掃・給油・点検の困難個所の対策を行い、清掃・給油・点検の時間短縮を図ります。

(1) 設備面の目的

- ゴミ・ホコリ・汚れの発生源を解明する
- 発生源への対策を行い、ゼロ化または極小化し局所化する
- 清掃・給油・点検の困難な個所を確認し、改善を行う

(2) 人材育成面の目的

オペレーターが設備を改善する能力を身につけ、そのプロセスと成果を味わうことによって成長し、さらに高いレベルの改善に取り組むための自信をつけることをねらいとします。

<ポイント>

- 身近なところからの改善を行う。設備改善の考え方、進め方を学ぶ
- 設備改善から設備の動作、加工原理などを学ぶ
- 設備の改善に興味と意欲を持つ

・改善に成功する喜びを知る

改善の内容は、問題点、改善個所、改善の目的、改善内容、コストと効果を整理することが重要です。

4・3　発生源・困難個所対策の進め方

第２ステップは、まず発生源対策をしてから困難個所対策をすると、より効果的です（**図表３・26、27**）。

図表３・26 ■　発生源・困難個所対策の進め方

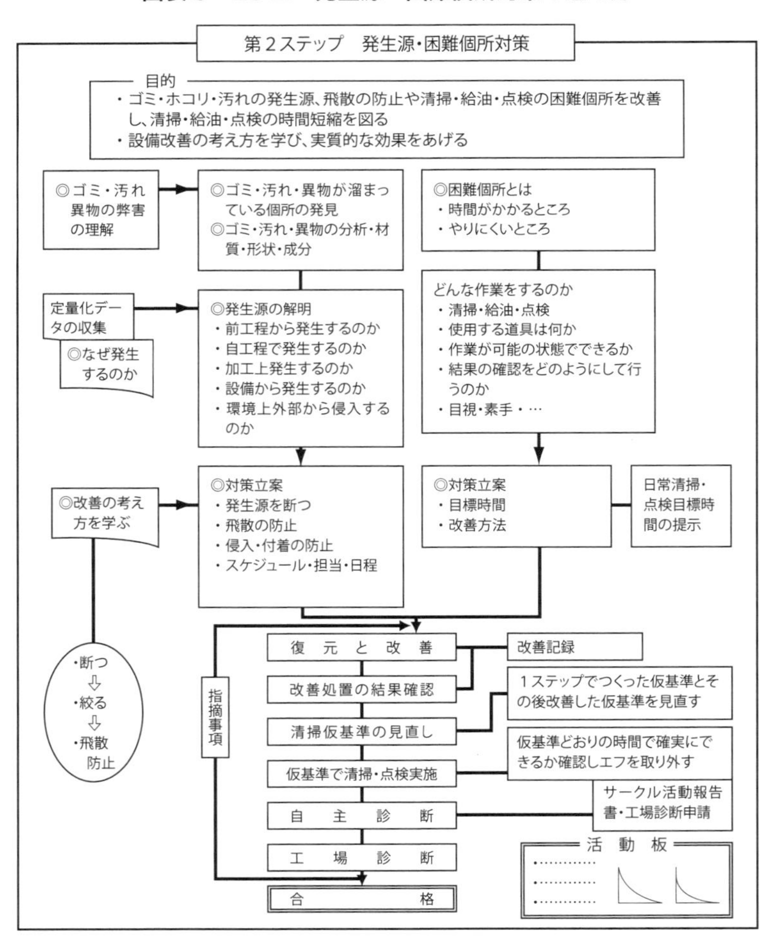

図表３・27 ■ 発生源・困難個所対策の内容例

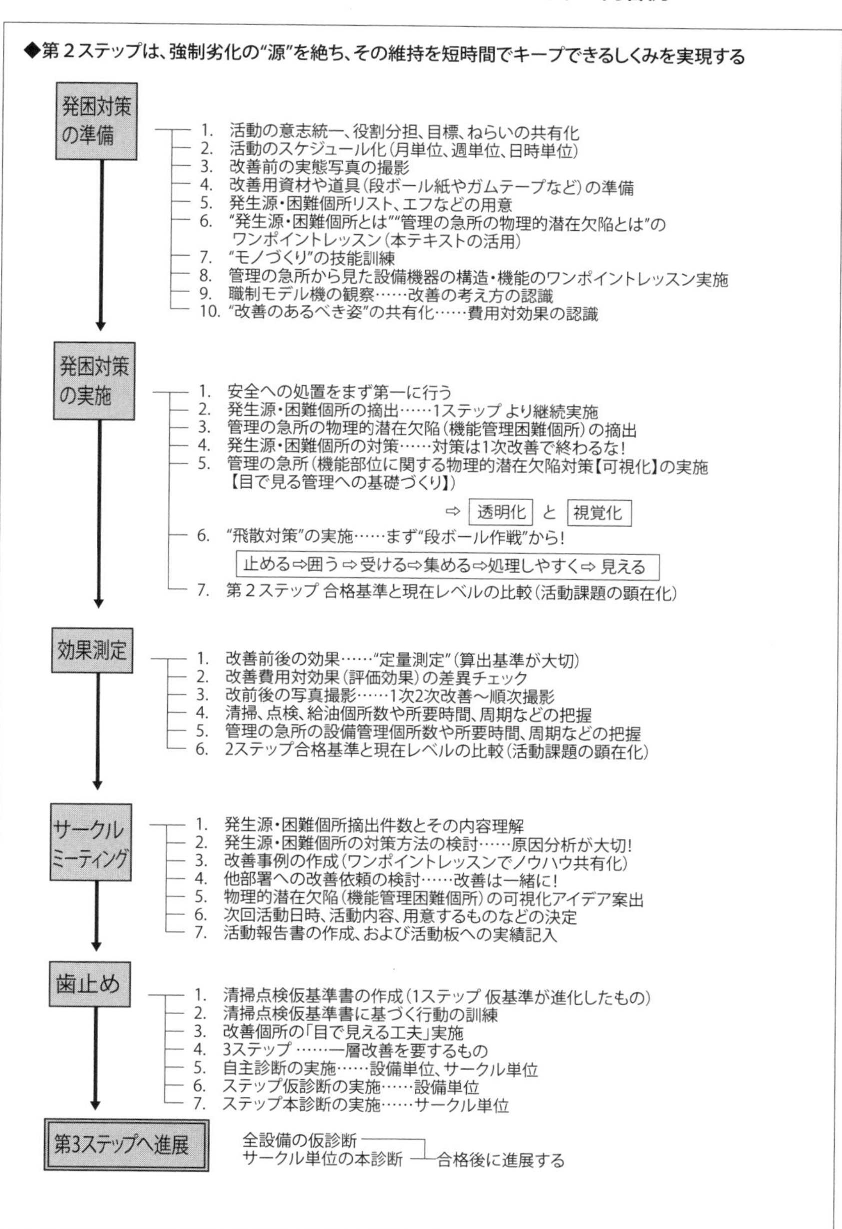

4・4　発生源・困難個所対策のポイント

(1) 発生源を絶つ

第一に、発生源そのものを完全に絶つ（ゴミ・ホコリ・汚れのゼロ化）を目指します。そのうえで、完全に絶つことができない場合は、極小化・局所化を検討しましょう。

(2) 量・範囲を極小化・局所化する

ゼロにできない場合は、極小化（量を最大限に減らす）と局所化（発生する異物の範囲をコントロールする）を目指します。

量と範囲をコントロールすることで、以下のような効果が期待できます。

- ゴミ・汚れが設備の重要機能部へ侵入しなくなるので、強制劣化から解放され故障が大幅に減る
- 清掃時間が短縮できる
- 給油や点検が容易となり、維持管理が徹底される
- 切削油のかかり具合など、加工条件の点検が容易に行える
- 段取り時間が短くなる

局所化を行ううえでは、局所カバーが有効です。局所カバーは、発生源をよく観察し、設備や飛散状況（飛散量・飛散する方向や角度・飛散するスピード）を確認したうえで、作業に支障がないようなカバーを作成することで効果が大きく上がります。

(3) 清掃・点検・給油をしやすくする

清掃・点検・給油の困難個所（時間がかかり、やりにくい場所の対策など）については、以下の観点で改善を徹底的に行い、清掃・点検・給油がやりやすく目標時間内にできるように進めましょう。

① 清掃時間の短縮

- 発生源を絶つ
- 絶対量を減らす

・汚れの範囲を最小限にする
・切削剤の流速を早め、切粉などが溜まらないようにする
・清掃具を改善し、清掃しやすいようにする
・配管のレイアウトを変える
・配線を整理する

② 点検時間の短縮

・点検窓を設ける
・ゲージ類を見やすいところに変更する
・目で見る管理を工夫する
・ゆるみ止めをする
・部品交換がしやすいようにする

③ 給油時間の短縮

・給油口を給油しやすいところに変更する
・給油方式を変更する（たとえば集中給油など）

(4) 改善を行ううえでのポイント

従来の改善技能とアイデアの集積によって改善を行いますが、改善範囲も多く、また金属・アクリル樹脂・ゴムなどの材料の選択や発注・加工技術、さらに略図･図面の書き方･読み方、展開図の取り方など、サークルへの指導援助が必要な場面が多くなります。また、改善をサークルで取り組むことで、チームワークの育成を図ります。

・改善の着想と具体化するヒント・アイデアを指導する（学ぶ）
・目で見る管理の実施と工夫を指導する（学ぶ）
・設備改善の考え方・進め方の指導する（学ぶ）
・設備の動作、加工原理を指導する（学ぶ）
・発生源・困難個所より不具合現象を解析する考え方、手法、効果確認を指導する（学ぶ）

4・5　発生源・困難個所対策における安全対策

発生源・困難個所対策は、改善作業に伴って日常使用しない工具や工作機械を使用することが多くなり、手指のケガが発生しやすいので、必要な教育・指導・学習を十分に行ってください。

また、改善した局所カバーなどの角でケガをするなどが発生しやすいので、十分な面取りとバリの除去なども必要です。さらに溶接作業、ガス切断などの作業では、有資格者に行ってもらう必要があります。

設置後の設備の運転時にカバーが挟まったり、ワークや設備にあたっていないかなども確認してください。

4・6　発生源・困難個所対策の効果測定

発生源と困難個所は、第1ステップの復元・改善を行ったうえで、発生源という原因系の改善へと進むステップです。効果測定も、「現場・現物・現象」で定量的につかみ、確実に行う必要があります。

また、金額の評価に置き換えることも必要です。

(1) 定量効果（例）

① プロセスにおける効果

<発生源>

- ゴミ、切屑の飛散削減（重量、体積、頻度）
- 床面飛散削減（面積、重量、体積）
- クーラント、油漏れ、空気漏れ、水漏れ、粉体削減（体積、面積）
- ゴミの除去低減（重量、体積、回数）
- ピット内の汚水・油の浸入低減（体積、面積）

<困難個所>

- 清掃のしやすさ「配管・配線・機器の床上げ、オイルパン・カバーの撤去、ワンタッチ化など」（時間、動作、周期、頻度、回数）
- 給油・点検部位のスルー化（時間、動作）
- 集中化（個所、時間、動作）

・安全化（動作、危険度）
・定置・定量・定点管理（量、面積、体積、個数）
・目で見る管理（時間、動作、誤認識、わかりやすさ）

<共通>

・自サークルで行った改善率・重大な欠陥の発見事例件数
・改善ノウハウ・ワンポイントレッスン作成件数
・改善件数
・極小化・局所化開発件数

②アウトプットとしての効果

・清掃時間の短縮、点検時間の短縮、給油時間の短縮、危険部位の改善
・チョコ停の低減・故障の低減

(2) 定性効果（例）

・清掃回数が減り、清掃点検がラクになり管理しやすい設備になった
・点検を見逃さず保全性がよくなった
・改善が自分でできるようになった

このほかにも定性的な効果は多数ありますが、自社に適用した評価モードを採用して活動を進めることが大切です。

第3ステップ：自主保全仮基準の作成

5・1　自主保全仮基準の作成とは

第3ステップ：自主保全仮基準の作成は、第1、第2ステップの活動から得られた体験や成果に基づいて、自分の分担する設備の「あるべき姿」を明らかにして、それを維持するための行動基準（5W1H）をサークル自ら決めるステップです。

第1、第2ステップと比較すると、現場での活動よりも、ここまでの活動を仮基準書に落とし込む活動が中心となります。しかし、第1、第2ステップを維持するための活動ですから、引き続き第1、第2ステップの活動は継続して行ってください。

第5ステップ：自主点検で基準書を作成するので、第3ステップでは「仮」基準書となります。

5・2　自主保全仮基準の作成の目的（ねらい）

自主保全仮基準の作成は、「設備の劣化を防ぐための自主保全活動における基本条件（清掃・給油・増締め）の維持管理」と「清掃・給油・増締めを短時間で確実にできるための行動基準を作成する」ことを目的としています。

(1) 設備面の目的

基本的には第1ステップ、第2ステップの活動が基盤となるので、第1ステップ、第2ステップでの設備面の目的が引き続きのねらいとなります。これまでの活動を継続できる基準とすることで、さらなる効果が期待できます。

(2) 人材育成面の目的

自主保全活動における基本条件と維持管理の必要性、日常点検の基準書の作成を通じて「知っていなければならないこと」への動機を正しく理解することが重要です。

＜指導・学習のポイント＞

・潤滑の知識、点検方法を教え、やり方を指導する（学ぶ）
・清掃や点検、給油基準のつくり方を教え、作成方法を指導する（学ぶ）
・目で見る管理の実施と手法・技法を指導する（学ぶ）

そのうえで、守るべき基準を作成し、守る必要性や重要性も十分理解し、基準書作成過程で１人ひとりが現場（職場）の運営への参画・役割意識を自覚します。

これは、第７ステップ：自主管理への第一歩といえます。

・基準を守ることの大切さを知り、管理とは何かを学ぶ
・１人ひとりが役割意識・責任感が養われチームワークを身につける
・自ら基準をつくり、きっちり守ることができる人になる

5・3　自主保全仮基準の作成の進め方

第１ステップ、第２ステップでは清掃・点検に関しての活動が中心でしたが、第３ステップでは給油についての活動も加わります（**図表 3・28**）。

(1) 給油

① 給油の目的

給油することにより設備の摺動・回転部位に次のような効果があります。

・摩擦を防止し摩耗を減少させる
・摩擦で発生した熱を除去する
・水分による錆の発生を防ぐ
・油の流れで異物を除去する

図表３・28 ■　自主保全仮基準の作成の進め方

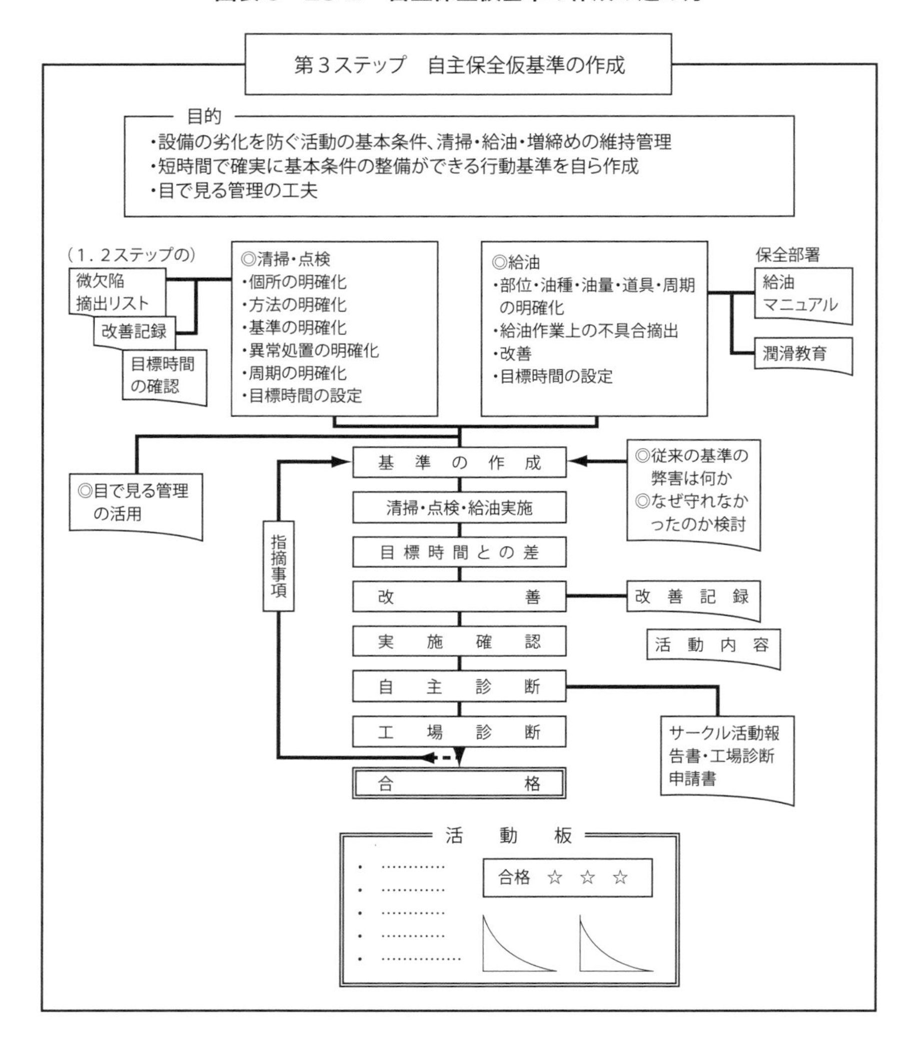

② 正しい給油とは

給油は、摩擦面に用途に応じた潤滑剤が適時適量届いてはじめて機能します。潤滑剤の機能を十分発揮させるためには、以下の観点が重要です。

・用途に応じた、

・キレイな潤滑油を、
・決められたとき、
・決められた量だけ、
・確実に摩擦面に供給する

③ 給油教育

給油点検を行うのに先立ち、オペレーターに潤滑教育・給油点検マニュアルにより給油指導と伝達教育を行うのがポイントです。また、潤滑系統図作成にあたって、設備の仕様書・取扱い説明書の整備が必要で、こうした資料を準備して、保全・技術部門がサークルと協力して系統図を作成します。さらに、給油方法の見直し、ワンポイントレッスンシートを作成し、全員が給油道具を使用し給油できるようにします。

＜給油教育のポイント＞

・油種を明確にし、できれば油種を統一し少なくする
・給油口・給油個所を漏れなくリストアップする
・集中給油の場合、給油系統を整備し、潤滑系統図を作成する（ポンプ → 配管 → 分配弁 → 配管 → 末端）
・各接続部・摺動部の分解点検を行う際に、分配弁での詰まり、配管の詰まり、つぶれや漏れがないかどうかなどを分配量の違いで確認し、末端必要個所に行き届いているかどうかチェックする
・単位時間あたりの消費量はどうか（1回または1週間）
・1回あたりの給油量はどうか
・給油配管の長さはどうか（とくにグリースの場合）、1系列でいいか、2系列にする必要はあるか
・廃油の処理方法はどうするのか（グリース注油後の廃油）
・油種・油量・給油量を仕様書などでチェックし、油種・給油周期など、給油ラベルの設定を給油個所へ貼り付け、「目で見る管理」を実施する
・潤滑油スタンドを設置する（油の保管・給油器具の保管方法）
・給油困難個所のリストアップと対策を行う

・給油個所に対して保全部門との分担を決める（自主保全で行う範囲をどうするのか）

(2) 仮基準の作成

基準を守ることが徹底できない大きな理由の 1 つは、守るべきことを決める人とそれを守る人が別人であることがあげられます。基準を守るべき本人が、その必要性、方法と時間などを十分に理解していることが重要です。

そのためには、次の条件を整える必要があります。

・守るべき事柄と方法を明確にすること
・守らなければならない理由（Know － Why）をよく理解すること（なぜ守らなければならないか、守らないとどうなるか）
・守れるだけの能力を身につけること
・守れるだけの環境（たとえば時間）を整えること
・基準書を自ら作成する

このようにすれば、作成された基準は必ず守られるようになります。

5・4 自主保全仮基準の作成のポイント

(1) 清掃・給油の目標時間と改善

清掃・増締め・微欠陥摘出・給油作業に無制限に時間をかけるわけにはいきません。したがって基準作成に際しては、清掃・給油に許される時間的制約を前提としなければなりません。

この各作業の目標時間は、はじめは管理者が妥当と考える範囲を明示することになります。たとえば､毎日（毎直）始業･終業それぞれ 10 分、週末に 30 分、月末に 1 時間といった内容です。

サークルでつくった基準が、もしこの目標時間に入らなければ、改善に取り組む必要があります。

(2) 基準書作成のポイント

基準化に際して重要なのは、5W1Hを明確にすること（すべて「基準書」に書き込むか否かは別として）、および「清掃は点検なり」の要点を盛り込むことです。

たとえば、清掃と同時に「指示計のゼロ点と各リレーランプの確認」「シリンダー取付けボルトのゆるみ」など、清掃しながら点検できる重要項目をしっかり決めることが大切です（**図表３・29、30**）。

図表３・29 ■ 自主保全仮基準書の作成例

作業手順書		自主保全（清掃・給油・点検）仮基準		有効期間	発行	○年○月○日		
所属	――――――	設備名	――――――（その1）			課長 鈴木	組長 小倉	班長 牧

No.	名称	機能	摘要
1	ストレーナー	ゴミ、異物を除去する機器	
2	油圧駆動モーター	ポンプを駆動させる動力	0.75kW
3	圧力制御弁	圧力を制御する弁	
4	ソレノイド	油流の方向を変える機器	
5	ゲージコック	圧力計の脈動圧力のショックを防ぐ機器	
6	圧力計	圧力を指示する計器	
7	主動力モーター	機械を作動させる動力	3.7kW
8	油面計	変速機潤滑油の油量を指示する計器	
9	パイロットモーター	遊星歯車を駆動させる動力	
10	無段変速機	回転比を無段で変える機器	
11	ベルトカバー	ベルトを保護するカバー	
12	プーリー	動力を伝動させる機器	
13	ベルト	〃	Vベルト A-49
14	給油口	潤滑油を給油する口	
15	空気抜き口	給油するときモーター内の空気を抜く口	

清掃	No.	清掃個所	基準	方法	道具	時間	担当者 日	担当者 週	担当者 月	担当者
		油圧ユニット本体	汚れていないこと	ウエスでふく	ウエス	4′		○		OP
		主動力モーター本体	汚れていないこと	ウエスでふく	ウエス	3′		○		〃

給油	No.	給油個所	基準	方法	油種	道具	時間	担当者 日	担当者 週	担当者 月	担当者
	1	油圧タンク内の油量	油面計レベルゲージ範囲内	目視	マルチ32	オイルジョッキ	5′			6ヵ月	OP
	8	変速機内の油量	油面計レベルゲージ範囲内	目視		オイルジョッキ	3′			6ヵ月	〃

点検	No.	点検個所	基準	方法	処置	時間	担当者 日	担当者 週	担当者 月	担当者
	1	ストレーナー	汚れていないこと	目視	点検時清掃	5′			3ヵ月	OP
	2	油圧駆動モーター	異常（音・熱・臭）のないこと	聴・触・臭感	停止（保全依頼）	30′		○		OP
	3	圧力制御弁	設定圧作動が維持されていること	目視	停止（保全依頼）	20′		○		OP
	4	ソレノイド	磁石台がスムースに前後すること	目視・触感	停止（保全依頼）	30′		○		OP
	5	ゲージコック	絞りがきいていること	目視・触感	交換	5′			○	OP
	6	圧力計	限界指示値内のこと	目視	圧力制御弁で調整	10′		○		OP
	7	主動力モーター	異常（音・熱・臭）のないこと	聴・触・臭感	停止（保全依頼）	30′		○		OP
	9	パイロットモーター	〃	聴・触・臭感	停止（保全依頼）	15′		○		OP
	10	変速機	〃	聴・触・臭感	停止（保全依頼）	30′		○		OP
	11	ベルトカバー	回転方向確認、プーリおよびベルトと接触していないこと	目視・触感	調整	15′				OP
	12,13	プーリー、ベルト	亀裂、ガタ、摩耗がないこと	目視・触感	交換	5′			6ヵ月	OP
									6ヵ月	OP

図表3・30 ■ 自主保全仮基準書の活動内容例

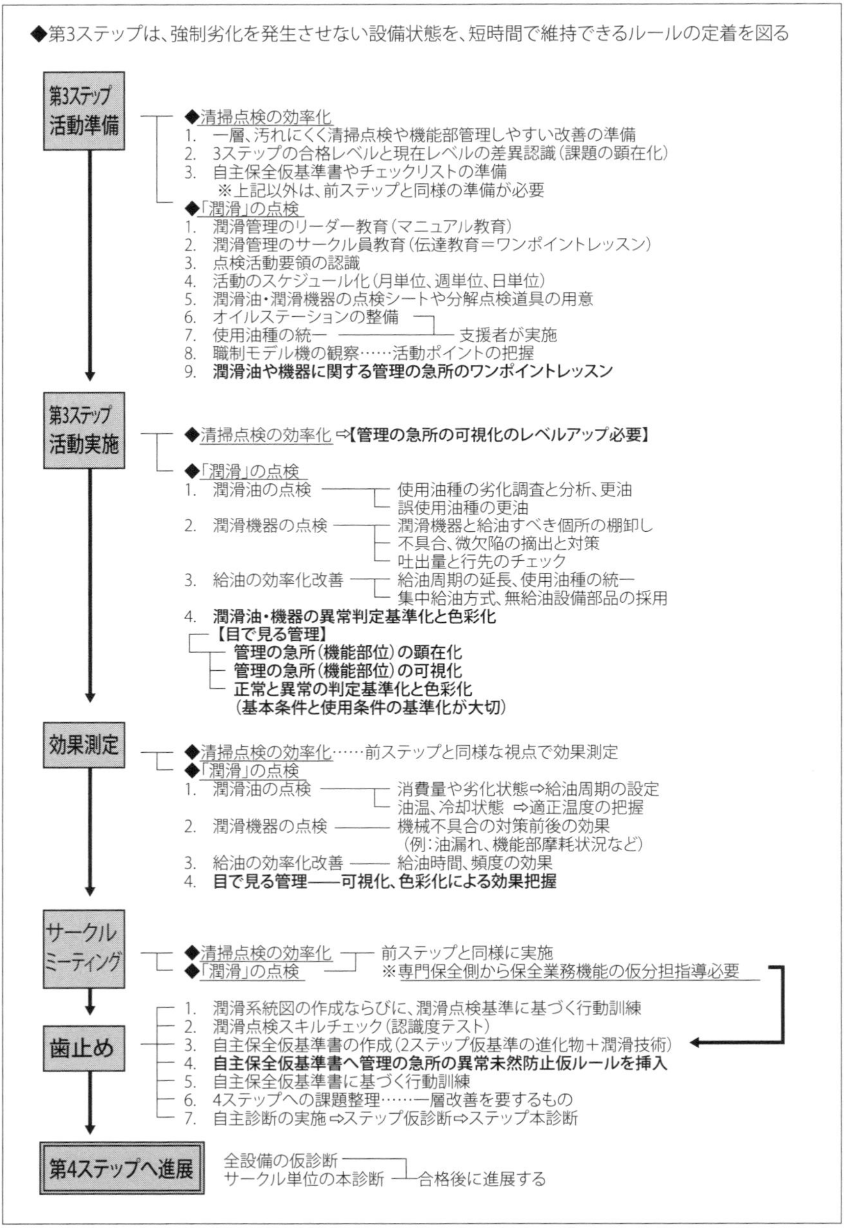

◆第3ステップは、強制劣化を発生させない設備状態を、短時間で維持できるルールの定着を図る

第3ステップ活動準備

◆清掃点検の効率化
1. 一層、汚れにくく清掃点検や機能部管理しやすい改善の準備
2. 3ステップの合格レベルと現在レベルの差異認識(課題の顕在化)
3. 自主保全仮基準書やチェックリストの準備
 ※上記以外は、前ステップと同様の準備が必要

◆「潤滑」の点検
1. 潤滑管理のリーダー教育(マニュアル教育)
2. 潤滑管理のサークル員教育(伝達教育＝ワンポイントレッスン)
3. 点検活動要領の認識
4. 活動のスケジュール化(月単位、週単位、日単位)
5. 潤滑油・潤滑機器の点検シートや分解点検道具の用意
6. オイルステーションの整備 ─┐
7. 使用油種の統一 ──────┴ 支援者が実施
8. 職制モデル機の観察……活動ポイントの把握
9. **潤滑油や機器に関する管理の急所のワンポイントレッスン**

↓

第3ステップ活動実施

◆清掃点検の効率化 ⇨**【管理の急所の可視化のレベルアップ必要】**

◆「潤滑」の点検
1. 潤滑油の点検 ── 使用油種の劣化調査と分析、更油／誤使用油種の更油
2. 潤滑機器の点検 ── 潤滑機器と給油すべき個所の棚卸し／不具合、微欠陥の摘出と対策／吐出量と行先のチェック
3. 給油の効率化改善 ── 給油周期の延長、使用油種の統一／集中給油方式、無給油設備部品の採用
4. **潤滑油・機器の異常判定基準化と色彩化**
 【目で見る管理】
 - **管理の急所(機能部位)の顕在化**
 - **管理の急所(機能部位)の可視化**
 - **正常と異常の判定基準化と色彩化**
 (基本条件と使用条件の基準化が大切)

↓

効果測定

◆清掃点検の効率化……前ステップと同様な視点で効果測定

◆「潤滑」の点検
1. 潤滑油の点検 ── 消費量や劣化状態⇨給油周期の設定／油温、冷却状態 ⇨適正温度の把握
2. 潤滑機器の点検 ── 機械不具合の対策前後の効果(例:油漏れ、機能部摩耗状況など)
3. 給油の効率化改善 ── 給油時間、頻度の効果
4. **目で見る管理──可視化、色彩化による効果把握**

↓

サークルミーティング

◆清掃点検の効率化 ┐
◆「潤滑」の点検 ┘ 前ステップと同様に実施
※専門保全側から保全業務機能の仮分担指導必要(→3.へ)

↓

歯止め

1. 潤滑系統図の作成ならびに、潤滑点検基準に基づく行動訓練
2. 潤滑点検スキルチェック(認識度テスト)
3. 自主保全仮基準書の作成(2ステップ仮基準の進化物＋潤滑技術)
4. **自主保全仮基準書へ管理の急所の異常未然防止仮ルールを挿入**
5. 自主保全仮基準書に基づく行動訓練
6. 4ステップへの課題整理……一層改善を要するもの
7. 自主診断の実施⇨ステップ仮診断⇨ステップ本診断

↓

第4ステップへ進展

全設備の仮診断 ─┐
サークル単位の本診断 ─┴ 合格後に進展する

5・5　自主保全仮基準（給油）の安全対策

給油は設備メンテナンス上、絶対必要な基本条件の１つです。

給油作業の安全確保は、基本的には、清掃時の安全確保と同じです。給油個所が高所や設備の裏側・手の入りにくい場所にある場合があり、不安定な給油姿勢になりやすいので、困難個所対策をして人と設備の安全確保を図ります。

5・6　自主保全仮基準の作成の効果測定

自主保全仮基準を作成することによって、決められた時間内で清掃・点検・給油ができるように改善を進めます。

また、目で見る管理の活用により、原因系の管理のしやすさも追求して効果測定を行います。「現場・現物・現象」のほか、点検動作の効率も定量的につかみ、確実に行う必要があります。

また、金額の評価に置き換えることも必要です。

(1) 定量効果（例）

①プロセスにおける効果

- 清掃、点検個所の削減件数
- 残された発生源・困難個所改善件数
- エフ付け、エフ取り件数
- 目で見る管理（時間、動作、誤認識、わかりやすさ）
- 自サークルで行った改善率
- 重大な欠陥の発見事例件数
- 改善ノウハウ・ワンポイントレッスン作成件数
- 改善件数

②アウトプットとしての効果

- 清掃時間の短縮
- 点検時間の短縮
- 給油時間の短縮

・チョコ停の低減・故障の低減

(2) 定性効果（例）

・清掃回数が減り、清掃点検が短時間でラクになり、管理しやすい設備になった
・目で見る管理で点検を見逃がさず、保全性がよくなった
・改善が自分でできるようになった
・基準書作成能力が身についた

定性効果はこのほかにも多数ありますが、自社に適用した評価項目を採用して活動を進めることが大切です。

第４ステップ：総点検

6・1 総点検とは

自主保全活動における第１～第３ステップでは、「強制劣化の排除」と「自主保全活動における基本条件の徹底」を重点にして、設備の不具合を摘出し、発生源・困難個所対策を行い、清掃・点検・給油の基準を作成してきました。これらの活動を通じて設備の強制劣化を排除し、「不具合を不具合として見る目」を養い、「設備改善の考え方・進め方」を身につけることができました。

第１～第３ステップでは、五感による感覚的な不具合の摘出が中心でした。第４ステップではさらに一歩踏み込んで、自分たちの設備の機能・構造をよく理解して、設備に関する知識をもとに、理屈に裏付けられた日常点検を行えるようにする活動です。

なお、点検にあたっては、故障、不良などの慢性的なロスを発生させている微欠陥を重要視し、確実な不具合発見と対策を行うことが大切です。そのためには、総点検の活動を通して故障・不良を事前に予知するための「劣化を測る」技能を修得することが求められます。

6・2 総点検の目的（ねらい）

総点検活動の目的は以下のとおりです。

① 設備の構造・機能・原理とあるべき姿を理解する

② 設備を構成する主要部品や機能を点検できる知識・技能を身につける

③ 設備を構成する主要部品や機能を漏れなく点検し、潜在化している欠陥を顕在化し復元する

⑴ 設備面の目的

締結、駆動、電気、油・空気圧などを総点検項目に選びます。項目ごとにオペレーターは伝達教育方式で総点検教育を受け、設備の構造、機能、点検方法、劣化の判定基準を学びます。

次に、設備を点検しながら発見した劣化を復元し、不具合個所を改善します。また、点検の容易性を図るために、目で見る管理を工夫して点検困難個所を改善します。

この成果を盛り込んで、項目ごとに点検基準を作成し、劣化が復元された状態を日常点検で確実に維持できるようにします。

⑵ 人材育成面でのねらい

総点検教育によって点検技能、簡単な保全技能が身につき、機械要素や部品の劣化、設備の異常を発見できるオペレーターが養成されます。

総点検をしながら、教育と実践によって「設備に強いオペレーター」になるための基盤を固めます。第４ステップの総点検項目は、２～３ヵ月ごとに短い周期でサブステップを繰り返し、オペレーターの自主管理能力をさらに高めることをねらいとしています。

6・3　総点検の進め方

第４ステップでは、オペレーター１人ひとりに点検技能を確実に身につけさせるだけではなく、全設備を総点検することによって、実質的な効果を達成しなければなりません。

サークル活動を中心として、**図表 3・31** に示すような活動ステップを１つひとつ確実にこなしていくことが必要です。

図表３・31 ■ 総点検の進め方

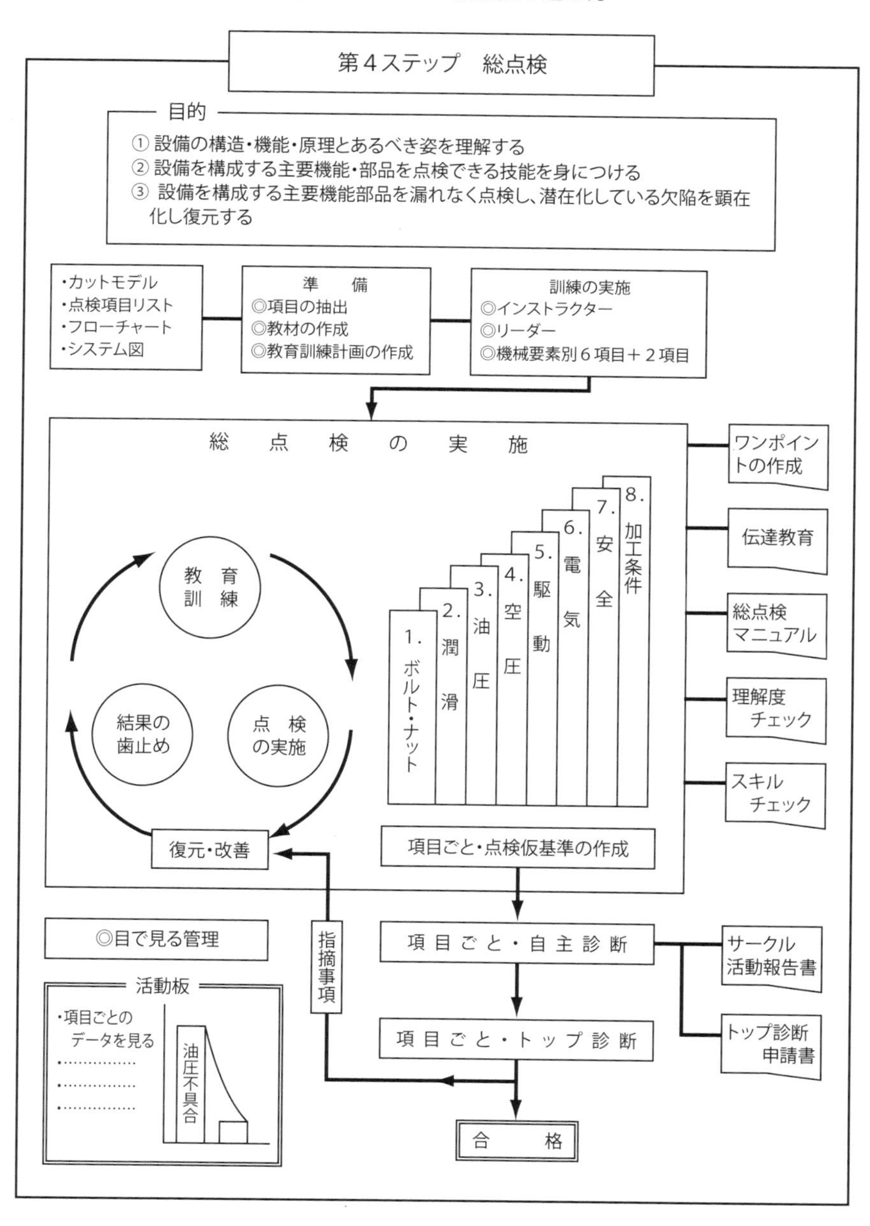

(1) 総点検の時間

第4ステップは、終了までに12～15ヵ月間とかなりの期間と工数を要します。教育に要する時間は、リーダーについては各項目あたり8～16時間、オペレーターには4～8時間、設備点検には設備の大小にもよりますが、20～30時間程度かかります。

(2) 総点検項目の抽出

何を教えるかについては、オペレーターが、条件設定や操作・段取りなど正しい運転をしていくうえで知っておくべきことは何か、オペレーターは何を点検すべきかなどによって決まります。

これらは、設備の設計や仕様、故障・不良、その他のトラブル発生状況などに応じて検討しなければなりません。

しかし、その設備を構成する機械要素（ボルト・ナット、潤滑、空気圧、油圧、駆動部、電気、計器など）は最低限教える必要があります。

(3) 総点検教育・訓練に必要な教材の準備

教材の準備でもっとも大切なのは、総点検のためのマニュアルとチェックシートです。

① 点検マニュアル

点検項目について、点検できる能力を体得させるためには何を教えなければならないかを検討し、その内容についてサークルリーダーを対象にした総点検マニュアルに盛り込みます。ここで大切なのは、点検対象とする設備（ユニット）の基本機能、構造、構成部品とその名称・機能、点検の判定基準、チェック方法、劣化時の現象・原因・処置の仕方などをしっかり盛り込むことです。

また、このような内容を十分理解させるためにはマニュアルだけでは不十分で、カットモデルやわかりやすい図面、現場の劣化状態をスライド写真に仕立てるなど、教材を工夫して準備することが大切です。

② 点検チェックシート

過去の不良や故障・チョコ停などの保全実績の調査と五感点検を前提に、オペレーターが点検すべきと考える項目を詳細に洗い出し、総点検チェックシートを作成します。

(4) 総点検教育・訓練スケジュールの立案

保全スタッフと製造部門の管理者は、総点検教育・訓練のスケジュールを立案しなければなりません。実施スケジュールは、教わる側の時間帯の取り方、残業時間の活用、教育場所の確保、リーダーの仕事の調整、教育費用の見積り（予算化）などがあるため、関係する部署や職制者を交えてスケジュールの立案をします（**図表 3・32**）。

図表 3・32■　総点検教育項目とスケジュール・パターンの例

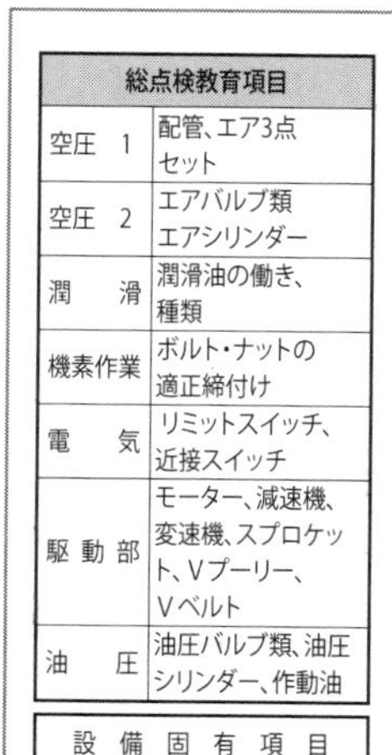

総点検教育項目	
空圧 1	配管、エア3点セット
空圧 2	エアバルブ類 エアシリンダー
潤滑	潤滑油の働き、種類
機素作業	ボルト・ナットの適正締付け
電気	リミットスイッチ、近接スイッチ
駆動部	モーター、減速機、変速機、スプロケット、Vプーリー、Vベルト
油圧	油圧バルブ類、油圧シリンダー、作動油
設備固有項目	

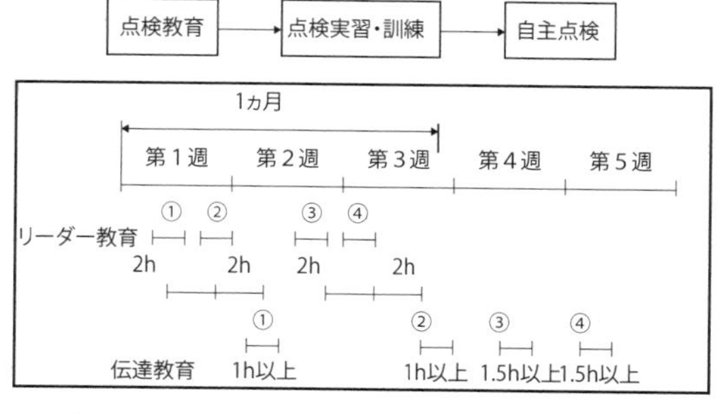

・リーダー教育（マイスター事務局担当）
①部品の機能、構造と名称
②トラブルと対策
③点検の重点、方法、判断基準など
④点検実習と反省

・オペレーター教育（リーダー、トレーナー担当）
①部品の機能、構造と名称
②トラブルと対策
③点検訓練と反省（OJT、ミーティング）
④自主点検と反省（OJT、ミーティング）

・実施項目
空圧1、空圧2、潤滑、機素作業、電気、駆動部、油圧、1課目／月実施

(5) 総点検教育・訓練の実施

① 伝達教育の重要性

教育訓練の実施には伝達教育方式がもっとも効果的です。伝達教育とは、まずサークルリーダーが保全スタッフから教育を受け、サークルリーダーはそれをサークルに持ち帰って自ら先生となり、習ったことをメンバーに伝達するという方式です。

② サークルリーダーへの教育

サークルリーダーへの教育を担当する保全スタッフは、サークルリーダーによく理解させるというだけではなく、サークルへの伝達教育がうまくできるように、伝達教育の重点を図などでわかりやすく示し、その教え方についても念入りに指導する必要があります。

③ 伝達教育の準備

サークルリーダーは、教育の内容をそのまま伝達するのではなく、自らサークルの分担設備に密着した教育内容になるよう、上司を交えて重点を定めて教材を準備し、効果的な教育方法を具体的に計画する必要があります。

④ ワンポイントレッスンの活用

サークルリーダーからオペレーターへの伝達教育には、ワンポイントレッスンを活用します。基礎知識の教育においては、既存のテキストだけに頼らず、自分たちの職場の設備に合った教材をつくる必要があります。このためには、総点検教育をサポートするスタッフや保全部門が準備する基礎知識の教材の段階から、ワンポイントレッスンの形式で作成することが重要です（**図表3・33**）。

⑤ 伝達教育の実施

伝達教育では、座学だけではなく、サークル全員で分担設備の一部を実際に総点検します。ミーティングを重ね、疑問点を実際の設備を通して明らかにし、理解できない事柄を残さないようにすることが大切です。

⑥ 勉強する楽しさの工夫

教育の効果をあげるためには、楽しみながら勉強できるような工夫が

図表3・33■ ワンポイントレッスンの例1

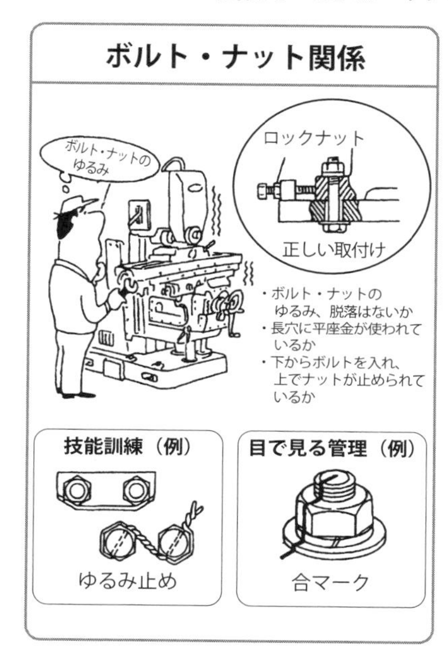

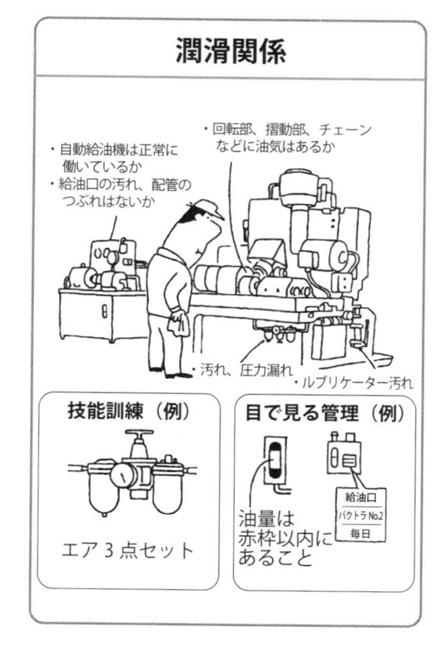

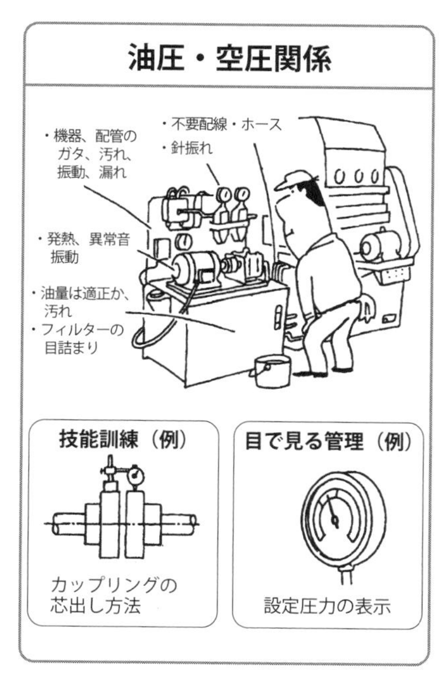

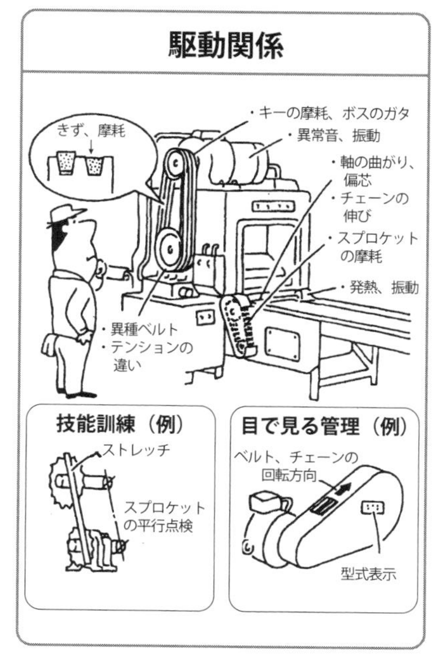

図表 3・33 ■ ワンポイントレッスンの例 2

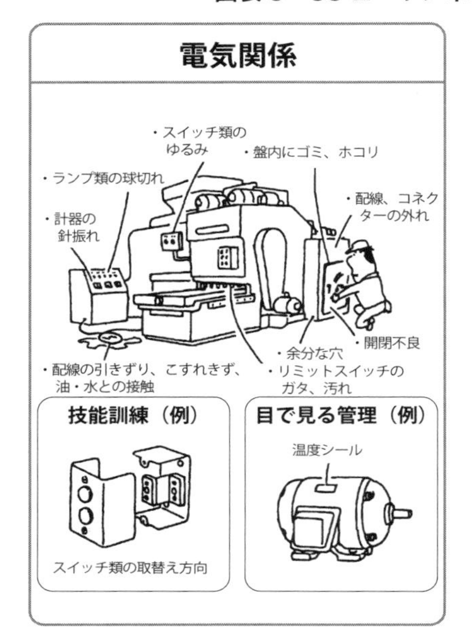

必要です。たとえば、簡単なユニットを分解してみる、現場の具体的なトラブル事例を教材にする、ゲームの要素を取り入れてチームを編成して不具合発見の競争をさせるなどが効果をあげる方法として有効です。

(6) 総点検の実施

① 実施の手順

第 4 ステップの最大のねらいは、サークルメンバーによって分担した全設備の総点検実施と、劣化復元による信頼性の向上と保全性の向上にあります。

メンバーは、教育を受けた事柄に対して分担した設備を総点検し、ミーティングを重ね、摘出した不具合点を処理し点検困難個所を改善します。ここで重要なのは、保全部門の対応です。保全部門は第 1 ～第 3 ステップ以上に、本来の計画保全と依頼工事処理への対応に万全を期す必要があります（**図表 3・34、35**）。

図表３・34 ■ 総点検の活動手順例

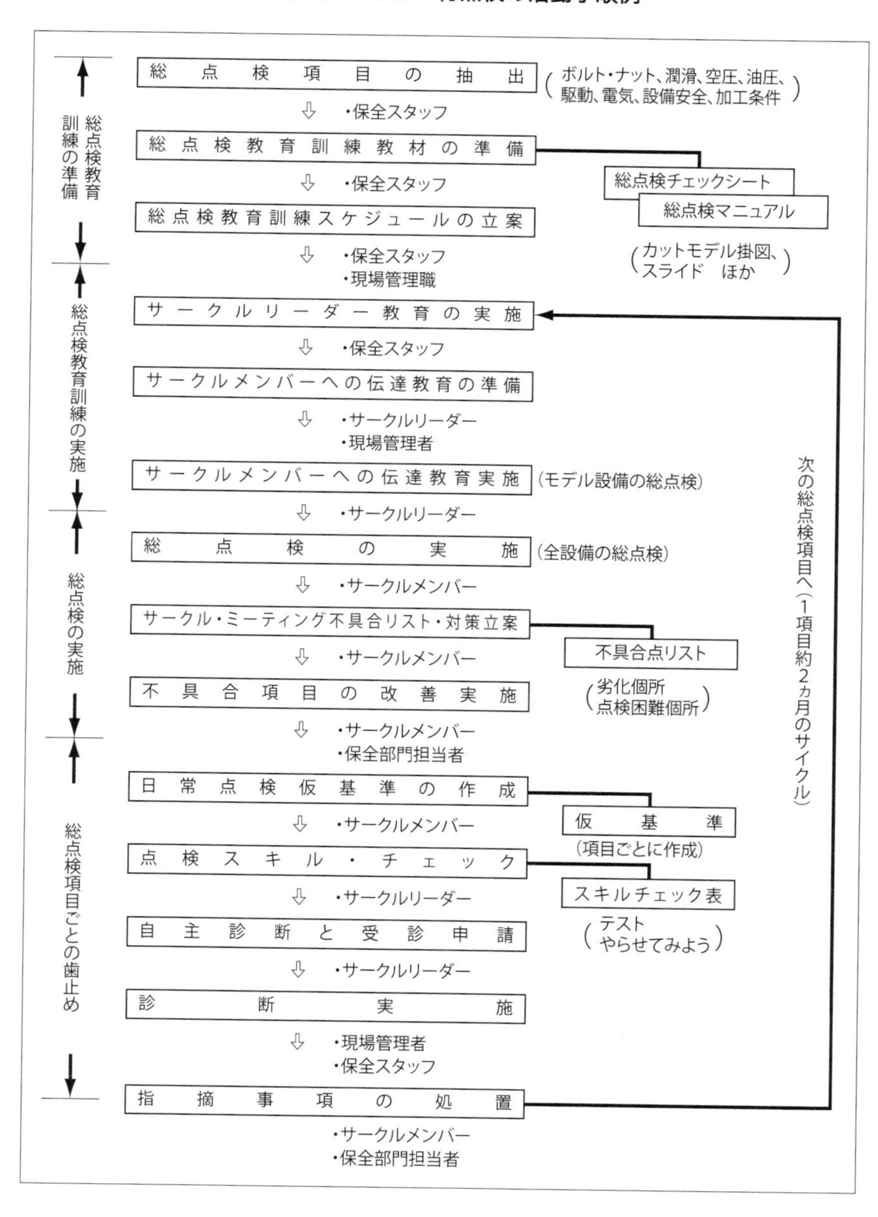

図表3・35 ■ 総点検の内容例

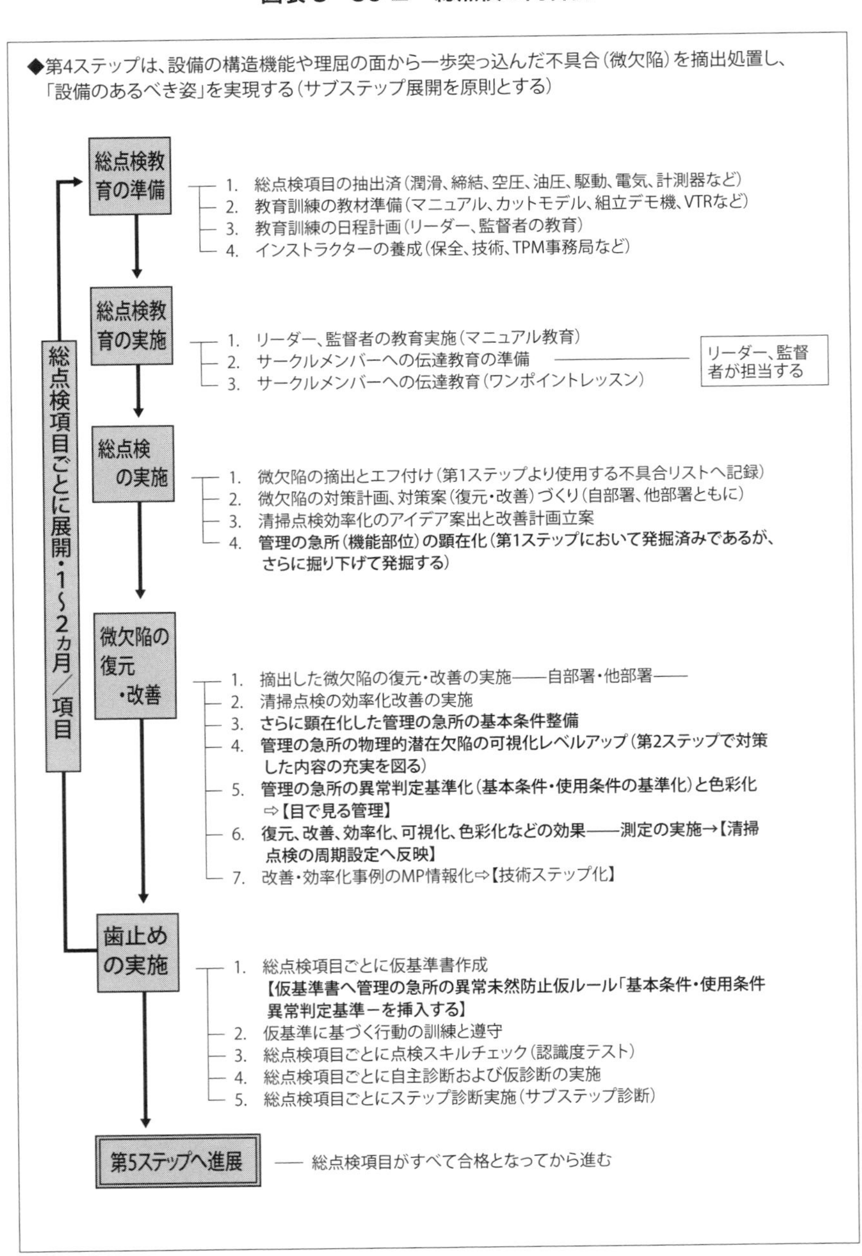

② 復元と改善

総点検で発見された劣化、不具合はメンバーが手分けをして復元・改善します。点検が困難なところがあれば、点検しやすいように改善します。必要な点検が定められた時間で完了できるまで、設備や点検方法を徹底的に改善することが重要です。

6・4 総点検のポイント

総点検では、教育、訓練、点検の実施、改善、歯止めなどサークルだけでなく、幅広く活動や協力が必要になります。以下のポイントを意識して活動を進めましょう。

(1) 目で見る管理

設備の故障や製品の不良を防止するためには、ヒューマンエラーが極力起こらない工夫が必要です。目で見る管理は、「点検がしやすい」「異常が発見しやすい」ように、色などを効果的に使って、ひと目見れば内容がわかるようにすることが必要です。

ここで大切なのは、以下の点が整理されていることです。

・点検する管理対象は何か
・それの正しい状態、あるべき姿とは何か
・それが維持されているか
・それらの機能・構造がわかっているか
・点検方法や異常の判断はわかっているか
・処置方法がわかっているか

(2) 知識・理屈に裏付けられた五感

第４ステップでは、計測での精密な点検でなく、身体で覚えて短時間に行うことを要求されます。したがって、補助機能である目で見る管理と並行して知識・理屈に裏付けられた五感での点検をマスターする必要があります。

・視覚：目で見る……設備の錆、汚れ、配線のはずれ、切れ、計器

の汚れ

・触覚：触れる……ボルトのゆるみ、温度、トルク、振動
・聴覚：音を聞く……設備の異音、エア漏れ、液漏れ
・嗅覚：臭いをかぐ……汚れ、過熱などによる異臭、液漏れ、ガス漏れ

(3) 総点検項目ごとの歯止め

総点検が終わるごとに、総点検後の復元・改善状態を維持するために、今後どのような点検を続けて行くべきか検討し、自主点検の仮基準を作成します。

また、サークルリーダーはメンバーが点検技能をどれだけ身につけたかを評価し、未熟な点はさらに教育を実施します。診断は、総点検項目ごとに行い、総点検結果が十分であるかどうかを現場で確認し、問題点を指摘・指導していくことが大切です。

(4) 点検スキルチェック

スキルチェックは、あくまでも点検部位、点検項目および点検方法などを正しく理解しているかどうかチェックするものであり、知識を確認するものではありません。

① サークルリーダー教育とスキルチェック

サークルリーダー教育は就業時間内あるいは残業の際に行われ、確認テストがあると真剣にもなり、各自の得点は励みにもなります。

② 伝達教育とスキルチェック

伝達教育は、現場オペレーターが点検できるスキルを身につけることを目標にして行います。

教えられたこと以上に内容を難しくしないように気をつけましょう。オペレーターは、心理的プレッシャーを感じる場合があるので、合否については十分配慮してください。

また合格しない場合は、フォローアップの実施などを考える必要があ

ります。あらかじめ確認問題の内容・傾向を公開して、できるかどうかを確認することもよいでしょう。

③ スキル管理

サークルメンバーのスキルチェックの結果、または教育実績などに応じて、レーダーチャート、またはマトリックスなどで活動板に掲示します。不足している技能については教育対象にして、サークルリーダーもしくは教育担当による教育を実施します。

再度スキルチェックを行ってレベルがあがった場合は、掲示内容を更新していきましょう。

6・5 総点検の効果測定

総点検の目的は、理屈に裏付けられた不具合の摘出にあり、必要な技能を身につけ、復元・改善の件数も多くなります。点検個所が多くなるので、時間のかかる場所や点検困難個所の改善を進めることも重要です。同時に目で見る管理の活用が重要となります。

効果測定では、点検動作の効率や金額の評価に置き換えるなど定量的に効果をつかむことが必要です。

(1) 定量効果（例）

① プロセスとしての効果

- 各点検項目の不具合摘出件数
- 残された発生源・困難個所改善件数
- エフ付け、エフ取り件数
- 目で見る管理（時間、動作、誤認識、わかりやすさ）
- 自サークルで行った改善率
- 重大な欠陥の発見事例件数
- 改善ノウハウ・ワンポイントレッスン作成件数
- 点検困難個所改善件数

・見つけてよかった事例

② アウトプットにおける効果

・清掃時間の短縮

・各項目の点検時間の短縮

・チョコ停の低減・故障の低減

(2) 定性効果（例）

・点検が短時間でラクになり、管理しやすい設備になった

・目で見る管理で点検を見逃さず保全性がよくなった

・改善が自分でできるようになった

・仮基準書作成能力が身についた

・理屈に裏付けられた点検ができるようになった

定性効果はこのほかにも多数ありますが、自社に適用した評価モードを採用して活動を進めることが大切です。

第５ステップ：自主点検

7・1　自主点検とは

自主保全活動の第５ステップで行う自主点検は、第１～第３ステップで作成した清掃・給油基準と、第４ステップで総点検項目ごとに作成した点検仮基準を見直し、点検の効率化と点検ミスのない自主保全基準をまとめます。故障ゼロ、不良ゼロを目指す活動の総仕上げを図る活動となります。

7・2　自主点検の目的（ねらい）

自主点検の具体的な目的は以下のとおりです。

① 清掃・給油・点検の基準を見直し、自主保全基準をまとめる

② 自主保全基準の維持管理が確実にできるように、自主点検作業の効率化と目で見る管理・ポカミス防止を図る

(1) 設備面の目的

これまでのステップで実現した劣化の復元・改善状態を、将来にわたって確実に維持し、設備の信頼性、保全性を高めます。清掃、点検、給油などの作業をできるだけ目で見る管理やポカヨケなどの工夫をして、作業効率の向上やミスの防止を図ります。

また、人と設備（機械）の役割をもう一度見直し、操作性のよい設備に改善するとともに、異常のわかる現場の実現を目指します。

(2) 人材育成面の目的

第４ステップで作成した総点検仮基準と第３ステップでつくった清掃・給油基準を統合し、第５ステップで１つの自主保全（清掃、点検、給油）基準書（いわゆる本基準書）にまとめあげます。また、清掃、点

検、給油の周期、時間を見直し、さらに守りやすい基準に改善します。

オペレーター自身が基準をつくり、それを自ら守ることによって、本格的な自主管理を身につけます。

7・3　自主点検の進め方

第５ステップの進め方フローと内容例を参考に自主点検を進めましょう（**図表３・36、37**）。

図表３・36 ■　第５ステップの進め方フロー

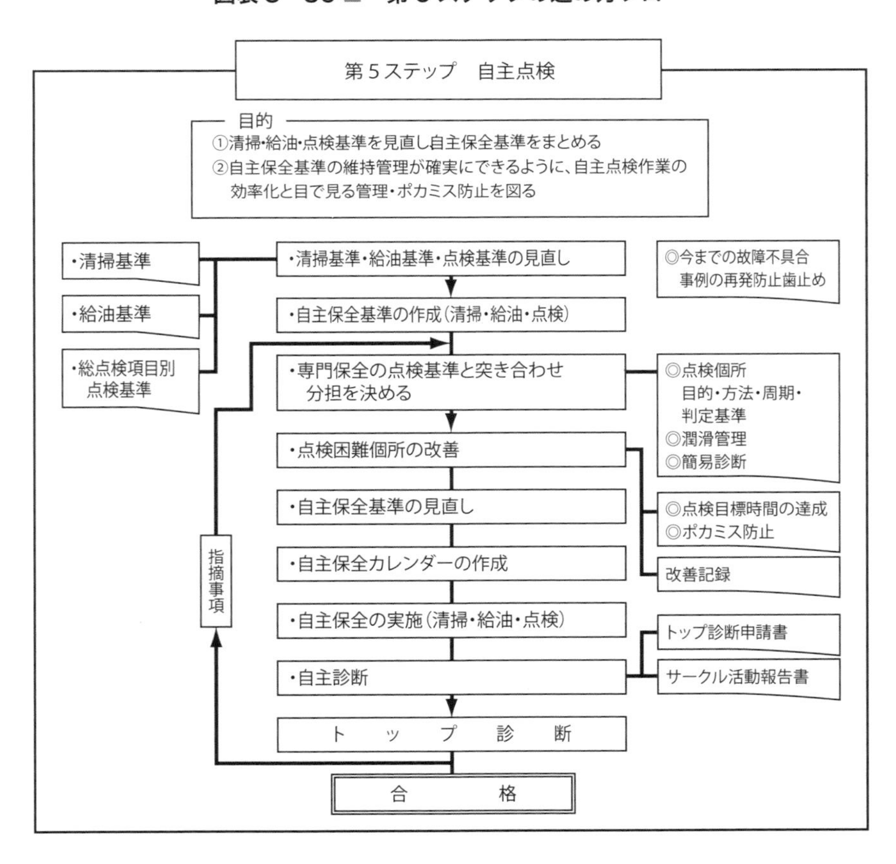

図表３・37■ 自主点検の内容例

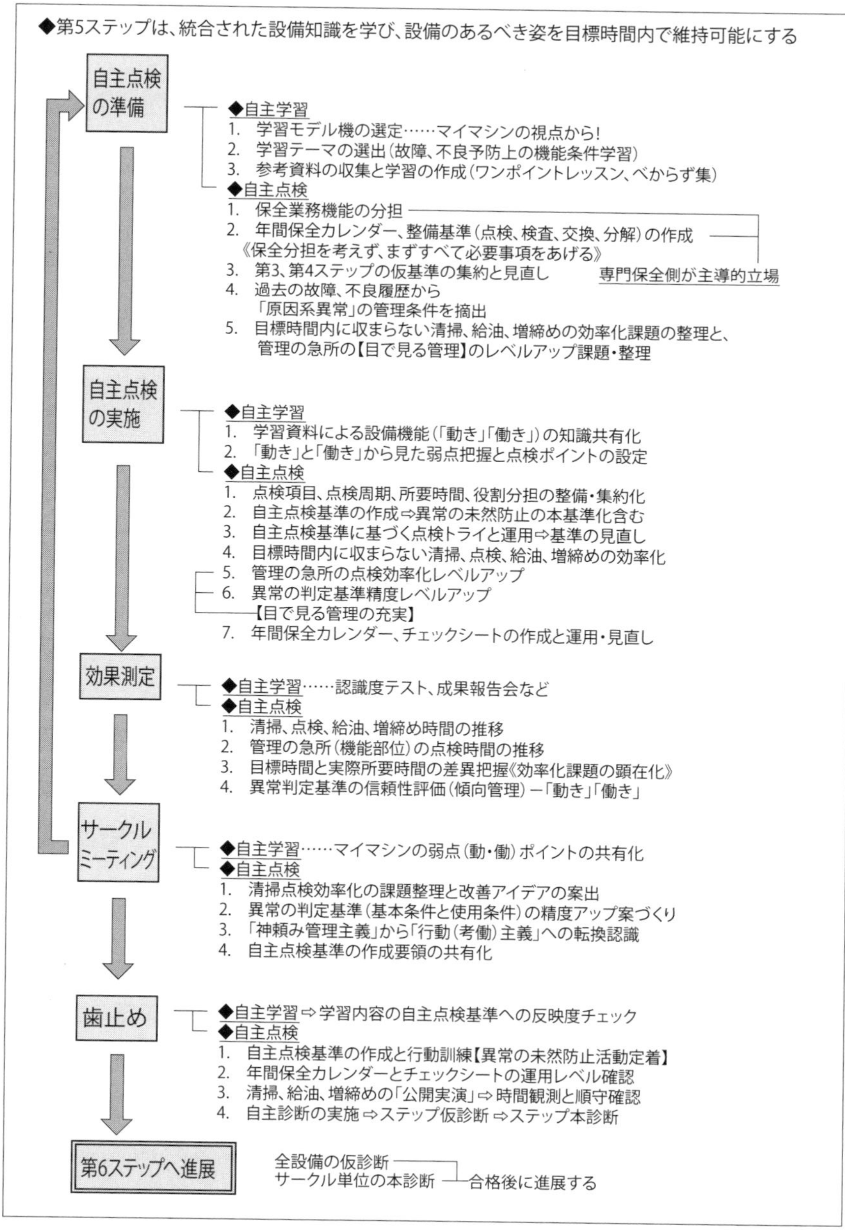

◆第5ステップは、統合された設備知識を学び、設備のあるべき姿を目標時間内で維持可能にする

自主点検の準備

◆自主学習
1. 学習モデル機の選定……マイマシンの視点から!
2. 学習テーマの選出(故障、不良予防上の機能条件学習)
3. 参考資料の収集と学習の作成(ワンポイントレッスン、べからず集)

◆自主点検
1. 保全業務機能の分担
2. 年間保全カレンダー、整備基準(点検、検査、交換、分解)の作成
《保全分担を考えず、まずすべて必要事項をあげる》
（1.・2. → 専門保全側が主導的立場）
3. 第3、第4ステップの仮基準の集約と見直し
4. 過去の故障、不良履歴から「原因系異常」の管理条件を摘出
5. 目標時間内に収まらない清掃、給油、増締めの効率化課題の整理と、管理の急所の【目で見る管理】のレベルアップ課題・整理

↓

自主点検の実施

◆自主学習
1. 学習資料による設備機能(「動き」「働き」)の知識共有化
2. 「動き」と「働き」から見た弱点把握と点検ポイントの設定

◆自主点検
1. 点検項目、点検周期、所要時間、役割分担の整備・集約化
2. 自主点検基準の作成⇨異常の未然防止の本基準化含む
3. 自主点検基準に基づく点検トライと運用⇨基準の見直し
4. 目標時間内に収まらない清掃、点検、給油、増締めの効率化
5. 管理の急所の点検効率化レベルアップ
6. 異常の判定基準精度レベルアップ
（5.・6. → 【目で見る管理の充実】）
7. 年間保全カレンダー、チェックシートの作成と運用・見直し

↓

効果測定

◆自主学習……認識度テスト、成果報告会など

◆自主点検
1. 清掃、点検、給油、増締め時間の推移
2. 管理の急所(機能部位)の点検時間の推移
3. 目標時間と実際所要時間の差異把握《効率化課題の顕在化》
4. 異常判定基準の信頼性評価(傾向管理)－「動き」「働き」

↓

サークルミーティング（→ 自主点検の準備へ戻る）

◆自主学習……マイマシンの弱点(動・働)ポイントの共有化

◆自主点検
1. 清掃点検効率化の課題整理と改善アイデアの案出
2. 異常の判定基準(基本条件と使用条件)の精度アップ案づくり
3. 「神頼み管理主義」から「行動(考働)主義」への転換認識
4. 自主点検基準の作成要領の共有化

↓

歯止め

◆自主学習⇨学習内容の自主点検基準への反映度チェック

◆自主点検
1. 自主点検基準の作成と行動訓練【異常の未然防止活動定着】
2. 年間保全カレンダーとチェックシートの運用レベル確認
3. 清掃、給油、増締めの「公開実演」⇨時間観測と順守確認
4. 自主診断の実施⇨ステップ仮診断⇨ステップ本診断

↓

第6ステップへ進展

全設備の仮診断
サークル単位の本診断
（→ 合格後に進展する）

7・4 自主点検のポイント

(1) 基準書の見直しの視点

自主保全（清掃、点検、給油）基準書にまとめあげる際には、完成度を高めるため、**図表 3・38** にある 4 つの視点から見直しを行います。

図表 3・38 ■ 基準書見直しの 4 つの視点

No.	見直しの視点	実施事項
1	故障ゼロ、不良ゼロの視点から	今までの故障、不良、点検ミスの再発防止の内容を調べ、自主保全基準の点検項目に漏れがないかを見直す
2	点検効率化の視点から	清掃・給油・点検基準に重複はないか、実施するとき「清掃しながら点検する」といった組合わせによる効率化はできないか見直す
3	点検作業の負荷バランスの視点から	週はじめに点検が集中することはないかなど、周期・時間・順路など負荷の平準化から見直す
4	目で見る管理の視点から	点検個所・周期がすぐわかるか、正常・異常の区別がすぐわかるか、点検しやすいかなどを見直す

(2) 目で見る管理の徹底

第 4 ステップで総点検教育を受け、オペレーターの知識・技能レベルは非常に高くなります。そこで、これまでに実施した目で見る管理を再確認、評価します。適切な管理が行われていなかったり、時間短縮などの面で不十分なところがあれば、修正、追加をします。もちろん、新しい管理手法を考え出す努力も必要です。

(3) 保全部門との点検・給油の分担を明確化

保全部門では、自主保全の第 4 ステップ：総点検終了までに、年間保全カレンダーと整備基準（点検、潤滑、検査、取替え、分解整備の実施基準）が作成されていなければなりません。

この中で、とくに点検基準（分解を伴わない点検）と給油（潤滑）基準は、製造部門が第 5 ステップで作成する自主保全の基準と目的手段ともに共通するものです。保全部門で担当する点検、潤滑基準は、保全部門の考え方に基づいてつくられています。

一方、製造部門でも第4ステップを経た段階には、点検、給油基準がまとめられています。そこで、第5ステップ：自主点検では、設備ごとに、保全・製造部門の両者がそれぞれの基準を突き合わせ、抜けや重複（重複して実施すべき項目もあります）を修正して、それぞれの分担を明確にします。両者合わせて完全な点検と給油の基準が完成するよう、整理して管理することが大切です。

(4) 診断の際の要点

設備を対象とした自主保全活動の締めくくりにあたり、診断を受ける際の要点は以下のとおりです。

- 設備に関する課題がすべて解決されているか
- 工数、予算の制約でまだ解決していなければ、具体的な対策案、計画はあるか
- 故障、チョコ停要因の追究がされているか
- 目で見る管理が徹底しているか
- 実際にオペレーターに清掃、給油、点検をしてもらい、守れるか、守っているか、守りやすいか、ひと目でわかるかを確かめる
- PDCAサイクルの自主管理がサークルに定着しているか

診断は、設備の状態、自主保全基準のでき映え、時間目標の達成を見るだけでなく、オペレーターに自主管理の習慣が確実に根づいているかを総合的に確認することが重要です。

7・5　自主点検の効果測定

自主点検は、点検のしやすさ、守りやすさ、不具合の顕在化のしやすさなどを取り入れた、守れる基準づくりを行います。同時に目で見る管理の活用により、効率的な管理のしやすさも追求します。点検動作の効率を金額の評価に置き換えることも含め定量的につかみ、効果の測定を行う必要があります。

(1) 定量効果（例）

① プロセスとしての効果

・本基準書作成枚数

・点検個所削減件数

・各点検項目の不具合摘出件数

・残された発生源・困難個所改善件数

・エフ付け、エフ取り件数

・目で見る管理（スルー化、時間、動作、誤認識、わかりやすさ）

・自サークルで行った改善率

・重大な欠陥の発見事例件数

・改善ノウハウ・ワンポイントレッスン作成件数

・点検困難個所改善件数

・見つけてよかった事例

② アウトプットにおける効果

・清掃時間の短縮

・点検時間の短縮

・チョコ停の低減・故障の低減

(2) 定性効果（例）

・点検が短時間でラクになり管理しやすい設備になった

・規定の時間内で点検ができるようになった

・全員が点検できるようになった

・目で見る管理で保全性がよくなった

・本基準書作成能力が身についた

・理屈に裏付けられた点検ができるようになった

定性効果はこのほかにも多数ありますが、自社に適用した評価モードを採用して活動を進めることが大切です。

第6ステップ：標準化、第7ステップ：自主管理の徹底

設備を対象とした自主保全活動は、第５ステップ：自主点検で、完成します。その後は、日常業務をとおして、必要なときは基準書の内容を見直して、生産活動を続けていくことになります。

第６ステップは、第１ステップから第５ステップの活動を行いながら、設備を取り巻く職場環境をよくする活動です。

第７ステップは、自主保全の第１ステップから第６ステップの活動をすべて含み、今までの活動を維持すること、必要なときは改善していくことを、サークルが自主的に進めていく活動です。

標準化と自主管理は、第１～第５ステップまでの活動内容や会社や職場ごとの重点、または業種などによっても内容がさまざまに発展します。そのため、テキストではおおよその概念を学習して、自職場でさらに発展した自主保全活動となるように取り組んでください。

8・1 第６ステップ：標準化

(1) 活動のねらい

第１ステップから第５ステップの活動内容の維持管理を確実なものとします。オペレーターの役割を設備に関連する作業まで広げ標準化を進め、徹底したロスの低減を図り自主管理を仕上げていくことを目指します。

(2) 活動の進め方

これまでの活動を踏まえて「人にやさしい工程づくり、職場づくり」の考え方を基本に進めるとよいでしょう。

第６ステップは、６－１、６－２、６－３、……と、標準化の対象をサブステップで進めていくやり方もあります。

(3) 標準化を進める対象の明確化

設備に関連する作業を標準化する対象は、自主保全を進めるどの職場でも共通するものもあれば、職場によって違ってくるものもあります。対象としては以下のようなものがあげられます。

- 安全：安全基準、リスクアセスメント、エルゴノミックス（人間工学）
- 品質：製造条件、検査基準、品質記録の管理
- 定常作業：段取り、始業・就業時の行動基準
- 非定常作業：チョコ停時の仕掛品管理、突発故障時の行動基準
- 管理：現場の予備品管理、基準書類の整理
- 物流：原材料管理、仕掛品管理

自主保全活動のレベルアップとともに、標準化や、見直しをしなくてはいけない事柄が生じてきます。優先順位をつけて、1つずつ標準化を積み重ねていくよい機会です。

8・2 第7ステップ：自主管理の徹底

(1) 活動のねらい

第7ステップ：自主管理は、第1～6ステップまで進めてきた活動のすべてを集約化し、設備を変え、人を変え、職場を変えて成果を出していく段階です。「改善は無限なり」の考え方でチャレンジを継続し、参加、連帯、創造を実践していきましょう。

職場に課せられた目標を達成し、維持と改善の活動を自主的に進めることができる職場の実現を目指します。

(2) 活動の進め方

サークルや職場の目標の達成、自主保全活動の維持・向上、改善活動の継続を、サークルが自主的に進めていきます。

- 職場の目標は、工場の方針管理に基づき与えられる

・自主保全活動の維持・向上
　設備の維持・向上：第１ステップから第５ステップの活動を継続する
　職場の維持・向上：第６ステップの活動を継続する
・改善活動は、不具合の摘出と撲滅、ロスの削減を日常的に進めることができる環境を維持する

(3) 自主管理を継続するための必須条件

自主管理を進めていくのは、サークル活動をしているサークルメンバーです。自主管理を継続させるためには、サークルメンバーを責任と自己実現に耐え抜く人材に育成することが必要です。

そのためには「やる気」「やる腕」のある自律した人間の育成と、「やる場」すなわち自律した人間を育成する体制づくりの２つが必須条件となります。この必須条件を整えるのは、マネジメント、いわゆる工場の管理者の仕事となります。

第4章

改善・解析の知識

<学習のポイント>

この章では製造現場で活用できる改善・解析の手法について学びます。
問題解決に役立つ手法の内容、特色、使い方のポイントなどを解説します。
問題の内容に応じて各種の手法を活用することにより、その問題の真因を見極め、改善することにより災害ゼロ、不良ゼロ、故障ゼロ、信頼性向上、コスト削減などが実現できます。

1 解析・改善手法

生産効率化を進めるには、あらゆるロスを未然防止するシステムの構築が必要です。そこで現状分析を行い、問題点を洗い出し、原因を究明して適切な対策を講じる必要があります。改善活動に必要なさまざまな解析法を解説します。

QCストーリーによる解析・改善

問題解決型QCストーリーとは、問題解決のもっとも基本的手順を示したもので、次のステップによって構成されています。

問題解決型QCストーリーのステップ

① テーマの選定

問題解決では、まずどのようなテーマ（問題）を解決するのかを決めます。

② 現状の把握／目標設定

工程のどこで何が起きているのか、を事実データとして集めます。そのうえで、選定したテーマと合わせて、具体的な目標値を決定します。

③ 活動計画の作成

今後の活動の計画を立てます。

④ 要因の解析

現状を把握したデータに基づいてより深い分析を行い、工程の何が不具合の原因なのかを突き止めます。

⑤ 対策の立案・選定

不具合を起こしている悪さがわかったら、その悪さを取り除く対策を立案・選定します。

⑥ 効果の確認

対策を実施して、その対策が有効だったかどうかを確認します。もし不具合が解消されないようなら、要因解析か対策か、いずれかがうまくいっていないということなので、再検討を行います。

⑦ 標準化と管理の定着

対策がうまくいって不具合が出なくなったら、再発しないように歯止めを行い、それを作業標準に織り込みます。

⑧ 反省と今後の方針

QC ストーリーは、上記の「問題解決型」のほかにも、「課題達成型」「施策実行型」などの種類があり、目的などにより進め方が異なる場合もあります。

問題解決型は、問題に関する事実やデータを数多く集め、そこから問題の本質を見出し、対策を立てるという帰納法的な考え方が基本となっています。

ブレーンストーミング　Column

ブレーンストーミングとは、グループでアイデアを出し合うときに相互にアイデアの連鎖反応 や発想を誘発することを期待する手法です。1938 年にアメリカの広告会社 BBDO 社のオズボーン（A.F. Osborn）がユニークな広告コピーの発想のために開発した手法で、わが国では略して、BS やブレストといい、生産職場などの改善計画によく用いられています。

ブレーンストーミングには、必ず守らなければならないルールがあります。

（1）ブレーンストーミングの基本ルール

ブレーンストーミングには、次の 4 つの基本ルールがあります。

① よい悪いの批判はしない
② 夢のような自由奔放なアイデアを歓迎する
③ アイデアの数は多いほどよい
④ 他人のアイデアをヒントにして、よいアイデアを出したり、いくつかのアイデアを結びつけて発展させていく

（2）ブレーンストーミングの留意点

① 判断や分析を中心にして解く問題ではなく、独創力を使って問題を解くことが望ましい
② できる限り具体的な問題であること
③ 2 つ以上の問題を同時に出さないこと

2・1 QC七つ道具

QC七つ道具は現場で広く使われています。問題の解析や管理に活用され、品質の維持、改善のための有効な道具になっています。七つ道具には、「グラフ」「パレート図」「特性要因図」「チェックシート」「ヒストグラム」「層別」「散布図」「管理図」があります。ただし、このうちグラフと管理図を1つにまとめる場合や、または層別を含めないで七つと称している場合もあります。

(1) グラフ

グラフは、統計的手法の基礎です。統計的手法を活用する目的は、問題の悪さ加減と問題を発生させた原因を明らかにすることにあります。グラフだけで問題を解決することはできませんが、原因のありかを推測し、問題解決のために役立てることが可能です。

① 棒グラフ

棒グラフは棒図ともいわれ、その目的は、2つ以上の数量の大きさを適当な幅の棒の長さで表して比較することです。棒グラフには、タテ型で表すタテ棒グラフと、ヨコ型で表すヨコ棒グラフがあり、もっともよく使われているグラフの1つです（**図表4・1**）。

図表4・1■ 棒グラフ

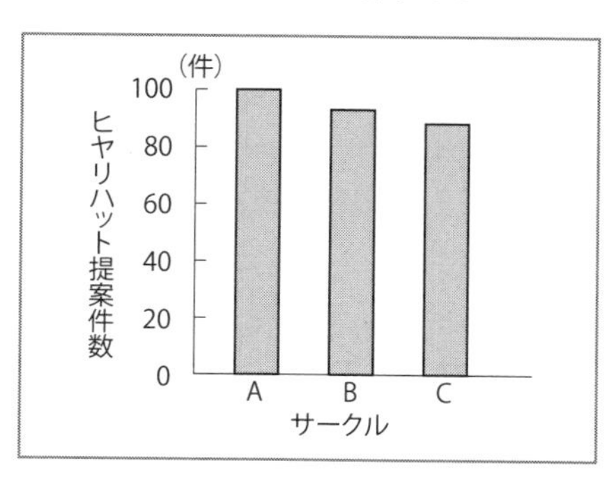

② 円グラフ

円グラフは、収集したデータをそれぞれの目的にしたがって分類し、各分類項目がどの程度の割合になっているか、円を区切って表したグラフです。一番のねらいは、各項目の構成割合を比較することです。

円グラフは、**図表4・2**のように、円形内訳グラフ・扇形グラフ（パイグラフ）・ドーナツグラフがあります。

図表4・2 ■　円グラフ

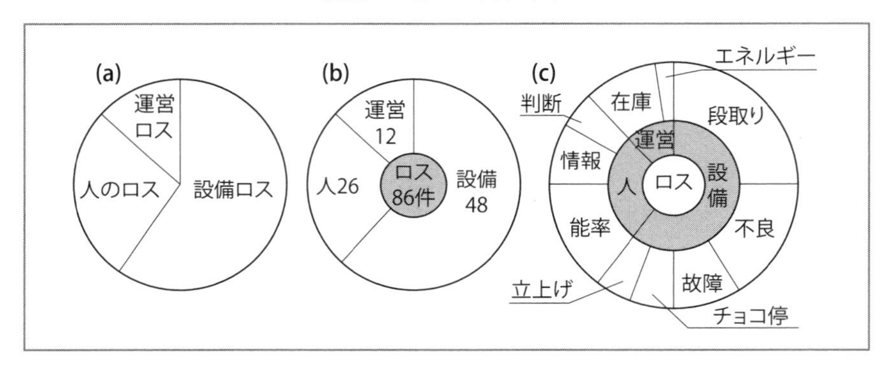

③ 折れ線グラフ

折れ線グラフは、数量の変化の状態を時系列で表すグラフで、関数グラフあるいは線図・経過図表と呼ばれることもあります。最大の特徴は、時間の経過に伴う現象の変化を観測して得たデータの系列（時系列）の変化を、直感的かつ全体的につかむことにあります（**図表4・3**）。

図表4・3 ■　折れ線グラフ

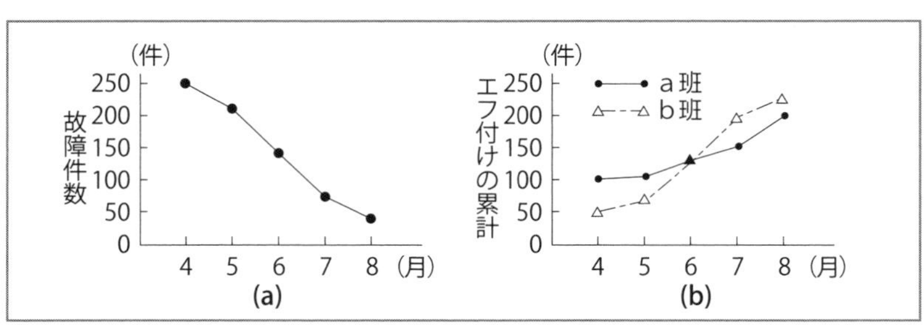

④ 帯グラフ

長方形の中を、分類項目の数量や割合などで仕切ったもので、同じものの時間的変化を見較べるのによく使われます（**図表4・4**）。

図表4・4■ 帯グラフ

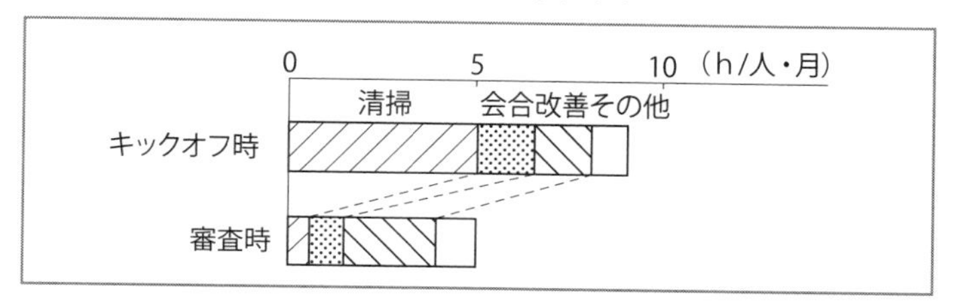

⑤ レーダーチャート

レーダーチャートは、各項目間のバランス（全体としての偏り、平均値と各項目との関係）および目標値に対する達成度を把握するためのグラフです（**図表4・5**）。中心点から、分類項目の数だけレーダーのように放射線状に直線を伸ばし、棒の長さで数量の大きさを表示します。品質意識、5Sの状況、教育訓練などの無形の効果把握などに利用すると便利です。

図表4・5■ レーダーチャート

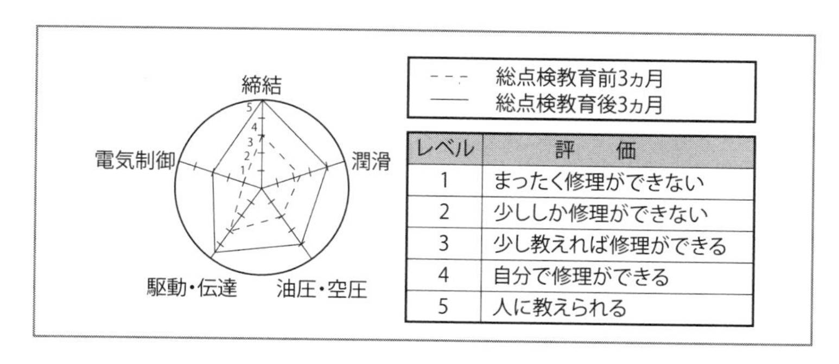

レベル	評　価
1	まったく修理ができない
2	少ししか修理ができない
3	少し教えれば修理ができる
4	自分で修理ができる
5	人に教えられる

(2) パレート図

一種の度数分布で、故障、手直し、ミス、クレームなどの損害金額、件数、パーセントなどを原因別・状況別にデータを取り、その数値の多い順に並べた棒グラフをつくれば、もっとも多い故障項目や、もっとも多い不良個所などがひと目でわかります。このようにしてできあがった棒グラフの各項目について、折れ線グラフで累積和を図示したものがパレート図です（**図表4・6**）。パレート図によって原因の格付けができ、上位の原因から改善活動を行うことによって不良原因を効率的に排除できます。

図表4・6 ■ パレート図

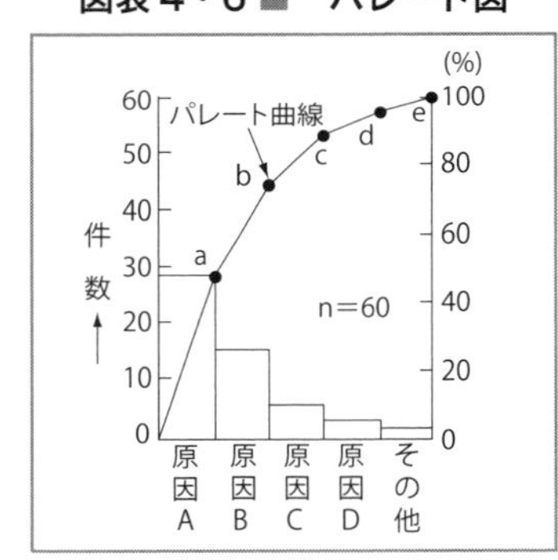

(3) 特性要因図

品質特性（結果）に対して、その原因となる要因はどのようなものかを体系的に明確化しようとするものです。形が魚の骨に似ていることから、一般に「魚の骨の図（フィッシュボーンチャート）」とも呼ばれています（**図表4・7**）。

図表4・7 ■ 特性要因図

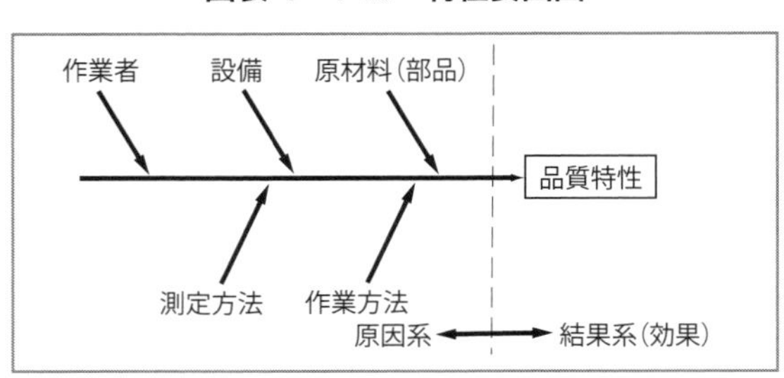

(4) チェックシート

データ収集の効率化と明確化のために、管理に必要な項目や図などが印刷されているものに、チェックしていく帳票です。

チェックシートには用途別に、調査用チェックシートと点検・確認用チェックシートの2種類があります。

調査用チェックシートの例として、度数分布表があります（**図表4・8**）。度数分布表は、ある品質特性に対するバラツキの状況や、規格との関連を調査するためのもので、ヒストグラムを作成するときのデータとなります。

点検・確認用チェックシートには、設備の日常点検チェックシートや検査工程における品質管理チェックシートなどがあります。

図表4・8■ 度数分布調査用チェックシート

○○工場度数分布調査票										
工程名	外径旋削	製品名	ジョイント	規格	30.00±0.05	調査日	9／3	調査者	刈谷	
No	区間	中心値	チェック			度数		備考		
1	+0.05以上		///			3				
2	+0.04～+0.05	+0.045	卌 /			6				
3	+0.03～+0.04	+0.035	卌 ////			9				
4	+0.02～+0.03	+0.025	卌 卌 卌 卌 //			22				
5	+0.01～+0.02	+0.015	卌 卌 卌 /			16				
6	0.00～+0.01	+0.005	卌 卌 卌 //			17				
7	−0.01～0.00	−0.005	卌 卌 //			12				
8	−0.02～−0.01	−0.015	卌 卌			10				
9	−0.03～−0.02	−0.025	///			3				
10	−0.04～−0.03	−0.035	/			1				
11	−0.05～−0.04	−0.045	/			1				
12	−0.05以下					0				
	合計					100				

第4章 改善・解析の知識

(5) ヒストグラム

度数分布表にもチェックのマークが記入してあるので、だいたいの分布の状態を知ることができますが、これを柱状図で正確に表したものをヒストグラムといいます（**図表4・9**）。

ヒストグラムは、平均値やバラツキの状態を知るのに用いたり、規格値と比較して不良品をチェックするなど、一種の工程解析の手法として重要な役割を持っています。

図表4・9■　ヒストグラム

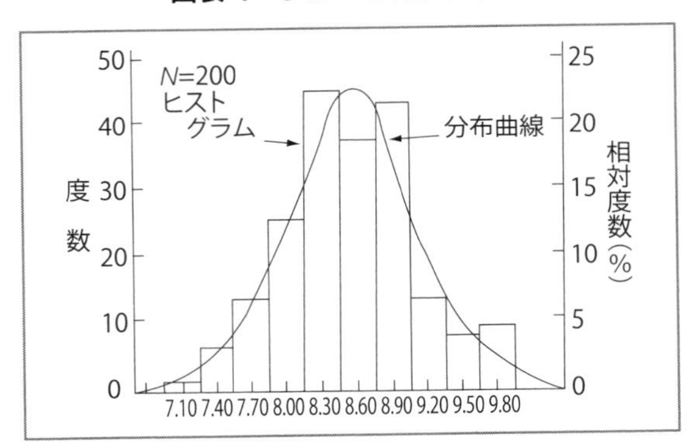

(6) 散布図

1種類のデータについては、度数分布などで分布のだいたいの姿をつかむことができますが、対になった1組のデータ（2つの変数）の関係・状態をつかむには、散布図を用います（**図表4・10**）。たとえば、温度

図表4・10■　散布図

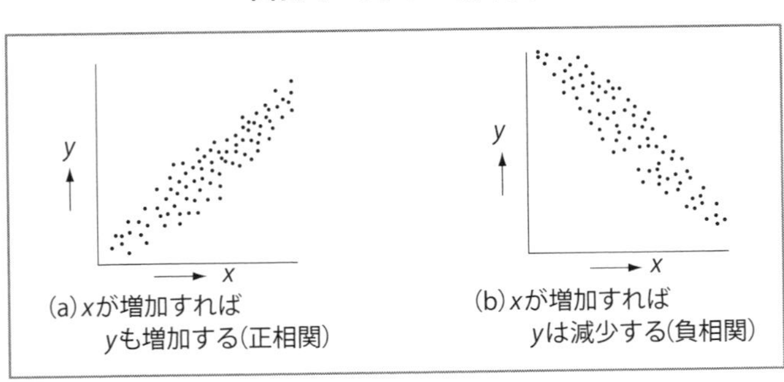

と歩留まりや、加工前の寸法と加工後の寸法の間に相関関係があるかを確認する場合などに適しています。

その際、一方の変数が増加するとほかの変数が増加する関係にある場合は正相関といい、変数の一方が増加するとき他方が減少する関係がある場合を負相関と呼びます。

(7) 管理図

管理図は、工程が安定した状態にあるかどうかを調べるため、または工程を安定した状態に保つための管理限界線の入った折れ線グラフです。管理図には計数値（人の数、故障発生件数など）と計量値（長さ、重さ、時間、温度などの連続した値）の管理図があります。

①$\bar{X}-R$（エックスバー・アール）管理図

$\bar{X}$管理図とR管理図を組み合わせたもので、$\bar{X}$管理図は主として分布の平均値の変化を見るために用い、R管理図は分布の幅や各群内のバラツキの変化を見るために用いられます。

$\bar{X}-R$管理図は、工程の特性が長さ、重量、強度、純度、時間、生産量などのような計量値の場合に用いられます。

②p管理図

不適合品率（不良率）の管理図といわれ、サンプル中にある不良品の数を不良率pで表し、$\bar{X}-R$管理図のように組み合わせずに単独で使われます。

計数値の管理図に分類されるもので、サンプルの数の大きさnが一定でないとき（1日に鉄板を100枚入荷して不良が8枚、5日に鉄板を200枚入荷して不良が14枚というように、nが一定していないとき）にp管理図を用います。

③np管理図

不適合品数（不良個数）の管理図といわれ、サンプル中にある不良品の数を不良個数npで表したときに用いられます。

2・2　QC データの管理

品質データを解析して管理していくときには、次のような知識が有用です。

(1) 正規分布

正規分布は計量値の分布の中でも、もっとも代表的な分布です。その分布曲線はベル型をしたもので､中心線の左右は対称になっています（**図表 4・11**）。

正規分布はベル型の山の面積が 1 になるように描いてあり、平均値を μ、標準偏差を σ とすると、

- $\mu \pm \sigma$　　の区間に　68.3%
- $\mu \pm 2\sigma$　の区間に　95.4%
- $\mu \pm 3\sigma$　の区間に　99.7%

のデータが含まれます。

図表 4・11 ■　正規分布

0.5
0.4
0.3
0.2
0.1
確率密度
σ
$\mu-3\sigma$　$\mu-2\sigma$　$\mu-\sigma$　μ　$\mu+\sigma$　$\mu+2\sigma$　$\mu+3\sigma$
品質特性値

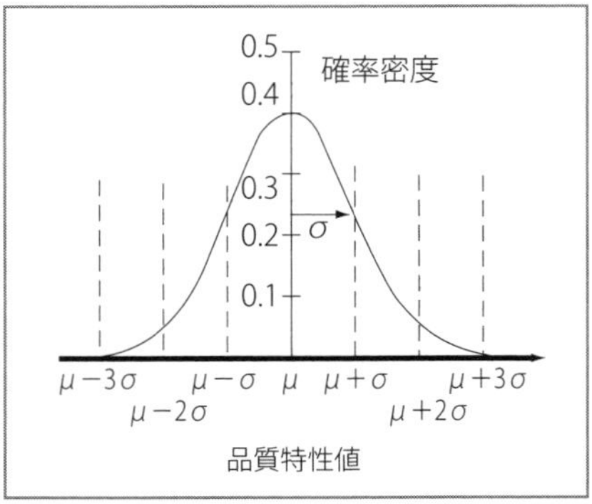

(2) 標準偏差

対象となるデータのバラツキを数量的に表すには、標準偏差を使用します。バラツキとは、データの大きさがそろっていないことや、その不ぞろいの度合いのことで、ヒストグラムを描いて分布の姿を見ればつかむことはできます。

偏差とは、個々のデータが集団の中心からどれくらいの隔たりがある

かを示す値で、分散の平方根を標準偏差といい、*s*（スモールエス）で表します（母集団からの標本から計算したときに *s* を使います)。

(3) 管理限界

管理限界線のないものは単なるグラフで、管理図ではないといわれます。

3 σ管理図は平均値を中心として、その上下に 3 σの幅を取り、これをもって管理限界としたものです。

管理図には、中心線（CL：Central Line）と、上下の限界を示す上部管理限界（UCL：Upper Control Limit）および下部管理限界（LCL：Lower Control Limit）があり、中心線と管理限界線を総称して管理線と呼びます（**図表 4・12**)。

図表 4・12 ■ 管理図（管理限界線があるもの）

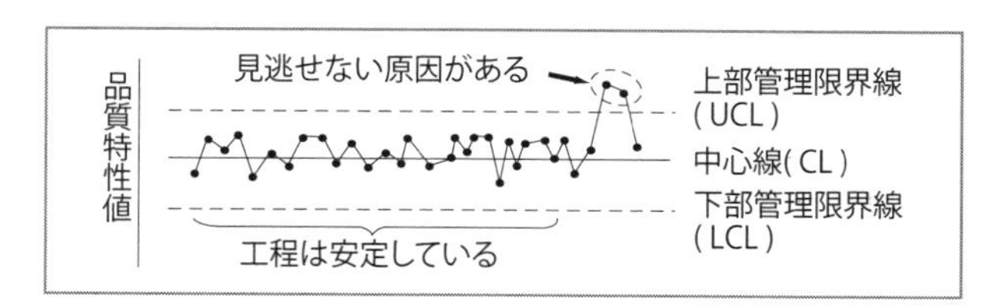

(4) 工程能力

工程能力とは、定められた規格限度内で製品を生産できる能力で、工程能力を評価する尺度として工程能力指数（Cp）が用いられます。一般的に Cp 値が 1.33 以上の場合工程能力は十分とされ、1 より小さい場合は工程能力不足とされます。

工程能力指数は、標準偏差（*s*）の 6 倍を工程能力とし、これと規格幅との比で表します。

$$Cp = \frac{\text{上限規格} - \text{下限規格}}{6 \times \text{標準偏差}} = \frac{S_U - S_L}{6s} = \frac{\text{規格幅}}{6s}$$

工程能力指数の大小による工程への対策は**図表 4・13** で判断してください。

図表4・13 ■ 工程能力指数と工程対応

No.	CP 値	分布と規格の関係	工程能力有無の判断	対策および対処
1	1.67≦Cp	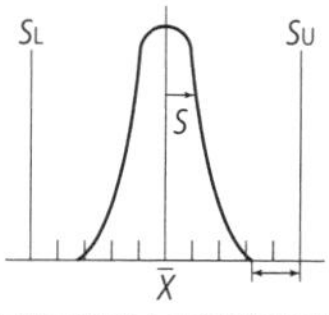 2S(2エス)以上の余裕(すきま)あり	工程能力は十二分にある	製品のバラツキが少し大きくなっても心配ない。コスト低減や管理の簡素化などの改善を考える
2	1.33≦Cp＜1.67	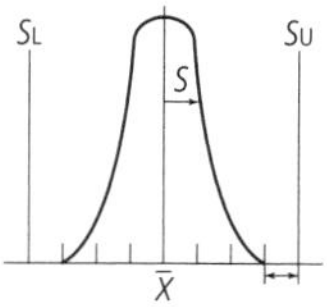 1S(1エス)分の余裕(すきま)あり	工程能力は十分である	安定した理想的な状態なので維持していく
3	1.00≦Cp＜1.33	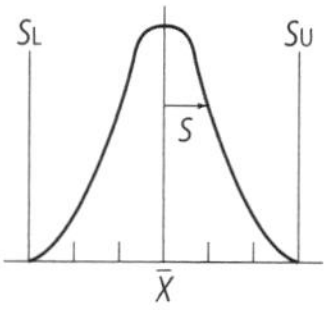 余裕(すきま)なし	工程能力は十分とはいえないが悪くもなく、まあまあである	Cp 値が 1 に近づくと、不良が出るおそれがある状態。工程管理をしっかりやっていく必要がある
4	0.67≦Cp＜1.00	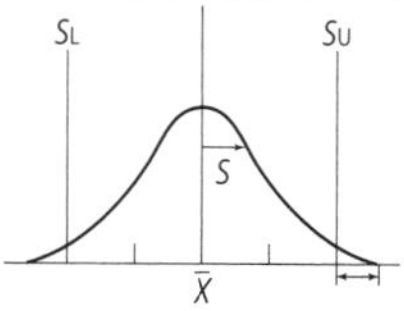 1S(1エス)分のハミダシ(規格外れ)	工程能力はない	不良品が発生している状態。バラツキを大きくしている要因を見つけ、工程改善が必要である。製品の検査も必要
5	Cp＜0.67	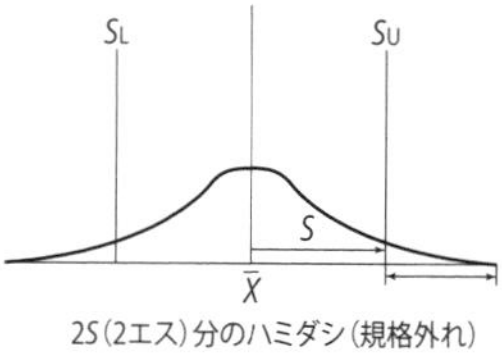 2S(2エス)分のハミダシ(規格外れ)	工程能力は全然足りない	とても品質を満足できる状態ではない。緊急な工程改善が必要である。製品の全数選別が必要な状態である

2・3 新QC七つ道具

新QC七つ道具（N7）は、QC七つ道具だけでは十分といえない問題やデータを取り扱うときに有効な手法です。QC七つ道具は主に数値データを対象としていますが、この新QC七つ道具は主に言語データを取り扱うことを主な目的として開発されました。

新QC七つ道具は、「親和図法」「連関図法」「系統図法」「マトリックス図法」「アローダイアグラム法」「PDPC法（Process Decision Program Chart）」「マトリックス・データ解析法」の七つの手法で構成されていて、マトリックス・データ解析法は数値データを対象とします。

（1）親和図法

親和図法とは、現在起きている複雑な問題に加えて、未知・未経験の分野、あるいは未来・将来の問題などはっきりしない中から、事実あるいは予測、推定、発想、意見などを言語データでとらえ、それらの言語データを親和性によって統合し、問題の構造やあるべき姿を明らかにする手法です。

親和図法は、アイデアを生む方法論として考案されたKJ法を起源としています（**図表4・14**）。

図表4・14■ 親和図法のイメージ

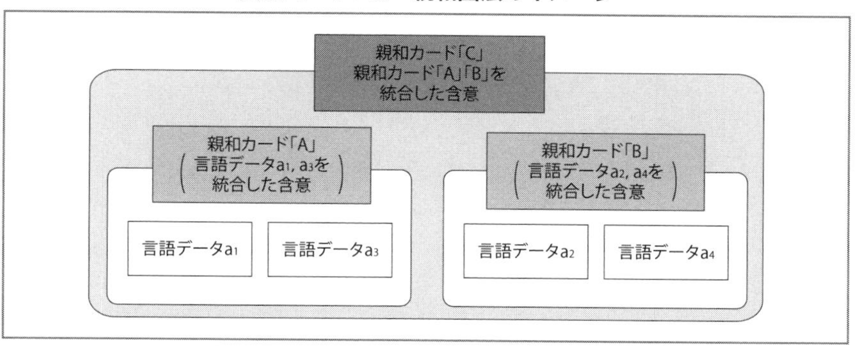

(2) 連関図法

連関図法は、**図表 4・15** の概念図に示すように、問題とする事象（結果）に対して原因が複雑にからみ合っている場合に、問題解決の糸口を見出す手法です。因果関係や原因相互の関係を論理的に関係付け、原因の探索や構造を明確にすることが可能です。

図表 4・15 ■ 連関図法のイメージ

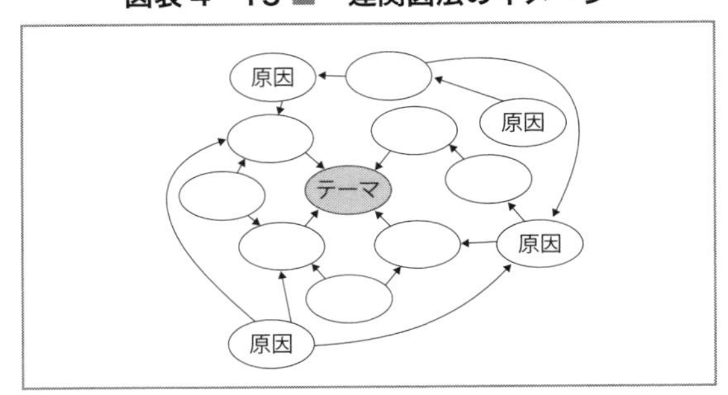

(3) 系統図法

系統図法は、目的 ― 手段の関係で、目的・目標を達成するたの手段・方策を多段的に展開し、具体的な手段・方策を追求する手法です。**図表 4・16** に示すように、ある達成したい目的を果たすための手段を複数考

図表 4・16 ■ 系統図法のイメージ

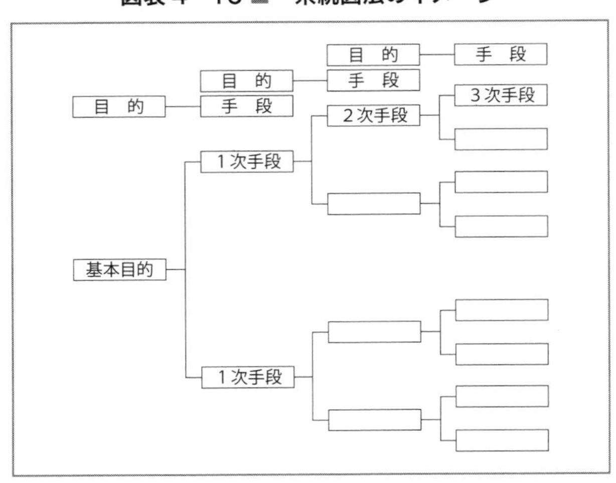

え、さらにその手段を目的ととらえ直して、その目的を達成するための手段を考えます。しかし、その手段がまだ具体的に手の打てない場合には、さらにその手段を目的として、その目的を達成するための手段を考えていきます。

(4) マトリックス図法

マトリックス図法は、問題としている事象の中から「対」になっている要素を見つけ、これを縦軸と横軸に配列し、その交点に各要素の問題の有無や度合いを示すことで問題の所在や形態を探索し、問題解決の「着想のポイント」を効果的に得る手法です。

図表4・17にQAマトリックス図として、品質保全でよく使われる品質特性と工程との2つの要素を対応させたL型マトリックス図と工程、現象、原因の3つの要素を対応させたT型マトリックス図を示します。

図表4・17■ マトリックス図法のイメージ

L型分析

特性ランク：◆最重要　◇重要
クレーム状況：★あり　◎不具合発生　●不具合関連　○不具合予測
工程内不良：▲

品質特性		基準	特性ランク	クレーム	工程内不良	押出し 投入工程 オートローダー	押出し 混練工程 スクリュー	押出し 成形工程 金型	押出し 異物除去 金網	押出し 冷却工程 水槽	スパイラル 縦糸工程 エアサッカー	スパイラル 編込み工程 糸・治具	スパイラル 引取り工程 ベルト
寸法	内径	－	◆	★	▲	●	◎	◎		○		○	
	外径	－	◆										
	肉厚	－	◆		▲		●	◎		○			
	ピッチ	－										◎	
外観	異物	－	◇			○	○	○	○				
	アクタ	－	◇				○						

T型分析

原因						
D			◎			
C					○	
B		○		○		
A	◎					
現象 / 工程	**毛羽**	**汚れ**	**輪抜け**	**タテ編み**	**タテ筋**	**ヨコムラ**
原糸	◎		●	○	○	
運搬	○	○				
分割						
より糸						○
巻き						
毛掛け	◎	◎		◎		
洗浄						

(5) アローダイアグラム法

アローダイアグラム（矢線図）はパート（PERT：Program Evaluation Review Technique）で用いる日程計画を表した図です。

複雑な関係を持つ作業工程や、工事計画などのプロジェクトにおける作業を矢印（アロー）、その作業時間をアローの線の長さで、作業の着手または終了を丸印（ノード、イベント）で表し、作業の構成と時間的相互関係を示すネットワーク図です（**図表 4・18**）。

アローダイアグラム法は、作業の構成とつながりがわかりやすくなることで、生産の開始から終了に至るまでにもっとも時間を要する経路（クリティカルパス）を見出すことが可能です。また、必要工事期間の算定や、ネットワーク技法を活用した時間節約の検討なども行えるので、日程計画の作成やスケジュール管理に適しています。

図表 4・18 ■ アローダイアグラム法のイメージ

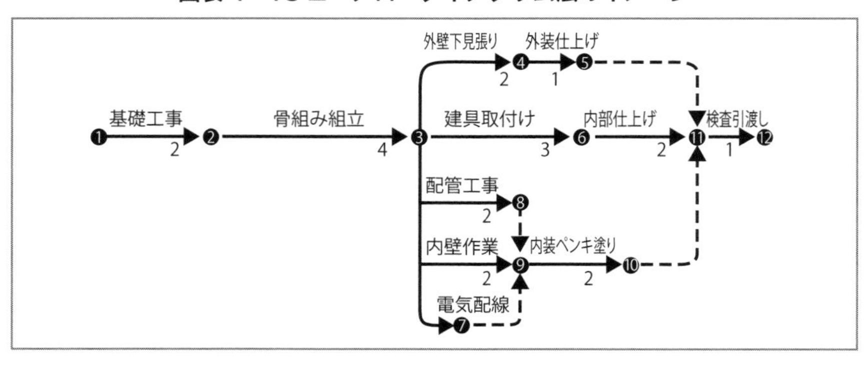

(6) PDPC 法

PDPC 法とは「Process Decision Program Chart」の略で、日本語では、過程決定図法と呼ばれます。計画を実施していくうえで、障害と結果を事前に予測し、適切な対策を立て、プロセスの進行を望ましい方向に導く方法です（**図表 4・19**）。

図表4・19 ■ PDPC法のイメージ

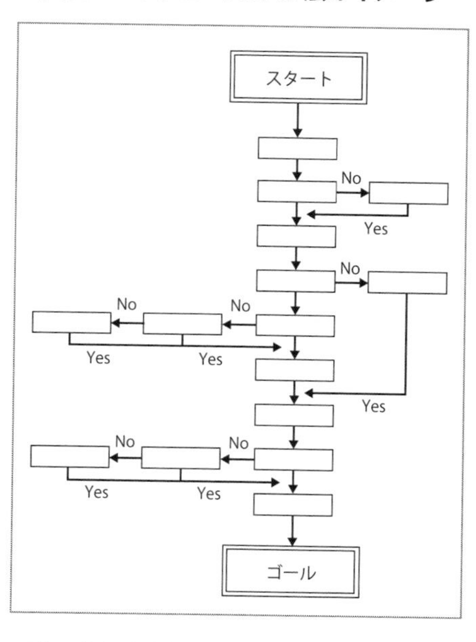

(7) マトリックス・データ解析法

マトリックス・データ解析法とは、マトリックス形式で集めた数値データを解析する手法です。新QC七つ道具のうち唯一数値データを対象とします（図表4・20）。

図表4・20 ■ マトリックス・データ解析法のイメージ

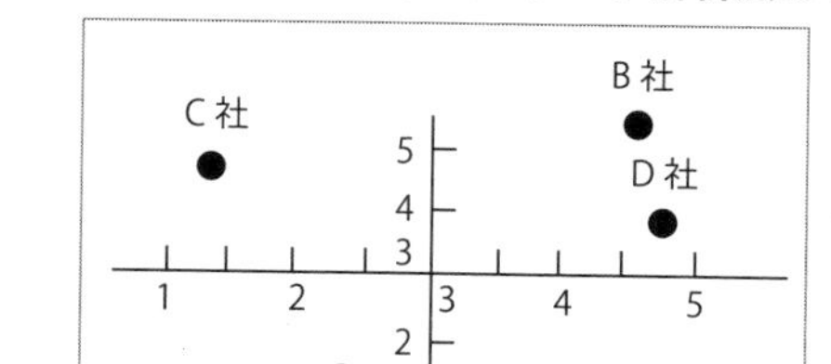

3 なぜなぜ分析

故障、チョコ停、不良などの故障・不具合が発生した場合、発生現象をスタートに、その原因が「なぜ」起きたのか調査します。出された結果について再度「なぜ」と調査することを「なぜ」「なぜ」と5回程度繰り返していくことによって、故障・不具合の原因（真因）を規則的に順序よく漏れなく出し切り、最後の「なぜ」に対して的確な対策を立てる手法です（**図表4・21**）。

(1) なぜなぜ分析のアプローチの仕方

なぜなぜ分析のアプローチの仕方には、大きく分けて「あるべき姿からのアプローチ」と「原理・原則からのアプローチ」の２つがあります。

①あるべき姿からのアプローチ

「あるべき姿からのアプローチ」は、「あるべき姿」とその問題となっているものとを比較することで問題を探っていく方向を決定し、その後

図表4・21 ■　なぜなぜ分析の例

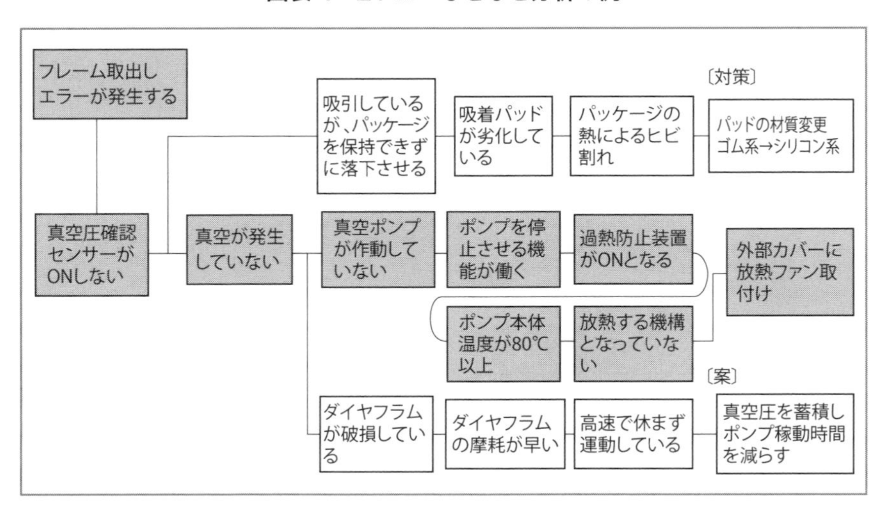

「なぜ」「なぜ」と繰り返しながら、その要因を探し出していくやり方です。

②原理・原則からのアプローチ

「原理・原則からのアプローチ」は、トラブルが発生したその問題の部分に焦点を絞って、そのトラブルを発生させる原理や原則といったものを1つ目の「なぜ」として取り上げ、それぞれ次の「なぜ」を、現場・現物を見ながら推定していくやり方のことです。

(2) なぜなぜ分析のポイント

なぜなぜ分析をするときのポイントとして、重要なポイントと実践的なポイントがあります。

①重要なポイント

- 「現象」や「なぜ」のところに書く文章は、短く簡潔に「○○が○○した」という形にする
- なぜなぜ分析を終了した後で、必ず最後の「なぜ」の部分から「現象」までさかのぼる形で読んでいくことにより、論理的に正しいか確認する
- その前の事象に対して、要因が完全にあげられているかということを、その逆（その要因が発生しなければ、その前に書かれている事象は発生しないか）を考えてチェックする
- 再発防止策につながるような要因が出てくるところまで「なぜ」を続ける

②実践的なポイント

- 正常からズレている（異常）と思われることだけを書く
- 人間の心理面への原因追究（ボーッとしていた、疲れていた、といった事柄）は避ける
- 文中に「悪い」という言葉は使わない

4 PM分析

PM分析は慢性的なロス（不良・故障など）を低減（解決）させるための分析手法です。

現象（Phenomenon）を物理的（Physical）に解析し、メカニズム（Mechanism）を理解して、4M（Machine（設備）、Man（人）、Material（材料）、Method（方法））との関連性を追求していくことから、PM分析といいます。

PM分析のPMは、予防保全（Preventive Maintenance = PM）や生産保全（Productive Maintenance = PM）のPMではありません。

(1) 突発的なロスと慢性的なロス

① 突発的なロス

故障・チョコ停、不良などのロスの発生形態には、突発的なロスと慢性的なロスがあります。突発的なロスは1つの原因が影響している場合が多く、比較的原因がつかみやすいロスです。原因と結果の関係がはっきりしているので、対策が打ちやすいという特徴があります。たとえば、「治具の摩耗がある限度以上に達して、精度が保たれないため不良が発生する」「回転機の主軸の振動がある程度以上に発生したため、寸法のバラツキが大きくなる」などのように、急に条件が変わるために発生します。

したがって、突発的なロスは多くの場合、変動している条件をもとの正しい状態に戻す「復元的な対策」により解決します。

これに対して、慢性的なロスはさまざまな対策を打ってもなかなかよくならないロスのことです（**図表4・22**）。

図表4・22■　突発的なロスと慢性的なロスの違い

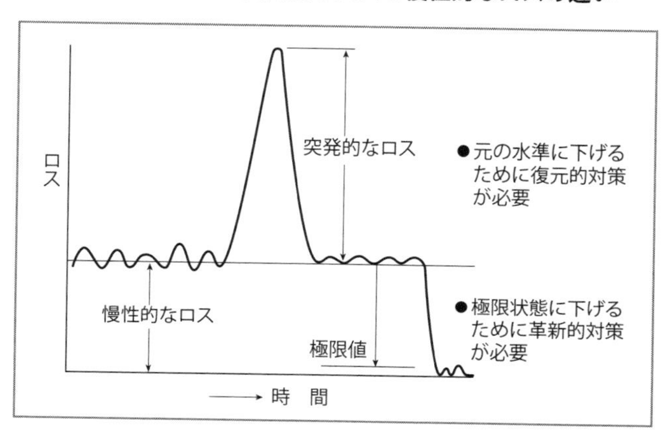

② 慢性的なロス

<原因がつかみにくい慢性型>

慢性的なロスは突発的なロスと違って、原因と結果の関係が複雑にからみ合っていると考えるべきロスです。慢性的なロスは、原因が1つという場合が少ないため、原因を明確につかめないことが多く、一見原因と結果の関係がはっきりしません。

さまざまな対策を行って一時的によくなっても、時間が経過するとまた悪くなることを繰り返しているのが実態です。この慢性的なロスを「ゼロ」にするには、従来の考え方で進めてもなかなか達成できないので、新しい考え方が必要になります。

<慢性的なロスの特徴を理解する>

慢性的なロスを「ゼロ」にするためには、まず「慢性的なロスの特徴を十分に把握する」ことが必要です（**図表4・23**）。

慢性的なロスの特徴を整理すると、次の2点となります。

・原因となるものが数多くあり、問題発生のつど、その中のどれか1つが原因となって同じロスが繰返し発生するので原因を特定しにくい

・複合的な原因により発生し、その組合わせがそのつど変わる
多くの場合、この慢性的なロスの特徴を理解しないで対策を行うため、故障や不良が減少しない。たとえば、「原因を決めつける、絞りすぎる」ことで、対策が不十分となり、慢性的なロスを再発させる

<慢性的なロスに対するアプローチ（攻め方）>

慢性的なロスが「ゼロ」にならないもう1つの理由は、「慢性的なロスに対するアプローチ（攻め方）を間違えている」ことです。これを大別すると次の3点になります。

・現象の層別が不十分であり、その解析が十分に行われていない
・現象に関連する要因を見落としている
・要因にひそむ欠陥を見逃している

慢性的なロスを「ゼロ」にするためには、欠陥に見えるか見えないかの微小欠陥を見逃すことなく、漏れなく欠陥として表面に出すことです。

慢性的なロスに関連すると考えられる要因をすべてリストアップして調査し、すべての欠陥に対して対策する、このような考え方でアプローチするのがPM分析の考え方です。

図表4・23■　慢性的なロスの特徴

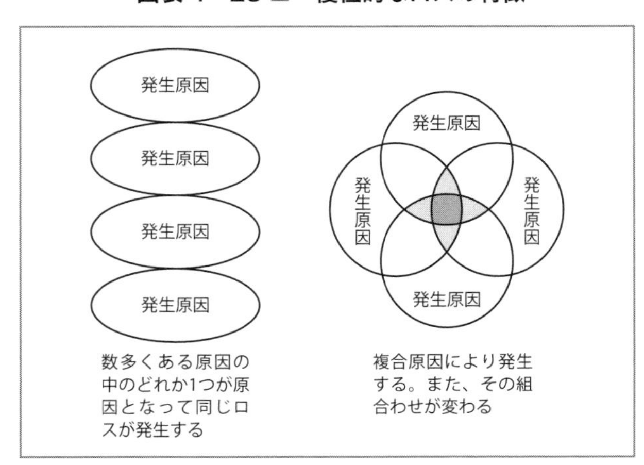

(2) PM 分析の進め方

PM 分析は、次のステップから成り立っています。

① 現象の明確化

② 現象の物理的解析（物理的な見方）

③ 現象の成立する条件

④ 設備・治工具・材料・方法・人（4M）との関連性の検討

⑤ あるべき姿（基準値）の検討

⑥ 調査方法の検討

⑦ 不具合点の摘出

⑧ 復元または改善の実施、維持管理

＜ PM 分析のポイント＞

・4M との関連性の検討のときは、大・中欠陥のみではなく微小欠陥も漏れなく摘出すること

・どの要因がどれだけ不具合に寄与するのかがわからない場合も多いが、重点的に要点を絞って対策を行う「重点指向」の考え方は、有効ではない

・理屈で考えて不具合に影響すると考えられる要因に関して、寄与率・影響度を考えずすべてを洗い出し、対策すること

エアシリンダーにおける不具合について、PM 分析の例を**図表 4・24**に示します。

図表4・24 ■ PM分析の例（エアシリンダーの不具合）

現象	物理的見方	成立する条件	4Mとの関連（第1次）	4Mとの関連（第2次）
エアシリンダーのピストンロッドが途中で止まる	ピストンロッドが進む力よりロッドの受ける抵抗が大きい ロッドが進む力：f_1 ロッドが受ける抵抗：f_2 $f_1 < f_2$ 前進 f_1 f_2 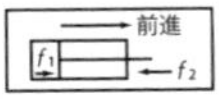	ピストンロッドの進む力が小さい	ニードルまで必要なエアがこない	1 エア圧が低い 2 エアホースの亀裂 3 エアホースが長い 4 エアホースの折れ 5 ドレンの溜まりすぎ 6 ジョイント部の異物の詰まり 7 ジョイント部からのエア漏れ
			シリンダー内でエアが漏れる	1 ピストンパッキンのキズ、摩耗 2 ニードルガスケットのキズ、摩耗 3 クッションパッキンのキズ、摩耗 4 ロッドパッキンのキズ、摩耗 5 Oリングのキズ、摩耗 6 シリンダーガスケットのキズ、摩耗 7 ブッシュのキズ、摩耗 8 ロッドカバーのキズ、亀裂 9 シリンダーチューブのキズ、亀裂 10 ピストンパッキンの取付け逆 11 ニードルガスケットの取付け逆 12 ヘッドカバーパッキンの取付け逆 13 ロッドカバーパッキンの取付け逆
		ピストンロッドの受ける抵抗が大きい	ピストンロッドとロッドカバー間に抵抗がある	1 ピストンロッドの変形、キズ、錆 2 ロッドカバーの変形、キズ、錆 3 ピストンロッドとロッドカバーの芯ズレ 4 ピストンロッドとロッドカバー間の異物 5 潤滑不足 3点セットの不良 6 ダストワイパの変形、キズ、錆 7 ロッドパッキンの変形、劣化 8 クッションパッキンの変形、劣化 9 ブッシュの変形、錆
			ピストンとシリンダーチューブ間に抵抗がある	1 ピストンの変形、キズ、錆 2 ピストンとロッドの芯ズレ 3 シリンダーチューブの変形、キズ、錆 4 ピストンとシリンダーチューブ間の異物 5 潤滑不足 3点セットの不良 6 ピストンパッキンの変形、劣化 7 ピストンとシリンダーチューブの芯ズレ 8 ヘッドカバーの変形、キズ、錆 9 ピストンとヘッドカバーの芯ズレ
			排気エアが残る	1 電磁弁の不良 排気口の詰まり スプリングの異常 2 ピストンとシリンダーチューブ間の異物 3 ニードルガスケットの変形、詰まり 4 クッションパッキンの変形、劣化

（エアシリンダーの構造）

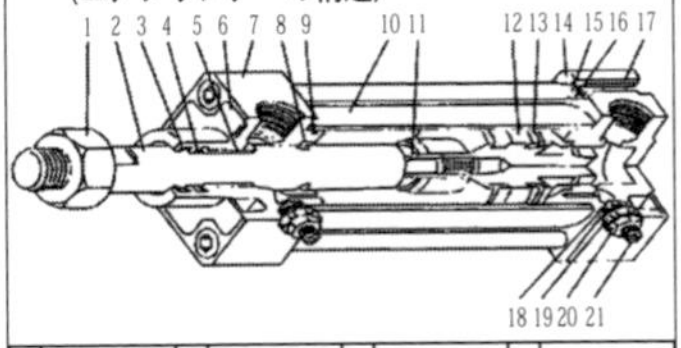

1	ロッドナット	2	ピストンロッド	3	ダストワイパ	4	ロッドパッキン
5	ブッシュ	6	マスキングプレート	7	ロッドカバー	8	クッションパッキン
9	シリンダガスケット	10	シリンダチューブ	11	スプリングピン	12	ピストン
13	ピストンパッキン	14	ヘッドカバー	15	タイロッド	16	ばね座金
17	丸ナット	18	ニードルガスケット	19	ニードルホルダー	20	ニードルナット
21	クッションニードル						

IE（Industrial Engineering）

IE は「価値とムダを顕在化させ、資源を最小化することでその価値を最大限に引き出そうとする見方・考え方であり、それを実現する技術」（日本 IE 協会）と説明されています。つまり、「ムダ・ムラ・ムリ」を排除して仕事をよりラクに、早くして、製造コストを安くするための技術といえます。

IE の手法は、「ものづくり」で人が道具や機械を上手に使う工夫・研究から生まれました。オペレーターが働いて製品をつくり出している生産設備や流れ生産ラインのしくみは、すべて IE 手法という科学的管理手法が活用できます。

5・1　工程分析

(1) 工程分析の着眼点

工程分析とは、製品になる工程（過程）を人やものを通して分析する手法です。それぞれの過程と分析対象を明確化することで改善点を明確化することができます。

(2) 工程分析の手法

工程分析の代表的な分析手法として以下のものがあります。

① 製品工程分析：「もの」を対象とした工程の分析
② 作業者工程分析：「人」を対象とした工程の分析
③ 連合作業分析：「人－もの」、「人－人」などを複合的に対象とした工程の分析

(3) 5W2H による質問法

分析結果から改善案を検討する際に、5W1H に How much（いくら）または How many（いくつ）の 1H を加えた方法です。次に解説する改善の 4 原則と ECRS と合わせて改善を検討すると、漏れなく改善案を検討することができます（**図表 4・25**）。

図表 4・25 ■　5W2H による質問法

5W2H	質問内容	検討事項例
Why	なぜ（目的・必要性）	・一切やめられないか ・一部やめたらどうか
When	いつ	・時期を変えたらどうなるか ・同時に（一緒に）済ませられないか
Who	だれ	・ほかの人に代えたらよくならないか ・2 人でやる必要性があるのか
Where	どこ（場所・工程）	・もっと適切な場所・工程はないか ・同じ場所・工程で処理したらどうか
What	なに（対象）	・それでないとだめなのか ・形を変えたらどうか
How	どのように（方法）	・ほかの方法はないか ・もっと単純な方法はないか
How Much	いくら（発生コスト）	・もっと安い材料が使えないか ・簡単な方法はないか

(4) 改善の 4 原則（ECRS）

工程分析の結果に基づいて改善を進めるうえで、方法として有効な考え方が「改善の 4 原則（ECRS）」です。排除（Eliminate）、結合（Combine）、置換（Rearrange）、簡素化（Simplify）の頭文字を取って ECRS と呼ばれます。

ECRS は原則として検討するべき順に並んでいるので、必ず E → C → R → S の順に検討してください。

① 排除（Eliminate）

作業や工程を排除できないか？ を考え、何のための作業か？ 本当に行う必要性があるのか？ ということを、②～④に先立って突き詰めて検討します。身近な例では、実際には行う必要のない作業を「前任者が実施していたから」という理由だけで行っているなどのケースがあります。また、やりにくい（ムリ）作業はないか？ と考えるのもよい着眼点です。

② 結合（Combine）

同時に、複数の作業を処理（結合）したらムダが省けるといった着眼です。作業だけでなく、別工程を同時に行うなどの考え方も有効です。

③ 置換（Rearrange）

作業や工程の順序を変更したり、人・機械・工具・材料を交換あるいは置き換えるという着眼です。

④ 簡素化（Simplify）

簡単に、あるいは単純にできないかと着眼することです。過剰包装などが身近な例といえます。

5・2　稼動分析

稼動分析は、人と機械がどのような要素にどれだけの時間をかけているかを明らかにするための分析手法です。人と機械の稼動率を向上するためなどに活用され、作業改善の重点把握や標準時間の設定、余裕率の算定などのために使われます。

代表的な手法としてワークサンプリング法などがあります。

5・3　動作研究

(1) 動作研究の着眼点

「動作研究」とは、人間のからだの部分と目の動きを分析して、もっともよい方法を見出すための研究・分析で、一般的に工程分析後にさらに詳細な分析を行うために用いられます。量産工場などで繰り返されることが多い作業の分析に適しています。

「動作のムダ・ムラ・ムリ」や「価値を生まない付随作業」を改善し、モーションマインドと呼ばれる正しい動作を理解する気持ちが生まれることで、ほかの作業にも効果が出ます。

(2) 動作研究における分析手法

① 両手作業分析：動作を「作業」「移動」「保持」「手待ち」に分類した動作の分析

② 微動作業分析：動作を 18 の基本要素に分類した動作の分析

(3) 動作経済の原則

作業者の疲労をもっとも少なくして、仕事量を増加するため、いかに人間のエネルギーを有効に活用するかという考え方であり、作業者が行う作業の動作研究の分析、改善を進めていくときに使われます。

作業をもっとも能率よく遂行するためには、ムダ・ムラ・ムリを省いて作業者が最高の能力を発揮できるような作業方法を定め、それに適した機械設備、治工具、作業域が与えられなければなりません。そのために、作業を動作に分解して観察し、改善を行い、もっとも疲労が少なく、しかも経済的な動作を採用することが必要です。つまり、動作経済の原則に反する動作は、疲労度が高く、非効率といえます。動作経済の原則は、JIS において、「身体の使用に関する原則、作業者の配置に関する原則、設備・工具の設計に関する原則」に大別されるとされていますが、他にも「動作の視点、作業場所の視点、治工具および機械の視点」という 3 つの視点と「動作の数を減らす、動作を同時に行う、動作の距離を短くする、動作をラクにする」という 4 つの基本原則などを組み合わせる考え方も存在します。

5・4 時間研究

時間研究は、普遍性の高い「時間」を尺度として作業方法や作業時間を研究・分析することで、標準作業や標準時間の「あるべき姿」を設定することが目的の 1 つです。

代表的な分析手法として、以下の 2 つがあります。

① ストップウォッチ法：直接作業を観測し、時間と作業の分析をする手法

② VTR 法：作業を撮影し、映像を再生して分析する手法

5・5　ラインバランス分析

ラインバランス分析は工程解析・時間研究の応用手法であり、目的はラインの編成状態を確認し、最良のラインのバランスを見極めることです。

次のような編成効率を求めることにより、バランスの良否を数値で判断できます。

$$\text{編成効率（\%）} = \frac{\text{各工程の作業時間の合計}}{\text{ピッチタイム} \times \text{工程数}} \times 100$$

ピッチタイム（タクトタイムともいう）とは、1日の必要数（計画生産数）を達成するために決められた製品1個あたりの加工時間で、

$$P = \frac{T(1-\alpha)}{N}$$

P：ピッチタイム
N：計画生産数
T：1日の稼動時間
α：不良率

によって計算します。

編成効率が75％以下になると、流れ作業のメリットがなく、ライン編成の改善が必要となります。90％以上を目標にして、各工程の作業時間をできるだけ等しくすることが編成効率向上のために必要です。

編成効率を計算するときに作成するピッチダイアグラムの例を**図表4・26**に示します。

図表4・26 ■ ピッチダイアグラムの例

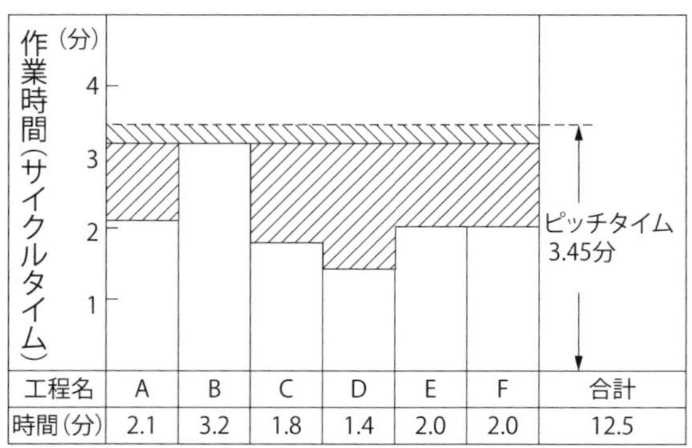

工程名	A	B	C	D	E	F	合計
時間（分） （正味時間）	2.1	3.2	1.8	1.4	2.0	2.0	12.5

$$\text{編成効率（\%）} = \frac{2.1 + 3.2 + 1.8 + 1.4 + 2.0 + 2.0}{3.45 \times 6} \times 100$$

$$= \frac{12.5}{20.7} \times 100 = 60.4\ \%$$

段取り作業の改善

製造している品種の生産終了時点から次の品種への切替え・調整を行い、完全な良品ができるまでの時間的なロスとして、段取り・調整ロスがあります。これは、設備の効率化を阻害するロスの1つとされます。段取り替えには、生産終了時の治工具類の取外し → 後片付け → 清掃（洗浄）→ 次の製品に必要な治工具類・金型類の準備 → 取付け → 調整 → 測定といった完全な良品が生産できるまでの一連の作業が含まれます。

（1）内段取りと外段取り

段取りには、次のように2つの異なった作業があります。

① 内段取り：設備の動作を止めて行う段取り、たとえば治具などの取付け、取外しなど

② 外段取り：設備の動作中に外側で行うことのできる段取り、たとえば治工具の取りそろえ、整理など

段取り作業の時間短縮のための基本的な進め方としては、まず内段取りと外段取りの2つの作業をはっきり分け、IE的アプローチにより内段取りと外段取りの標準化と時間短縮を図ります。次に標準化した内段取りの一部を外段取り作業へ転化します。

（2）調整の調節化

調整とは、ある目的に向かって試行錯誤の繰返しにより達成できるものです。また、人でなければできないもので、経験や判断によるカン・コツを最大限に活用するので、個人のスキルの差がもっとも現れやすいとされています。

一方、調節とは、機械に置き換えられるもの、あるいは機械的に（考えることなしに）できるものです。つまり、自動化・機械化・計測方法

の開発による数値化、設備・治工具の精度アップなどによって、作業の単純化・簡素化を図ることができます。

調整作業の内容を十分研究して、調整をいかに調節に置き換えるかが重要です。

価値工学（VE：Value Engineering）

GE社の技師であったL.D.マイルズが生み出した考え方で、製品の機能を改善しコストを低減する技術として価値分析（VA：Value Analysis）と名付けられました。その後、設計段階でもコストパフォーマンスの改善のためにVAが適用され、その技法が新たに価値工学（VE：Value Engineering）と名付けられました。

日本国内でも、1960年代から製造業を中心に価値工学が取り入れられ、調達部門、製造部門、設計部門などで広く浸透しています。

価値工学では、「価値」を「機能」と「コスト」で表し、次の式で定義されます。

価値（Value）＝機能（Function）／コスト（Cost）

コストは、原材料費などに限定することなく、製品のすべてにわたって発生するライフサイクルコスト（総費用）として計算します。

また、この価値を高める方法として、次の4つのケースを想定します。

①機能維持とコスト低減による価値向上

価値（Value ↑）＝機能（Function →）／コスト（Cost ↓）

従来と同じ機能のモノをより安いコストで提供することにより価値が向上する

②機能向上とコスト低減による価値向上

価値（Value ↑）＝機能（Function ↑）／コスト（Cost ↓）

よりすぐれた機能を持つものを安いコストで提供することにより価値が向上する

③機能向上とコスト維持による価値向上

価値（Value ↑）＝機能（Function ↑）／コスト（Cost →）

従来と同じコストでより機能の高いものを提供することにより価値が向上する

④ コスト増加以上の機能向上による価値向上

価値（Value ↑）＝ 機能（Function ↑ ↑）／コスト（Cost ↑）

コストは上がるが、よりすぐれた機能を提供することにより価値が向上する

機能を低下させ、それ以上にコストを下げることでも価値向上の式は成り立ちますが、機能の引き下げについては、別の製品やサービスの開発ととらえて、一般的に価値工学（VE）の範囲外とします。

FMEA と FTA

近年、システムが複雑化して、安全性・信頼性の要求が厳しくなっています。そこでシステムおよび構成品などが故障するのに先がけて潜在故障を仮定し、工学技術の知識および類似品の故障事例などの技術情報を用いて信頼性解析を行い、故障の発生防止を図るようになりました。

一般的にシステムの構成は小さいほうから「部品 → 組立品 → 機能品 → サブシステム → システム」となりますが、システム使用中の故障または欠陥の問題は「(部品故障) → (サブシステムの機能への影響) → (システムへの影響)」のように「小 → 大」に向けて検討します。このボトムアップ方式を取るのが FMEA です。

これに対して、「(システムの不具合) → (サブシステムの障害) → (部品の故障)」のように「大 → 小」に向けて検討する、トップダウン方式をとるのが FTA です。

図表 4・27 に FMEA と FTA の方式を示します。

図表 4・27 ■ FMEA と FTA の例

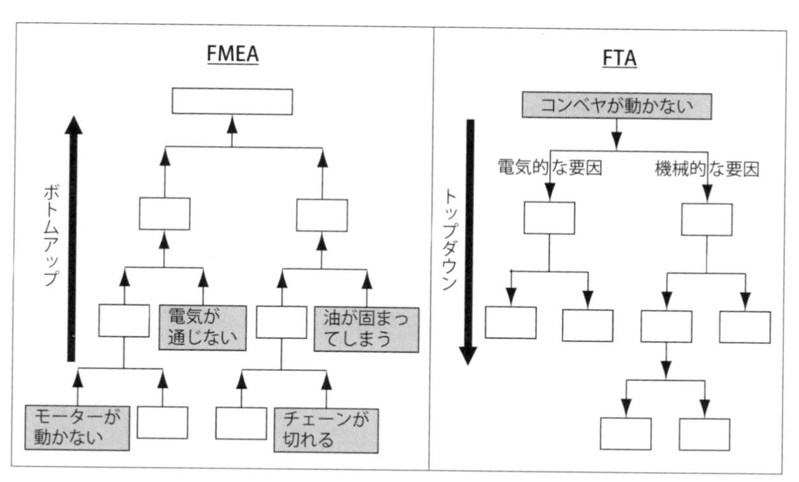

(1) FMEA（Failure Mode and Effects Analysis）

FMEAは、故障モードの影響度解析とも呼ばれ、設計品目の潜在故障がシステムに及ぼす影響度を解析する定性的な手法です。

設計されたシステムのすべての構成品目について、使用中の潜在的な故障モードを仮定します。この故障が上位構成品、サブシステム、最終的にシステムに及ぼす影響度を評価して信頼性上の弱点を指摘し、大きな故障モードに適切な対策を実施し、故障の未然防止を図ります。評価項目・基準（故障モードの発生頻度、影響度、検出難易性、人間への影響、検知時間、防止可能性）から、各故障モードの上位システムレベルの影響をランク付けします。

(2) FTA（Fault Tree Analysis）

FTAは故障の木解析とも呼ばれ、システム全体の特定欠陥事象の発生要因を遡及解析する、定性的あるいは定量的な手法で、故障論理の一種の図式解析手法です。

システム・設備・部品の開発・設計のとき、または使用時点において、信頼性または安全性上、その発生が好ましくない事象をトップ事象として取り上げ、その事象をもたらす可能性のある発生要因をそれ以上分解できない基本事象までさかのぼって分析します。

論理記号を用いて、木の枝を広げるように樹形図（Fault Tree ― FT図）を作成することによって、発生経路、発生原因、発生確率を予測・解析します。FTAはトップ事象の決め方で応用面が広く、事故解析や経営意志決定などのソフトウェア面にも活用されています。

(3) FMEAとFTAの比較

FMEAとFTAは、いずれも信頼性解析に用いられ、きわめて有効なことが知られています。この２つの手法は、問題に応じて個別または並行して用いると効果的です。

FMEAとFTAの比較を**図表4・28**に示します。

図表4・28 ■ FMEAとFTAの比較

名称	FMEA 故障モードの影響度解析	FTA 故障の木解析
適用	構成品目とシステムの設計図より、織り込まれた信頼性を評価する	システムの望ましくない欠陥事象（トップ事象）の原因系を求める
解析方法	すべての品目の故障モードを仮定し、システムへの影響、故障等級、対策案をFMEAチャートに記入する	トップ事象、中間事象、基本事象間の関係を、事象記号（事象関係）、論理記号（事象間の因果関係）を用い、FT図を作成する
特長	・ハードウェアの単一故障の解析に最適 ・構成品目のすべてについて故障の検討ができる	・ソフトウェアを含む多重故障の解析ができる ・トップ事象に無関係な中間、基本事象については解析されない
成果	FMEAチャートおよび致命的品目リストを用い、設計信頼性を信頼性要求と対比して、信頼性弱点を指摘、対策を実施して故障の未然防止を図る	FT図を用い、トップ事象の発生経路、致命的事象を定めることにより、関連したことの信頼性弱点の指摘し、対策を実施する

第5章

設備保全の基礎

＜学習のポイント＞

この章は、自主保全第４ステップ：総点検で学習する技能教育の内容に対応するものです。
清掃・給油・増締め・点検などの自主保全活動に必要な技能の理論、理屈を理解するために必要な内容です。設備保全の基礎を理解することによって、作業者はさらに高い技能を取得できることになります。

設備保全の基礎

設備は、業種や製造する製品の違い、工場や職場によっても千差万別です。

しかし、各設備に共通した機械要素、締結、駆動、潤滑などの基礎的で共通的な部分も多く、これらを学ぶことは非常に大切です。このような設備保全の基礎を身につけることにより、点検の効率化、不具合や微欠陥の発見、またその兆候や故障・不良などの原因となる設備要素を、時系列で管理できる力を養うことが大切です。

すなわち、設備の劣化状態を日常点検で測り、故障や不良を予防することにつながります。

機械要素

2・1 締結部品（ねじ、ねじ部品）

機械の締結部品には、ねじ（ボルト・ナット）、座金、ピン、リベットなどがあります。締結部品は、2個以上の機械要素構成品を固定することを目的とした部品です。

締結用ねじはあらゆるところに使用され、動力伝動には欠かせない機械要素部品です。これら機械要素部品の種類は非常に多く、小さな要素品ではありますが、「ゆるみ、抜け」は直接、設備の故障につながり、他のトラブルを誘発して連鎖的に大きなトラブルを引き起こす原因となります。基本を身につけ「点検、増締め」の精度をあげましょう。

(1) ねじ（ボルト・ナット）

ねじは、円筒や円すいの面に沿ってらせん状のみぞのある固定具全般を指す総称です。さまざまな機械や用途に合わせて多種多様な種類があり、次のような役目（用途）を持つものに分類できます。

- クランプねじ：部品を他の部品に締め付ける（一時的締結）、部品を他の部品へ取り付ける（半永久的締結）
- 調整ねじ：機械部品と部品との関係をわずかの範囲で調節する
- 送りねじ：回転運動を直線運動に変換し（逆もある）、ほかの機械部品の位置を移動させる

① ねじの原理

直角三角形の紙を円筒上に巻き付けたとき、この直角三角形の長辺がつくる曲線はらせん状となります。これを「つる巻線」と呼びます。

つる巻線の傾きを示す角度（β）をリード角といいます。つる巻線に沿ってみぞを掘ったものと、さらに円筒内に同様の細工をしたものを組み合わせて使用することで、小さな力で大きな締結力を発生させ

たり、円運動を直線運動に変えること（この逆も可）ができるようになります（**図表5・1**）。

図表5・1 ■　ねじの原理

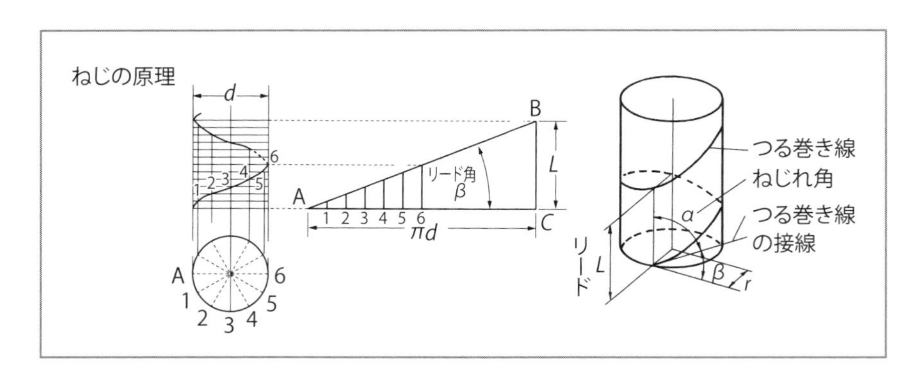

② ねじの基本事項

・おねじとめねじ

おねじ：つる巻線にそって円筒上にみぞを切ったもの（例：ボルト）

めねじ：円筒内にみぞを切ったもの（例：ナット）

・一条ねじと多条ねじ

一条ねじ：1本のつる巻線でつくられているねじ

多条ねじ：2本以上のつる巻線でつくられているねじ

・リードとピッチ

リード：ねじを1回転させたとき、ねじ山の進む距離

ピッチ：互いに隣り合ったねじ山の中心線間の距離

リードをL、ピッチをP、条数をnとすると、

$$L = n \times P$$

の関係となります。

また、一条ねじでは$L = P$となり、多条ねじにすれば回転が少なく早く締め付けることができますが、その分締付けが弱くなり、ゆるみやすくなります。

＜有効径＞

おねじの外径をd、谷の径をd_1と呼びます（**図表5・2**）。

図表5・2■　メートル並目ねじの基準山形（JIS B 0205）

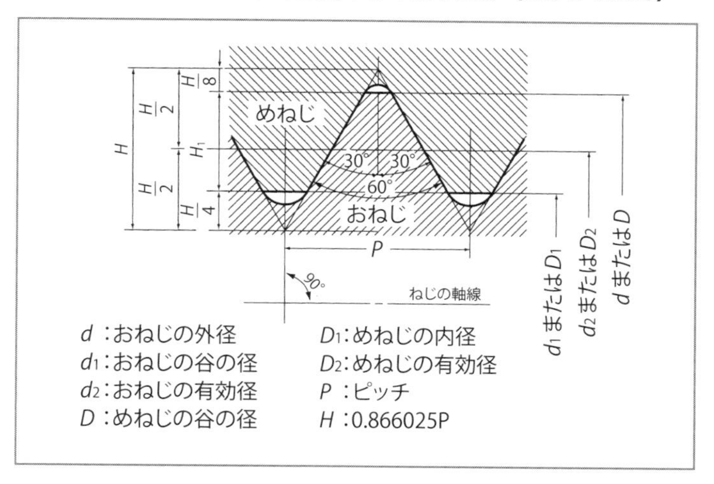

有効径は、ねじの山の部分と谷の部分の寸法が等しくなるような、仮想的な円筒（または円すい）の直径をd_2といいます。ねじの外径・内径・谷径などは、直接目で確認することができますが、有効径は確認できません。有効径は、ねじの強度計算や精度測定を行うときの基準となる寸法です。

＜ねじの表し方＞

ねじの表し方は数多くありますが、たとえばM10とは「メートルねじで、呼び寸法が10mmのねじ」を指します（**図表5・3**）。

呼び径は、ねじの寸法を代表する直径で、主としておねじの外径の基準寸法が使われます。**図表5・2**では、おねじの外形dが呼び径となります。

③ ボルト・ナットの締結のしくみ

2枚のフランジをボルト・ナットで締め付けている状態で説明します。ナットを締め付けるにしたがって、ボルトは上下方向に引っ張られ、ごくわずかですが伸ばされます。このとき、ボルトには引張り軸力が作用

図表５・３ ■　三角ねじの種類と特徴

名　称	ねじ山の角度	ねじの形状		ピッチの単位	呼び径の寸法	表示法
		山頂	谷底			
メートルねじ	60°	平ら	丸み	mm	mm	並目　M10
						細目　M10 × 1.25 M10 × 1 M10 × 0.75
ユニファイねじ	60°	平ら	丸み	山　数 インチ	番号または インチ	並目　3/8-16UNC
						細目　No.8-16UNF

し、反作用として締付け軸力が内部に発生します。この締付け軸力が、ボルト・ナットの座面を介してフランジの圧縮力（締付け力）になります（**図表５・４**）。

図表５・４ ■　締結のしくみ

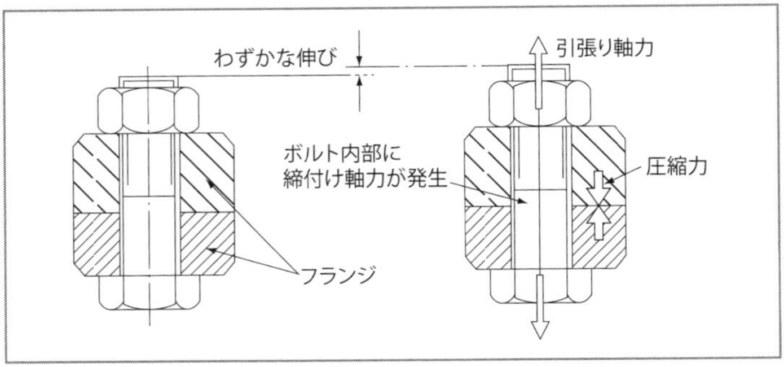

④ ボルト・ナットの締付け力

＜締付けトルク＞

ねじを回して締め付けるときに、回転方向に回す力を締付けトルクといいます。適正な締付けとは、ボルトに必要な軸力を与えることです。一般に、ボルトの締付けにはスパナを使用します。これによりナットに締付けトルクを与えて、必要な軸力（締付け力）を発生させます。

締付けトルクは、ボルトの軸心から作用点までの距離 L と回す力 F の積で次の式で求められます。

$$T = F \times L \ (\text{kg}\cdot\text{cm})$$

⑤ ねじのゆるみと対策

「ねじのゆるみ」とは、ボルトの締付けで生じた軸力が必要値以下に低下するか、なくなってしまう現象をいいます。

<ゆるみが起きやすい個所>

・衝撃荷重のかかるところ

・振動の発生しやすいところ

・温度変化の激しいところ

・機械・装置の内部構造に使われ、保守管理が困難なところ

■ゆるみの原因1：ナットが回転しないで生じるゆるみ

ねじのゆるみをまとめたのが**図表5・5**です。

図表5・5■ ねじのゆるみの分類

ナット回転の有無	ゆるみの原因
ナットが戻り回転しない	① 接触面の小さな凹凸のへたり ② 座面部の被締付け物への陥没 ③ ガスケットなどのへたり ④ 接触部の微動摩耗 ⑤ 熱的原因
ナットが戻り回転する	⑥ 衝撃的外力 ⑦ 被締付け物同士の相対的変位

<接触面の小さな凹凸のへたり>

ねじの締結体は、一般に**図表5・6**のようにボルトやナットの座面部、締結された品物同士の接合面のそれぞれで圧縮力によって接触しています。これらの接触面にある小さな凹凸が、面圧の変動によってつぶされて平坦化され、**図表5・7**のように接近し、これにより締付け長さが減少してボルト軸力が低下します。

図表５・６■　ねじ締結体における接触部

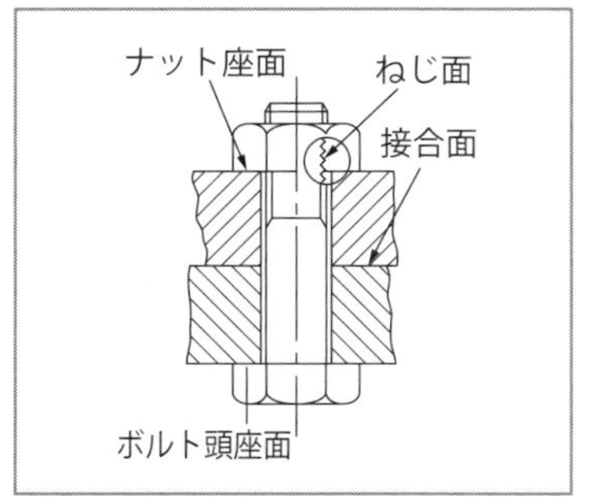

図表５・７■　接触面の凸凹が平坦化することによって生じる接近

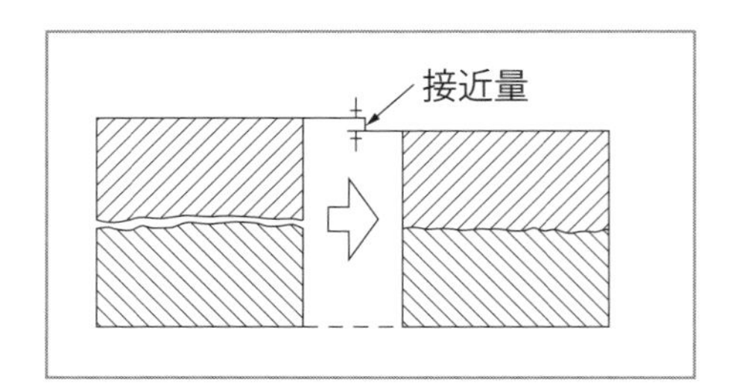

<座面部のへこみによるゆるみ>

座金や締め付けられるものの材料がボルトやナットに比べて軟らかい場合は、締付け力によってボルト頭部がその座面にめり込んで、ゆるみを生じる陥没ゆるみがあります（**図表５・８**）。

図表５・８■　ナットまたはボルト頭部の被締結物表面へのめり込み（陥没）

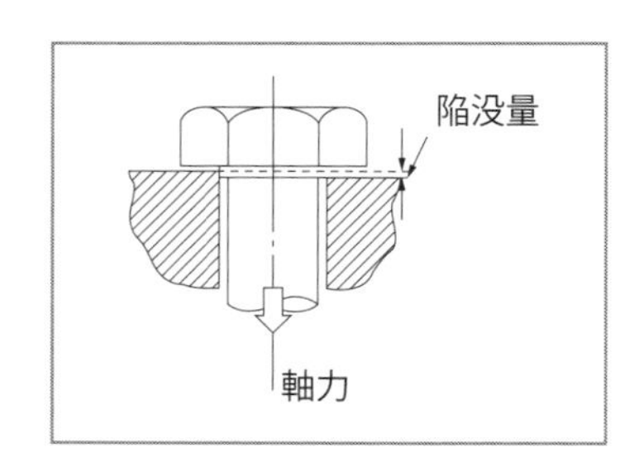

<ガスケットなどのへたり>

時間の経過や熱を受けて、ガスケットにはへたりが発生し、ボルトの締付け力が低下します。

<熱影響によるゆるみ>

高温下で使用されるところでは、締付け片に比べてボルトの熱膨張率が大きいとゆるみやすくなります。

■ゆるみの原因２：ナットがゆるみ方向に回転する場合

締結されたねじには伸びが生じて、常にゆるみ方向に回ろうとする力が作用しています。この回転を止めているのは、ねじ部および座面の摩擦力です。

<衝撃的外力によるゆるみ>

ねじ締結部に、短時間に激しい外力が作用すると、ねじ面に圧縮衝撃が起きます。この衝撃力が、締付け力によって生じているねじ面の接触圧力以上になったとき、ボルトのねじ面とナットのねじ面が離れます。次の瞬間戻って再接触するとナットの戻り回転の原動力となり、衝撃的外力によるゆるみとなります。

<締付け片との相対的変位によるゆるみ>

一般的に、ナットが回転してゆるみを生じる場合は、繰返しの外力が作用して締付け片同士、締付け片と座面間で相対すべりを起こし、ナットが回転してゆるむことが多くなります（**図表5・9**）。

図表5・9■　ナットのゆるみ

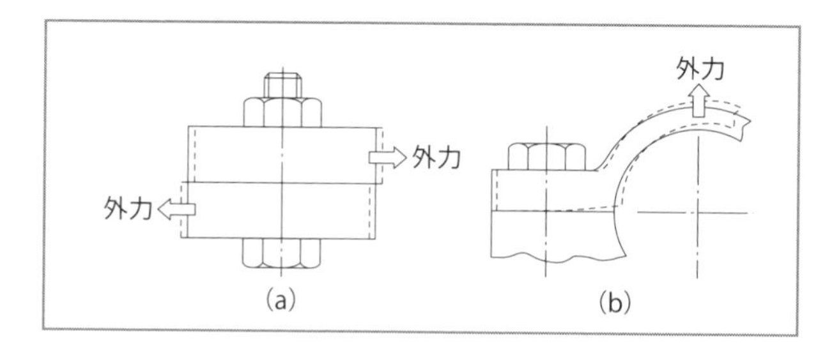

<ボルト・ナットの劣化>

ゆるみ以外の問題で、ねじが固着してねじをゆるめられないことがあります。固着する理由としては、ねじの部分（山・谷）に発生したすきまに水分、腐食性ガス、腐食性液体が浸入して錆が発生します。この錆は酸化鉄であり、もとの体積の数倍に膨張するためにすきまを埋めつくし、ナットがゆるまなくなります。また、高温に加熱されたときも酸化鉄が生じ、同じようにゆるまなくなるので注意が必要です。

⑥ ゆるみ止め対策

原因がわかっている場合は、材料を見直したり、座金やシールを交換するなどの対策を行います。また一般的なゆるみ止め対策としては、次のような対策が有効です。

<同じサイズのねじならば、並目ねじより細目ねじを使用する>

細目ねじは並目ねじと比べてリード角が小さいため、ゆるみが発生しにくいという特徴があります。ただし、ねじ山の強度は並目ねじのほうが大きいので、特徴や使用条件を確認して使用してください。

<締結部のすべての接触面の摩擦係数が大きいほど、ゆるみにくい>

締結部の状態やねじの形状などから、摩擦係数をあげられるかどうかを検討してください。

・ボルト・ナットが回転しないよう、なんらかの方法でロックする

<二重ナット（ダブルナット）>

たとえば、二重ナット（ダブルナット）（**図表5・10**）は、ねじの緩み止めの手段として広く使用されています。二重ナットによる締付け作業は、次のような手順で行います。

・下の止めナットを適正トルクで締め、軸力を発生させる
・上の正規ナットをねじ込み、適正トルクで締め軸力を発生させる
・ロッキング作業は、上の正規ナットを1つのスパナで回り止めして、下の止めナットを他の薄いスパナで逆方向に15°～20°回転する。このロッキング操作のことを「羽交い締め」という

図表5・10■　二重ナットのイメージ

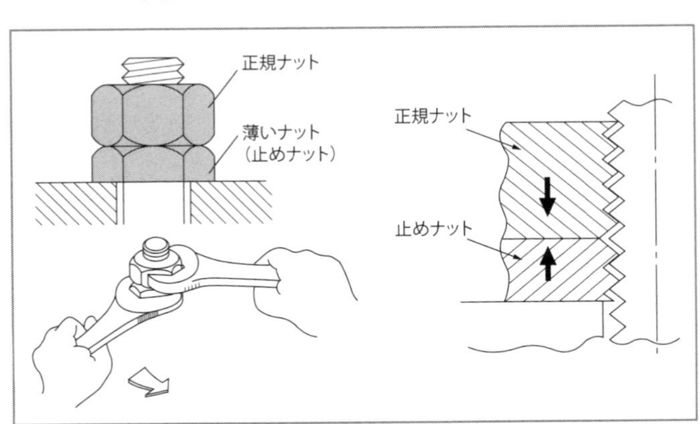

二重ナットにおける上下ナット配置としては、上下とも正規ナットを使用する方が羽交い締めの際両方に標準厚さのスパナが使えるので好都合ですが、締付け軸力とロッキング力の和を上ナットが負担し、下ナットはロッキング力だけを負担するので、**図表 5･11** のように「上に正規、下に薄い」型のナットを配置するのが効果的です。

⑦ 自主保全活動でのポイント

締結は「増締め」「点検」において重要なポイントです。ねじのゆるみや抜けは振動や漏れにつながり、大きなトラブルの原因になります。増締めと点検時のゆるみの発見につながる合マークのポイントは後述します。

図表 5・11 ■　二重ナットにおける上下ナットの配置

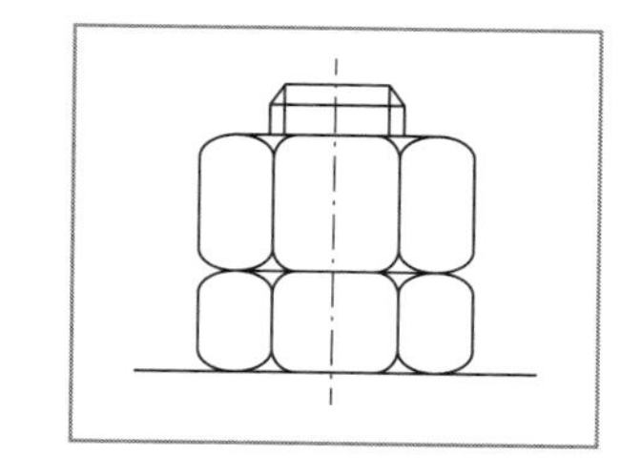

＜増締めのポイント＞

・ボルトの直径別、締付け力

スパナによる締付けでは、ボルトにより**図表 5・12** のような目安があります。

図表 5・12 ■　スパナによる締付け

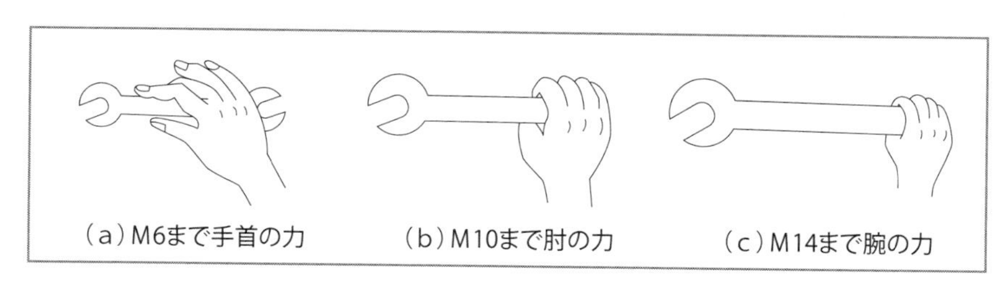

・M6 以下のボルト：人指し指・中指・親指 3 本でスパナを持ち、手首の力だけで締める
・M10 までのボルト：スパナの頭を握り、肘から先の力で締め付ける
・M12 ～ M14 までのボルト：スパナの柄の部分の端をしっかり握り、腕の力を十分にきかせ締め付ける

モンキーレンチの使用時の注意 Column

締付け具として、通常はスパナのほか、一般的な工具としてモンキーレンチ（写真）が使用されています。

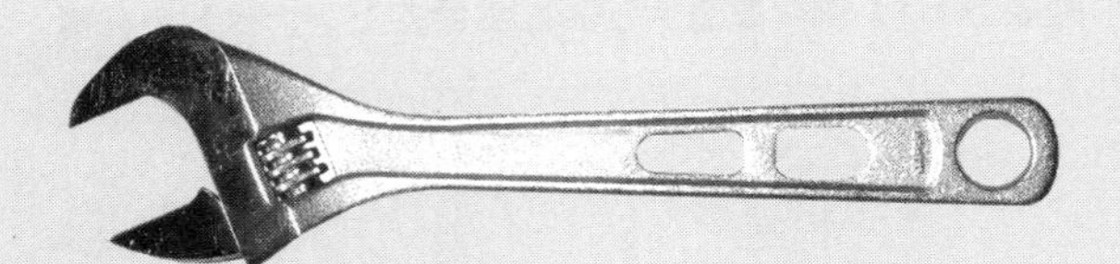

モンキーレンチは自在に調整ができて、幅広く各種サイズのボルト・ナットに対応できる一方で、スパナと異なり、次の理由により、自主保全では「非常用の工具」と認識しており、多用しないことが望ましいとしています。

●片面（下あご）が調整式構造となっているため、適正なトルクをかけにくい
●正しい使い方をしてもはずれやすく、反動で手・腕を周囲にぶつけてケガをしやすい
●ボルトの山をつぶしやすい
●ボルトに規定以上の力がかかりやすく、ボルトの折損の危険がある　など

<フランジなどを締め付ける場合>

・ボルトの締付け順序は、相対締付け法による

・番号の順番に（対角を締め付け、次に90度角度を変えたところ）仮締めを行い、その後に本締めを行う。フランジ間のすきまが一定になるように締め付ける（**図表5・13**）。

図表5・13■　ボルトの締付け順序

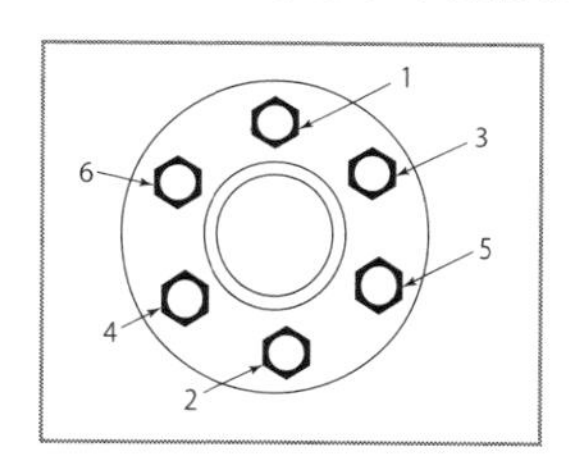

<合マーク>

一般にねじの締付け力は、強すぎると破損し、弱すぎるとゆるみやすくなります。使用条件に合った適合ボルトやナットで、きちんとした座面に適正に締め付ければ、ゆるむことはほとんどありません。しかし、しっかり締め付けても座面の状態、外力のかかり具合、温度などの影響でゆるむことはあり、直接・間接的に設備のトラブルの発生を招くことがあります。

そこで、ゆるみによるトラブルの発生を防ぐために、ゆるみが容易に発見でき、即座に増締めができるように、締結物とボルト・ナットに合マークをつけます。これによって、ゆるみがひと目で見てわかるように工夫されています（**図表5・14**）。

図表5・14■　合マークの例

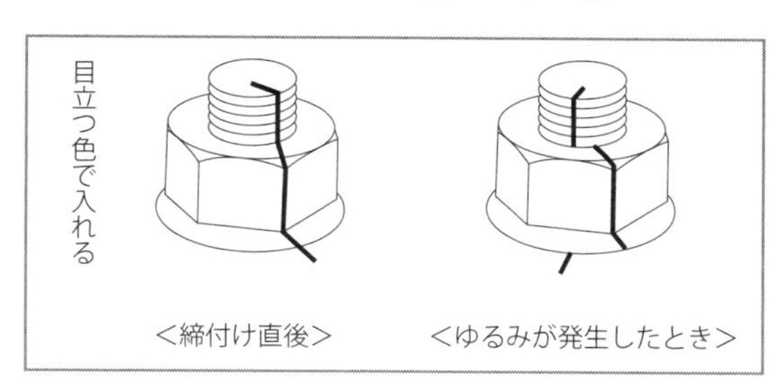

第5章
設備保全の基礎

(2) 座金（ワッシャー）

座金は、ねじと組み合わせて使われる補助的な締結部品で、ねじ部品とも呼ばれます。平座金、ばね座金などが代表的です（**図表5・15**）。

図表5・15 ■ おもな座金の種類と形状

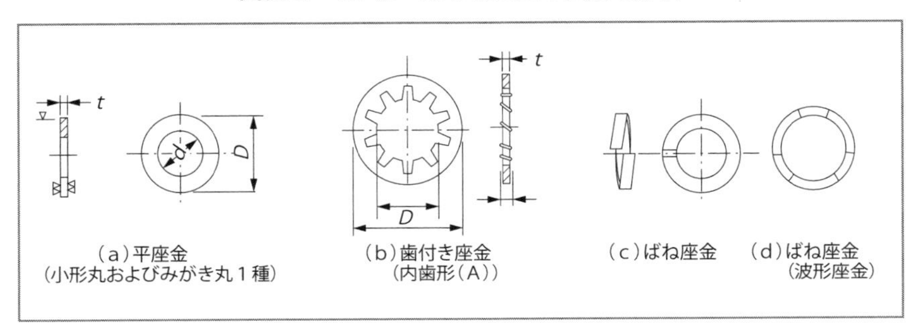

座金は、次のような目的・用途で使用されます。

① 座面の損傷防止・陥没防止

・穴とねじのすきまにふたをして、ねじやナットの座面に十分な面積を供給します。また、軟らかい、もろい部品、あるいは表面の凸凹の大きい部品に対し、締付けによる応力を適当な広さに分散させて部品の損壊を防ぎ、仕上げ面を保護します。

② ねじの落下・ゆるみ防止

・ばね力を持つ座金は、ねじやナットの伸びを吸収し、締付けを確実にすることでゆるみを防ぐ目的がある

③ 流体の侵入・漏れ防止

・ゴムやプラスチックなどを利用して、気体や液体の漏れ止めを確実にする。そのほか、材質によっては電気的な絶縁、あるいは導通を確実にする

④ 座面の傾斜を補正する

・テーパワッシャーは、L材または鋼など斜めの場所に使用する

(3) キー

① 特徴と用途

キーは、回転軸に歯車、カップリング、スプロケット、プーリーなどを締結するために用います。キーを取り付けることで動力を効率よく伝えることができます。

キーの種類は、キーをはめ込むキーみぞがあるものとないものに大別されます。キーみぞがあるものは、動力伝達用で、キーみぞがないものは軽荷重用で、荷重条件や構造、機能に応じて多くの形状が選ばれます。

各部寸法は、とくに指定されていない場合は、すべてJISに定められた規格を選び、長さLは1.5D（Dは軸径）で製作します。また、材質は軸材よりもいくらか硬いものを用います。**図表5・16**にサドルキーの例を示します。

図表5・16■ サドルキーの例

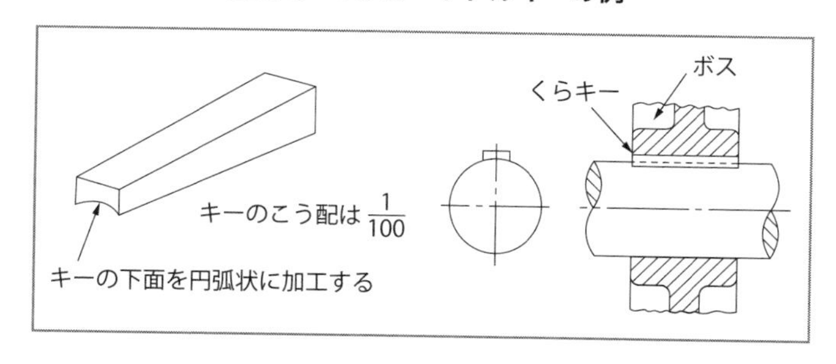

② 点検ポイント

軸の回転力はキーの側面に伝えられ、さらに側面を介して歯車やプーリーに回転力が伝わります。キーの両サイドにすきまがあると回転力を伝えるときにショックを受けるので、この両サイドの管理が点検時のポイントになります（**図表5・17**）。

図表 5・17 ■　キーの点検ポイント

部品名	運転中の点検	停止中の点検
キー	① 異音が1回転に1回発生しているかどうか聴く ② 運転者が正逆転時にガタつきを感じるか ③ ブレーキをかけたときに衝撃を感じるか	① キーの抜け出し状態を調べる ② キーの側面とボスや軸との間にすきまがあるかどうかを調べる すきま　ボス　すきま　キー　軸 ③ 粉じんなどのある個所のキー部は、キーもめがないと粉じんのため、ボスと軸の境目が見えないが、キーがもまれていると、この間の境目が亀裂のように見える

(4) ピン

① 特徴と用途

ピンは小径の丸棒で、一般に機械部品の取付け位置を一定にする場合や、ハンドルと軸との位置を固定するためなどに用います（**図表5・18**）。

図表 5・18 ■　ピンの種類と構造

	構　造	使　用　例
① 平行ピン	r=d　d　l	① ノックピン……2個以上の部品を締結したら、その状態で一緒に穴をあけて（とも穴という）、そこにピンを打ち込み、位置決め用に使う。平行ピンとテーパピンの両方が使われる
② テーパピン	テーパ　1/50　d　l	② テーパピンは、軸にボスを固定する場合に使う ボス　軸　テーパピン
③ スプリングピン		③ スプリングピン……組立用の固定用やノックピンとしても使う
④ 割ピン	d　l ミリ寸法のものの長さはくび下の寸法をいい、直径は呼び径（割りピン穴径）より細目である	④ 割ピンの断面は円形になっていて、使用例は多く、ピン穴に通した後開いて抜け止めする チェーンでの使用例

② 点検ポイント

・取り付けたピンの脱落はないか

・ピンに破損や形状の変形はないか

・固定した位置にズレはないか

(5) コッター

コッターは、軸方向に押したり引いたりする力を受ける2本の棒をつなぎ合わせるもので、実際の使用例は多くありません。機関車の連結ロッドの継ぎ部や、自転車のペダルの付け根と軸の固定などに使用されています。

断面は長方形で、片側または両側にこう配のついた平らな板か、丸棒の両サイドを切ったコッターピンのようなものを使用します。最近は、製造・加工が行いやすいコッターピン式のものが増えています。

図表5・19にコッターの構造、**図表5・20**にコッターとピンの点検ポイントを示します。

図表5・19■ コッターの構造

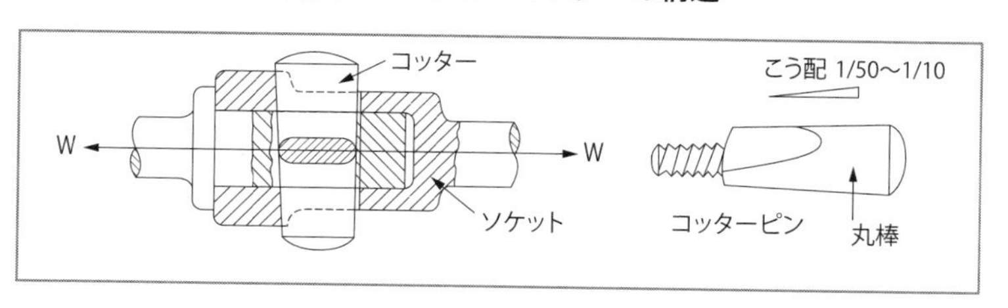

図表5・20■ コッターとピンの点検ポイント

部品名	運転中の点検	停止中の点検
コッター	① 起動時や逆転時にコッター部から異音やガタつきが感じられるか	① コッターの抜け止めは正常か ② コッターのガタや摩耗はないか ③ コッター周りの段付き部に亀裂がないか
ピン	① 固定部のズレはないか ② から回りしていないか	① 脱落はないか ② 折損はしていないか

2・2　軸・軸受・軸継手

(1) 軸

軸とは、両端を軸受で支持され、回転により動力を伝える丸棒状の機械要素です。軸の種類には、伝動軸、主軸、車軸があります。

伝動軸は歯車やプーリなどを介してトルクを伝えるもっとも汎用的な軸で、曲がりによる振動・異常音やキーみぞや段付き部での亀裂発生が保全上の注意事項となります。

主軸は伝動軸の太く短いもので、例として旋盤の主軸があります。車軸は垂直荷重を受けながら回転する軸で、例として電車の輪軸があります。

(2) 軸継手

減速機を回転させるには、減速機の入力軸とモーターの軸とを連結する必要があります。このような軸と軸とを連結する必要がある場所で用いられる機械要素が軸継手です。

両軸の連結においては中心をそろえることが基本であり、不良の場合には機械の寿命の低下、振動発生の原因となります。

おもな軸継手の構造を**図表5・21**に、**図表5・22**に継手の特徴を示します。いずれの軸継手を使うにしても、連結部分が水平、垂直、直線となるように位置を調整する芯出し作業が重要となります。

図表 5・21 ■ おもな軸継手の構造

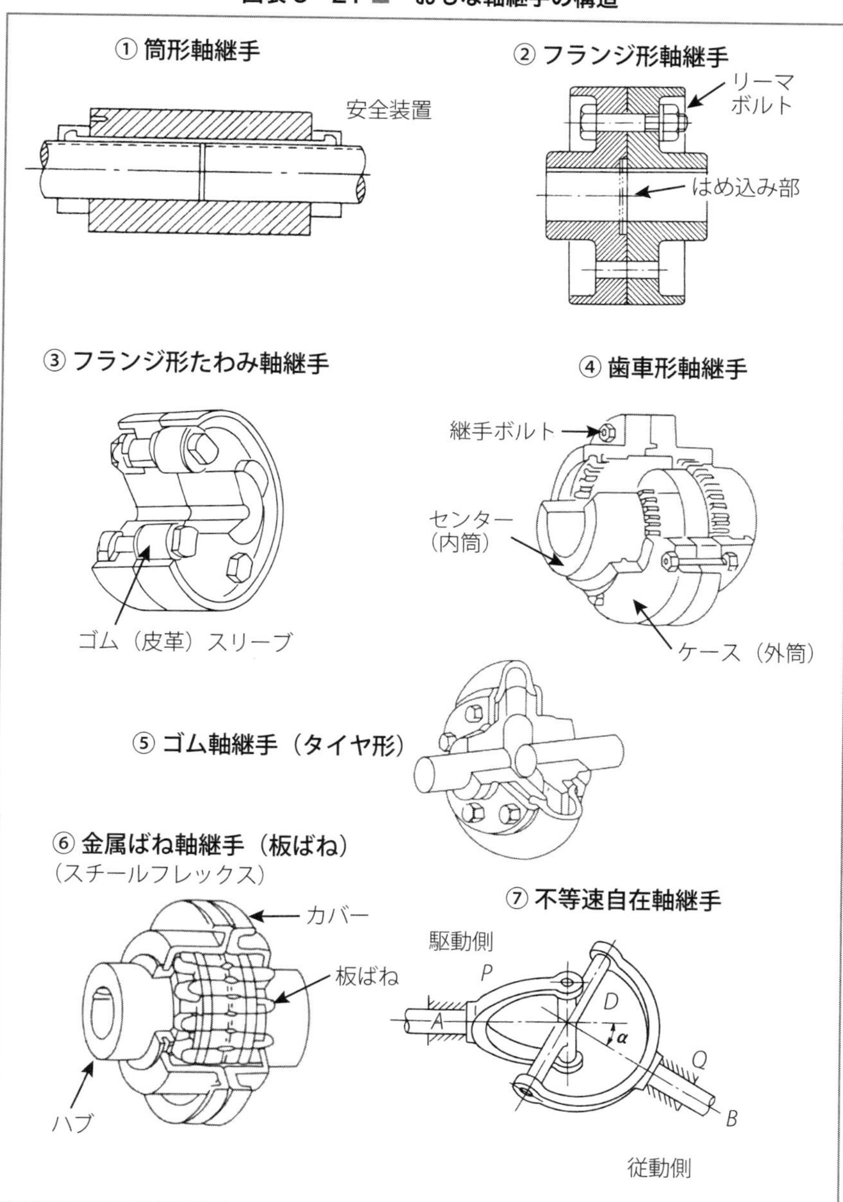

図表５・22 ■ 軸継手の特徴

分類	名称	特徴
固定軸継手	① 筒形軸継手 (スリーブ継手)	構造が簡単で、小径の軸に用いられる。軸方向の力を受けられない。取り扱いやすく、安価
	② フランジ形固定軸継手	フランジを両軸端に取り付け、ボルトで締め合わせるもの。大型軸、高速精密回転軸に使用。構造が簡単で、安価。偏心許容値 0.03 以下
たわみ軸継手	③ フランジ形たわみ軸継手	フランジをとめるボルトをゴム、皮などのブッシュで支持し、その変形で軸心の狂いを許容。ブッシュの摩耗、変形には交換が必要。潤滑は不要。起動時の衝撃吸収、偏心許容値の 0.05 以下
	④ 歯車形軸継手 (ギヤカップリング)	たわみ量が大きく、伝達容量も大きいが、高価であり、オイルまたはグリースによる潤滑が必要。保守が難しい。交差角（傾斜角）許容値 1.5°以下
	チェーン軸継手 (チェーンカップリング)	たわみ量は中程度だが、衝撃荷重には向かない。コンパクトだが、ほかに比較してやや性能に問題あり。潤滑が必要。偏心許容値(チェーンピッチ）の 2%以下
	⑤ ゴム継手	継手本体の結合をゴムによって行うため、比較的大きな軸心の狂いを吸収できる。種類は多い。起動時の衝撃吸収
	⑥ 金属ばね軸継手	板ばね、コイルばね、ダイヤフラム、ベローズなどをたわみ材として使用する軸継手。潤滑は、必要なものと不要なものがある
自在軸継手	⑦ 不等速自在軸継手 (ユニバーサルジョイント)	2 軸が同一平面上にあり、中心線がある角度で交わる場合の軸継手。小容量の伝動向き。交差角（傾斜角）許容限界値 30°以下
	等速自在軸継手	等速伝達を可能にした自在軸継手。自動さの駆動軸などに広く使用。小容量の伝動向き。交差角（傾斜角）許容限界値 18 〜 20°以下

(3) 軸受

各種機械に多用され、回転する機械には必ず存在する機械要素です。軸の摩擦を減少させ、正確に回転させるための部品です。

軸受は、ころがり軸受とすべり軸受の２種類に分類されます。

すべり軸受は、軸と軸受がじかに接触しています。ころがり軸受は、転動体を介して軸を支えていて、工作機械にはほとんどといっていいほど使用されています。

ころがり軸受とすべり軸受の摩擦特性の差によって、次のような特性があります。

・大荷重の場合はすべり軸受が有利

・潤滑・保守・互換性においてはころがり軸受が有利で、電力費や駆動設備の節減につながる

図表 5・23 〜 25 に軸受の構造を示します。

図表 5・23 ■ 深みぞ玉軸受の構造例

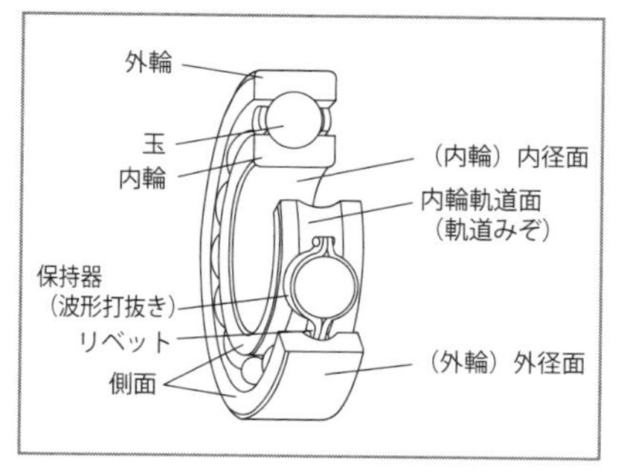

図表 5・24 ■ 円筒ころ軸受の構造例

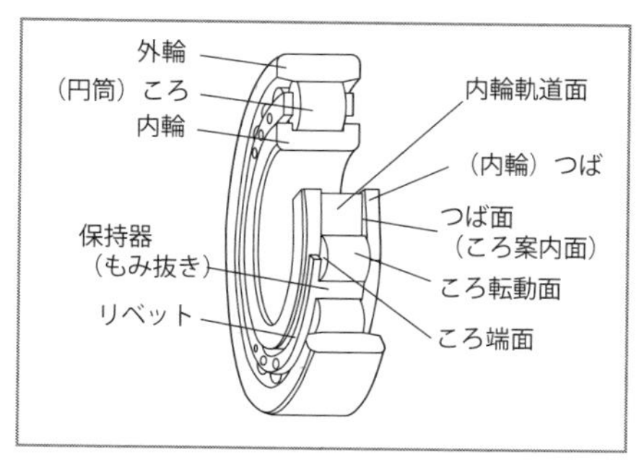

図表 5・25 ■ すべり軸受の構造例

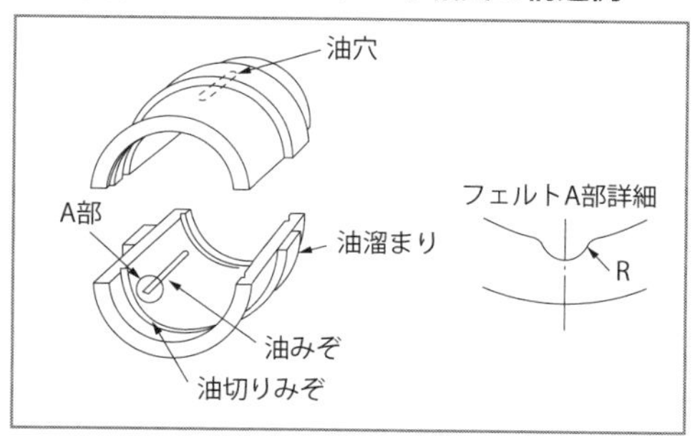

① すべり軸受

＜特徴＞

すべり軸受は、軸と軸受の面が直接接触（面接触）しているので、ころがり軸受（点接触または線接触）と比べて、次のような特徴があります。

- 許容荷重が大きく、また運転中の振動・騒音が少なく、静かな運転が得られる高速、高荷重、衝撃荷重に対して強いので、タービンや圧延機の大型軸受などに使用される
- 潤滑状態や取扱いがよいと軸受の摩耗が少なく、寿命は半永久的である

しかし、互換性が低く、摩擦抵抗が大きいため、使用環境の温度や潤滑不良による損傷に敏感であるという欠点があげられ、場合によっては、軸受の損傷だけにとどまらず、軸の損傷にもつながることがあります。

＜日常点検管理のポイント＞

- 軸受の温度、騒音、振動の点検・記録を定量的・周期的に行う
- 潤滑油の量、圧力、温度の点検・記録を確実に行う
- 潤滑油の性状管理を定期的に行う

② ころがり軸受

＜特徴＞

ころがり軸受の一般的な特徴をまとめると、次のとおりです。

- ラジアル荷重とスラスト荷重を1個の軸受で受けることができる（円筒ころ軸受とスラスト軸受の一部を除く）
- 摩擦が少なく、とくに起動摩擦が低い軸受の寿命は、繰返し応力による疲れがもとになる
- すべり軸受と比べて、摩耗などが少ない
- 寸法および精度が標準化されていて、簡単に入手できる

＜軸受潤滑剤＞

軸受は潤滑管理がもっとも重要で、適正に管理されていれば寿命は半永久的です。

ころがり軸受に用いる潤滑剤は、主として潤滑油とグリースです。また、特殊な環境、条件の場合には、二硫化モリブデン、グラファイトなどの固体潤滑剤が使われることもあります。

<点検ポイント>

●軸受単体の点検

洗浄後の軸受は、軌道面、転動面およびはめあい面の状況、保持器の摩耗、軸受すきまの増加、寸法精度の低下などについて点検します。外観の点検については、以下のとおりです。

・軸受の外側の面に若干の油焼け腐食があっても、使用上さしつかえないと見なすことができる
・次に示すような場合は、その軸受は使用不可とする
　a：軌道輪の破損または割れ
　b：シールまたはシールド板にきずまたは凹み
　c：保持器の破損、割れまたは摩耗大
　d：転動体（玉またはころ）の破損または割れ
　e：転動体表面、軌道面のフレーキング
　f：過熱された軸受（褐青色、青黒色のテンパーカラーなど）
　g：軌道面の圧こん

●運転中の点検

・騒音や振動に注意する
・駆動動力が大きくないか
・軸受温度上昇はないか
・油温の上昇はないか

●日常点検管理のポイント

・軸受の温度、騒音、振動の点検・記録を定量的・周期的に行う
・潤滑油の量、圧力、温度の点検・記録を確実に行う
・潤滑油の性状管理を定期的に行う

2・3　歯車・ベルト・チェーン（伝動）

駆動とは動力を与えて動かすことをいい、設備・機械における仕事は、動力を原動力から主軸に、主軸からほかの軸を経由して作業位置まで伝達して、はじめて達成できます。生産設備が高速度化・高精度化へと進化するほど、動力（トルク）を伝達する役割を持つ軸関係部品の取扱いや保全は大切な要点となります。

図表5・26に駆動・伝達系統のフローチャートとシステム図を示します。また、おもな機器の機能とチェックポイントを**図表5・27**に示します。

図表5・26 ■　駆動・伝達系統のフローチャートとシステム図

①電動機 ― ②プーリー ― ③Vベルト ― ④伝達軸 ― ⑤スプロケット ― ⑥チェーン ― ⑦軸受 ― ⑧軸継手

②プーリー
⑧軸継手
④伝達軸
⑦軸受
③Vベルト
⑥チェーン
①電動機
伝達軸
機械
伝達軸
⑤スプロケット

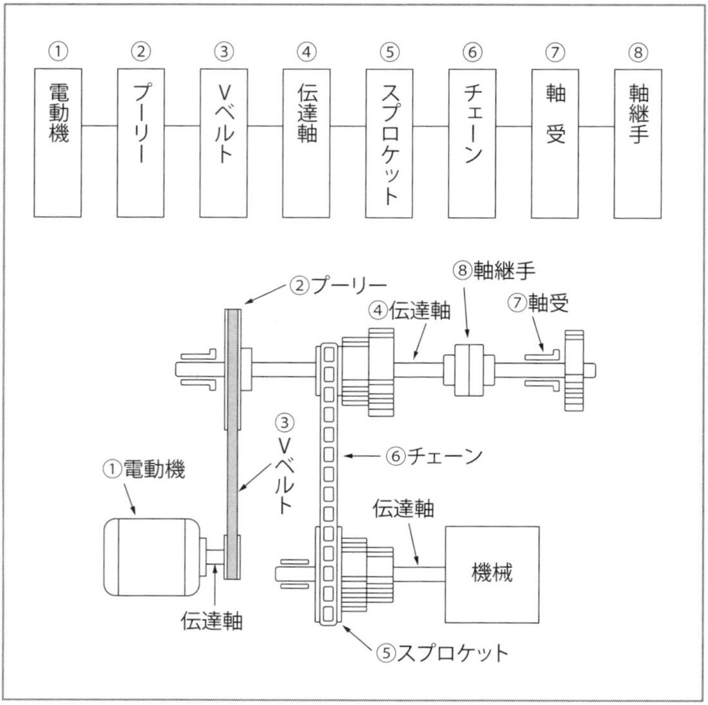

図表５・27 ■ 駆動・伝達系統の機能・チェックポイント

No.	名　称	機　能	チェックポイント
①	電動機	電気エネルギーを回転エネルギーに変換する	過熱、異音、振動、異臭
②	プーリー	回転エネルギーの伝達	きず、芯ズレ、摩耗
③	Vベルト	回転エネルギーの伝達	油汚れ、芯ズレ、安全カバーの取付け状態、摩耗、劣化、ヒビ・亀裂、伸び
④	伝達軸	回転エネルギーの伝達	曲がり、ガタ、偏心、キーのはめ合い、固定ボルトのゆるみ、振動、異音
⑤	スプロケット	所定の回転数に減・増速する	取付けのガタ、異音、異臭、摩耗、過熱、キーみぞの摩耗、振動、油量
⑥	チェーン	回転エネルギーの伝達	伸び、芯ズレ、摩耗、安全カバーの取付け状態、油切れ
⑦	軸受	伝達軸を支える	発熱、偏心、油切れ、ガタ、振動、異音、異臭
⑧	軸継手	伝達軸の連結	芯ズレ、給油、ガタ、安全カバー

（1）歯車

機械用語では、歯車を「車の周囲に歯をきざみ、そのかみ合いによって２軸間に動力を伝える装置」と表しています。歯車は、次のような場合に用いられています。

① ２軸間の距離が比較的短いとき
② ２軸の一定速度比を必要とするとき（減速あるいは増速）
③ 伝達動力が大きいとき
④ 回転が比較的遅いとき

歯車の歯形には２つの種類があります。

① インボリュート歯形：ほとんどの歯車に用いられている
② サイクロイド歯形：精密機械や計測機器用の小型歯車に用いられる

歯車伝動装置は、一定の速度比でしかも大きな動力を伝えることができます。この動力を円滑に伝えるためには、伝達動力の大・小、軸の回転数、あるいは回転を伝える２軸の位置など、使う条件に合わせて各種の歯車を適切に用いなければなりません。**図表５・28** に代表的な歯車の例を示します。

図表5・28 ■　代表的な歯車の例

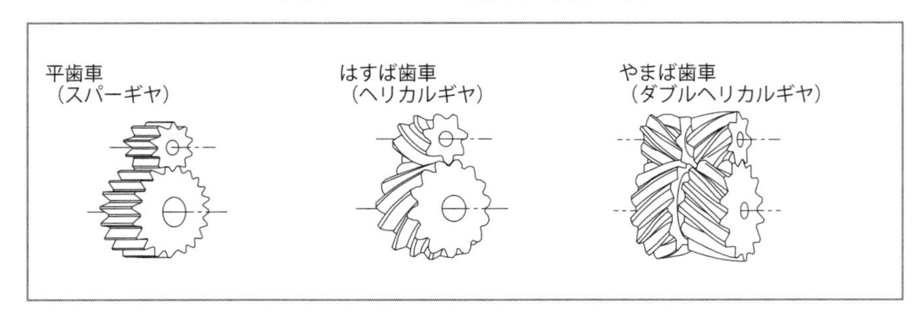

<潤滑>

歯車の摩擦は、すべり軸受ところがり軸受の摩擦面を混合した状態にあるので、潤滑はとても重要です。

<点検ポイント>

歯車の点検ポイントは以下のとおりです。

① 音響状況
② 音の種類が歯車かみ合い音か軸受の故障による音か
③ 発生音は周期的（または連続）か
④ 負荷、無負荷での変化はどうか
⑤ 振動状況
⑥ 振動発生の部位と振動方向が減速機本体の振動か（軸受の一部の振動か）
⑦ 温度状況
⑧ 発熱の部位は減速機本体（ケーシング）か軸受の一部が発熱か
⑨ 潤滑油温

(2) ベルト伝動装置

ベルト伝動装置は、もっとも構造が簡単で安価な伝動装置です。用途別に分類すると、以下のとおりです。

- 摩擦伝動：Vベルト、平ベルト
- かみ合い伝動タイプ：歯付きベルト、タイミングベルト

①Ｖベルトの伝動

Ｖベルトは、ベルトとプーリーの摩擦力によって動力を伝達します。Ｖベルトが「Ｖ」の字形をしているのは、Ｖベルトがくさびのようにプーリーに食い込んで、強い摩擦力を発生させるからです。

Ｖベルト特徴は、以下のとおりです。

・軸間距離や速度比の制限が少ない
・駆動ベルト車と従動ベルト車の径の比が大きい場合でも、すべりが少ない
・潤滑の必要がないため、装置が簡単で取扱い、保守が容易である
・安価で入手しやすく、互換性に富んでいる
・運転が静かである
・ゴム製なので、振動を吸収して衝撃を緩和する作用がある
・寿命が長く、場所も取らない

②Ｖベルトの保全のポイント

・２本以上掛ける場合は均等に張る。古いＶベルトは伸びているので、新しいベルトと一緒に使わない（多本掛けのベルト交換時は、全部交換する）
・ベルト上面はプーリーより上に出ている状態で使用する
・予備ベルトは、常温で乾燥した場所で、日光、ホコリ、油のない場所に保管し、購入してから５年以上経過したものは使用しない

＜ベルト外観からの点検＞

・ベルトと底面の亀裂はないか
・ベルトの側面に亀裂はないか
・ベルトの側面のカバー布が摩耗してないか
・ベルトがひっくり返って（転覆して）いないか

図表5・29にＶベルトのおもな外観上の損傷を示します。

図表 5・29 ■　V ベルトのおもな外観上の損傷

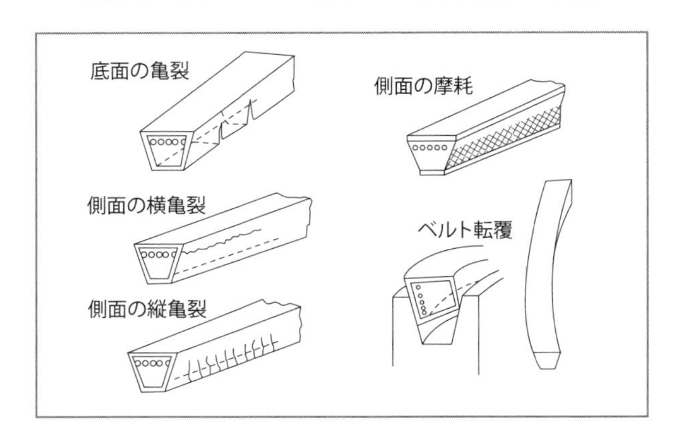

(3) V ベルト車（プーリー）

プーリーは一般に鋳鉄製です。V ベルトのトラブルを未然に防止するためには、プーリーの点検がとても重要です。

① 点検

- みぞに油が付着していないか（ベルトのスリップの原因となる）
- みぞの錆やダストの付着はないか（ベルトの摩耗を生じる原因となる）
- みぞの表面粗度は粗くないか（ベルトの摩耗を促進する）
- みぞは摩耗していないか（みぞの底面と V ベルトが接触しないこと）

(4) チェーン

チェーン伝動は、一般に軸間距離が 4m 以下で使用されます。ベルトによる伝動が摩擦力によるのに対して、チェーン伝動はチェーンがスプロケット（チェーン車）の歯にかかって伝動するので、次のような特徴があります。

① 特徴

- すべりがなく、一定の速度比が保たれる
- 最初張力を必要としないので、軸受の摩擦損失が少ない

・耐熱・耐油・耐湿性がある
・大きな動力を伝達することができる
・軸間距離や軸の配置、数量が選択できる
・振動や騒音を起こしやすい
・高速回転には不適である

図表 5・30 に、ローラーチェーンの構造と継手リンクとオフセットリンクの構造を示します。

図表 5・30 ■　ローラーチェーンの構造と継手リンクとオフセットリンクの構造

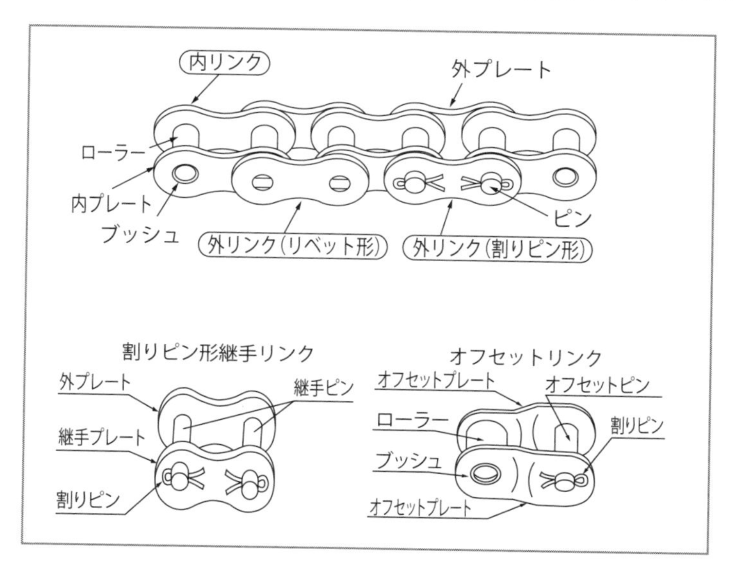

② ローラーチェーンの潤滑

チェーンが摩耗するのは、チェーンに張力がかかった状態で、スプロケットのところで、屈曲させられるために、すべり摩耗が起きるからです。チェーンは、給油する個所が多くあり、しかもこれらの部分が摩耗するとピッチがずれてスプロケットにかみ合わなくなるので、潤滑は寿命を決定するもっとも大きな要因となります。

＜潤滑のポイント＞

チェーンに潤滑を行うことによって、摩耗・伸びを防止して寿命を延長できます。また、潤滑は高速回転では冷却効果が期待でき、衝撃に対してはクッションの役割を果たすだけでなく、騒音も低くなります。

<潤滑個所>

チェーンの潤滑では、ピンとブッシュとローラーの間に適当な粘度を持つ潤滑油を給油します。この油が油膜となって金属接触を最小限にし、チェーンの寿命が長くなります（**図表5・31**）。

図表5・31 ■ 注油個所

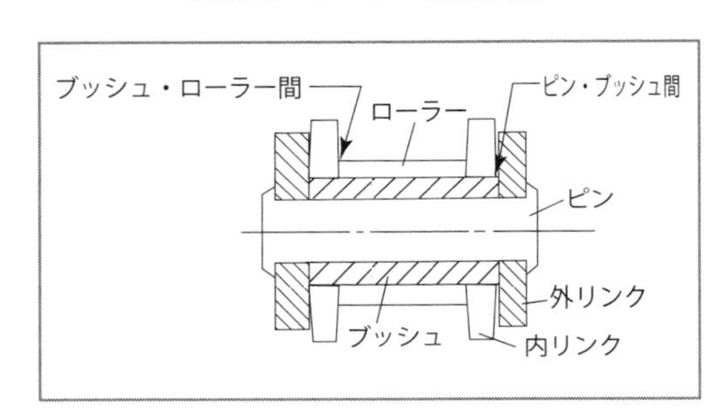

③ 点検ポイント

<運転状況での点検>

目視で異常がないかをチェックします。

・異常な騒音はないか
・チェーンが振動していないか
・チェーンがスプロケットに乗り上げていないか
・チェーンがスプロケットに巻き付いていないか
・チェーンに柔軟性があり、屈曲しているところはないか
・給油状況は適正か
・チェーンはチェーンケースにあたっていないか

<停止状態での点検>

運転を止め、チェーンとスプロケットの各部を細かく点検します。

・チェーンの外観をざっと見て、汚れ、腐食、給油状況、リンクプレートの内面や端面、ピン端面やローラー外径のきずや打痕などの異常はないか

・スプロケットの歯面と歯側面のきずやあたりはないか
・必要に応じて、リンクプレートのきずやクラック、屈曲を調べる
・必要に応じてローラーも調べる
・継手リンクのピン・クリップが正常についているか
・スプロケットの取付け状態での芯のズレはないか

2・4 密封装置、シール

(1) 密封装置、シールとは

密封装置とは、機械や装置の内部からの液体漏れ、あるいは外部からの異物の侵入を防止するものです。密封装置に使われるゴムなどの封止部品をシールといい、固定用と運動用があります。シールには、用途に応じてさまざまな種類があります（**図表5・32**）。

図表5・32■ 密封装置（シール）の分類

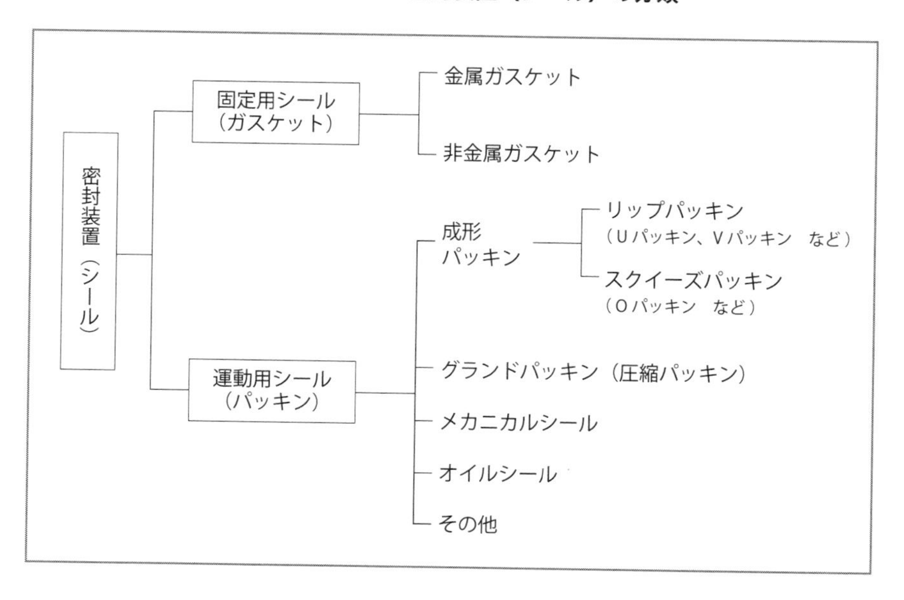

(2) シールの代表的な種類と特徴

密封装置の種類は非常に多く、ここでは配管、ポンプ、シリンダー、減速機などに使われるシールの種類と、おもな特徴について説明します。

＜固定用シール＞

① ガスケット

ゴムや繊維などでつくられた穴のあいた円板形シールで配管フランジに使われます（**図表5・33**）。

図表5・33 ■　ガスケット

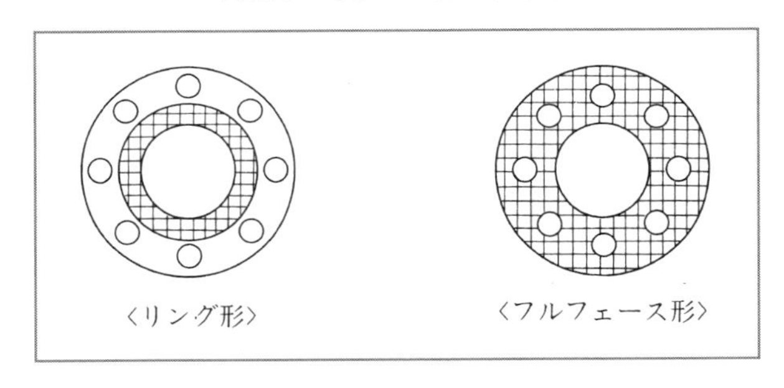

＜運動用シール（往復用）＞

① Vパッキン、Uパッキン、Lパッキン

断面がV､U､L形をしたゴム製で､流体圧によりVやLの先端部（リップ部）が開いて密封面に押し付けられ、流体の漏れを防ぎます。Vパッキンは、多くの場合数枚重ねて使います。Vパッキン、Uパッキンは油圧シリンダー、Lパッキンは空気圧シリンダーに使われます（**図表5・34**）。

図表5・34 ■　Vパッキン

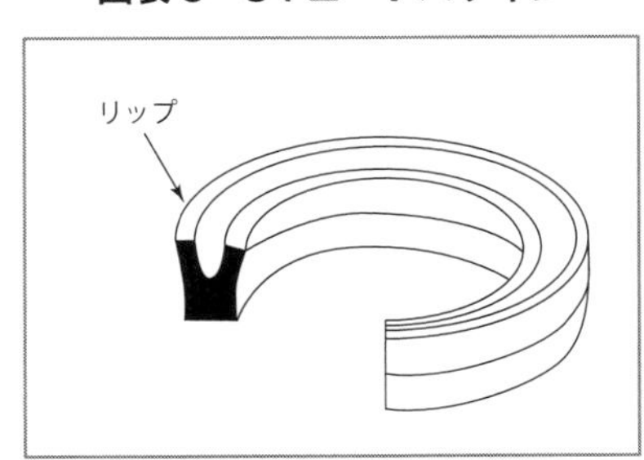

<運動用シール（回転用）>

① オイルシール

断面が漢字の「人」形でゴム製が多く、リップに装着されたばね力によって強い封止力を実現します。減速機などの汎用的な機械の伝動軸に多用されます（**図表 5・35**）。

図表 5・35 ■ オイルシールのシール機構

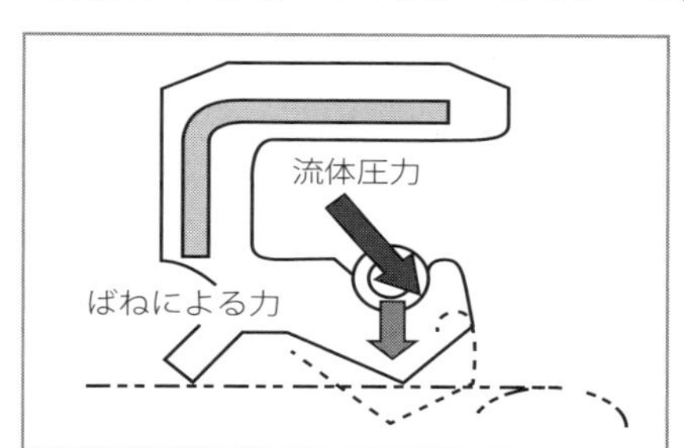

② メカニカルシール

セラミックや銅製のシートリングの端面に従動リング端面をばねで押さえ付け、接触面圧によって流体の漏れを防ぎます。密封の信頼性がきわめて高く、NC 旋盤や高速回転ポンプに使用されます（**図表 5・36**）。

図表 5・36 ■ メカニカルシールの基本構造

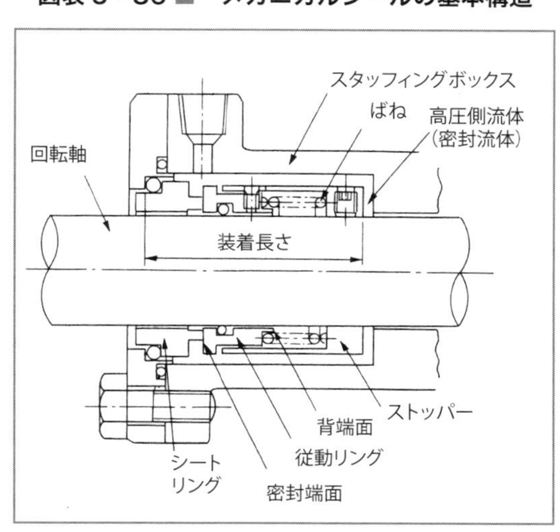

＜運動用シール（往復・回転用）＞

① Oリング

ゴム製の断面がO形のリングで、みぞに入れて面で押さえ、つぶししろを与えて封止します。封止する流体圧力が高いと溝からはみ出すので、それを防止するバックアップリングが必要になります（**図表 5・37**）。

図表 5・37 ■　Oリングの装着例

② グランドパッキン

合成繊維で編んだ角形断面のシールでひも状になっており、必要な長さに切断して使います。リング状にしてパッキン溝に数枚重ねて入れ、ふたで押さえて使うので、摩擦によって発熱や焼付きが生じる構造となり、常に常時回転している軸では若干の流体を漏らしながら潤滑・冷却しながら使用するのが特徴です。バルブや往復ポンプ、回転ポンプに使われます（**図表 5・38**）。

図表 5・38 ■　グランドパッキンの装着例

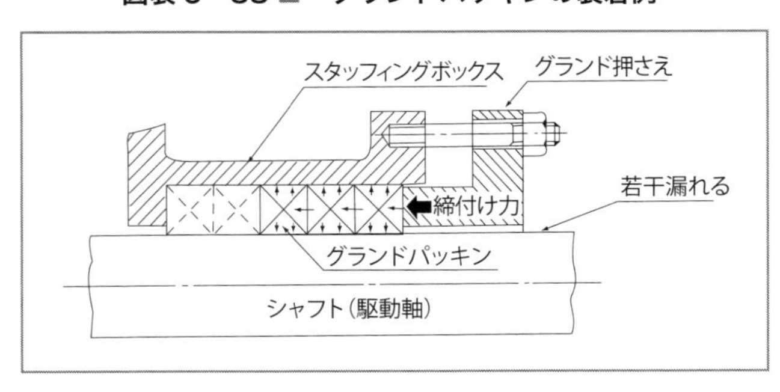

(3) 保全のポイント

シールは目的により異なった種類を使うので、保全のポイントも種類により異なります。

① 全般的

・シール面の平滑さを保つ：油や異物を排除して、きずなどを修復する
・シールの保管を厳重にする：ゴム製が多く、紫外線劣化、給水劣化、油脂類の付着、経年劣化がないように管理する
・封止作用圧力の管理：材質や種類による許容作用圧力を把握しておき、点検を行う
・封止流体の清浄度の管理：封止流体中に金属片などが混じると圧力の作用しているシールはき裂が入りやすい

② 種類別

・ガスケット：種類によってはヘタリによって増締めを行えない場合があるので、点検と交換時期の見極めが大切である
・Vパッキン：重ねて使用するので摩擦熱が発生する。常に流体で潤滑状態を保つ
・Uパッキン：ロッドシール用はロッドの溝内に外周がしっかり押さえ込まれるように装着する
・Lパッキン：Uパッキンよりも使用圧力が低いので、破損時には圧力確認が必要である
・オイルシール：回転軸との馴染みをよくするためにリップ面にグリースなどの潤滑剤を塗布する
・メカニカルシール：取付けを精度よく行い、軸とスタッフィングボックスとの同心度・直角度、運転条件（温度、回転数）は許容値内に抑える。運転前にはメカニカルシール内のガスは必ず抜いておく
・Oリング：摩耗しても増し締めはできず、ねじれやすきまへの噛込みが発生しやすいので、運動用に使用する場合はみぞの仕上げを高精度で行い、バックアップリングとの併用を心がける
・グランドパッキン：軸とボスの両方に接しながら摺動するので摩擦熱が発生するので、若干の流体を漏らしながら使用しているか確認が必要である

3 潤滑

機械のあらゆる可動部分には「摩擦」が介在します。そのため、適切な潤滑と潤滑管理を行わないと、機械の機能や目的を十分に果たせないばかりか、摩擦面の早期摩耗、焼付きなどにより多大の損害が発生します。潤滑を適切に行うことが、動力損失を低減し故障防止やさらに設備の長寿命化を図るカギとなり、大きな利益を生み出すことにつながります。

日常の保全活動にも、潤滑油の性質、給油における適油量・給油方法・給油周期などの正しい知識が必要です。潤滑剤を正しく使い、各種のメリットを生み出すために、摩擦の概念、潤滑剤の知識、潤滑管理・油汚染管理を学習しましょう。

3・1 潤滑の機能（摩擦と潤滑）

(1) しくみ

機械には、金属同士の2面が接触して、回転または往復などの運動をする部分が多く存在します。2面が接触している物体に力を加え、静止しているものを動かすとき、また運動しているものをその状態に維持するときは、外部から加えた力に抵抗する力が生じます。この抵抗の際に接触している現象を摩擦と呼びます。

摩擦面に他の物質を供給して摩擦による抵抗力を減少させることを潤滑といい、そのために用いられる物質を潤滑剤といいます。

機械の潤滑とは、適正な潤滑剤を選定し、適切な給油方法で、環境に応じた給油周期、給油量、必要な給油個所に供給することです。潤滑することにより、摩擦による摩耗が減少し、機械を長期にわたり正常な状態に保つことができます。

潤滑の主な目的は、次の3つです。

① 摩擦面の焼付きによる故障防止
② 摩擦面の摩耗減少による機械寿命の延長および機械の精度の維持
③ 摩擦面の摩耗力の減少によるエネルギーの節約

(2) 機能

潤滑剤は、その言葉の示すとおり相対運動する 2 両面の抵抗の低減、摩擦・摩耗防止を目的として使用されます。そのほか、用途により**図表 5・39** に掲げたような効果があります。

図表 5・39 ■ 潤滑のおもな働きと効果

おもな効果	おもな働き
減摩効果 (摩耗を減らす)	・摩擦を減らし、摩耗を防ぐ 機械の摩擦部分を潤滑して摩擦抵抗を少なくすることにより摩擦を防ぐと同時に動力の損失を少なくし、機械の効率を高める
冷却効果 (冷やす)	・摩擦熱の発生を抑え、発生した熱を運び去る 摩擦によって発生する熱を奪い、焼付きや熱膨張などによるトラブルを防ぐ
洗浄効果 (汚れを落とす)	・すすや汚れを落とし、洗い流す 摩擦面から汚れや異物を外に運び出す
錆止め効果 (錆や腐食を防ぐ)	・金属表面の錆や腐食を防ぐ 金属表面に密着して、空気や水との接触を防止する
応力分散効果 (力を分散)	・接触面に油膜を形成し、力を分散する 油膜により、潤滑部分の集中荷重の力を分散させる
密封・防じん効果 (すきまをふさぐ)	・ガス漏れや、水、ホコリの侵入を防ぐ 潤滑部を密封し、外部からのホコリなどの侵入を防止する

給油のおもな目的は、機械設備の摩擦面に油を差すことにより、金属同士の直接接触による焼付き防止と 2 面間の摩擦による温度上昇を抑え、油膜面を形成して摩擦面を隔離し、摩擦の防止と摩擦を減少させることです。

摩擦があるところには必ず摩耗が生じますが、摩耗量は潤滑を行うことによっていちじるしく減少させることができます。

潤滑剤によって物質と物質の間に油の膜が形成されます。この油膜の形成状態によって、次の 2 種類に分類できます(**図表 5・40**)。

図表 5・40 ■　境界潤滑と流体潤滑

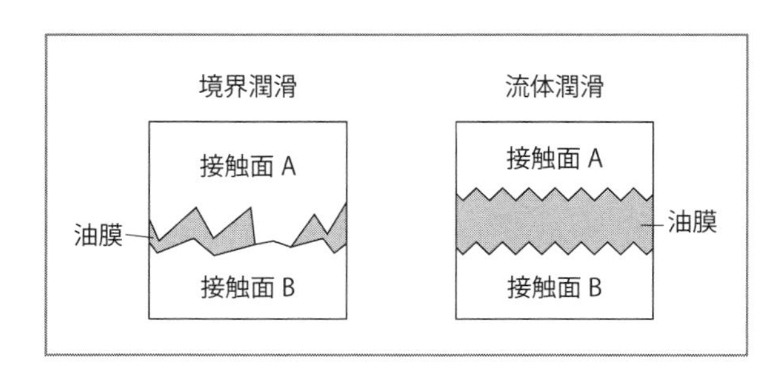

① 境界潤滑

油膜がきわめて薄い状態にあり、部分的にこすっている現象を境界潤滑といいます。金属同士が直接接触することによって、荷重を支える部分に摩擦が発生しています。

② 流体潤滑

油膜が十分にある状態のことを流体潤滑といいます。2つの物体の接触面に十分な厚さの流体膜が存在し、両面がこの流体膜によって完全に離れて運動しているときの状態です。金属のすべり面間が油で隔てられ、金属同士の摩擦がない状態なので、摩擦抵抗は流体の粘性抵抗のみで定まり、摩擦面の材質や潤滑剤の油性の影響は特殊な場合を除いて、ほとんど受けません。

③ 潤滑の必要性

<摩擦状態だとなぜ悪いか>

金属面はどんなに精密に仕上げられていても、表面に微細な凸凹ができます。金属表面の凸同士が接触すると凝着した状態ができ、凸部分がむしり取られはがれ落ちます。

このむしり取られた摩耗粉が、軸または摩擦面に移動して焼付きの原因の1つになります。焼付きが発生すると、設備は回転不良または作動不良となり故障に至ります。

<潤滑温度が高いとなぜ悪いか>

潤滑におけるもっとも大きな問題は、潤滑油温が上昇して粘度低下が

起こることです。粘度が低下すると、油膜が弱くなり油膜の破断が生じます。同じ潤滑剤でも温度が高くなると「サラサラ」（粘度が低く）に、温度が低くなると「トロトロ」（粘度が高く）になります。

3・2 潤滑剤の種類

(1) 種類

潤滑剤には、鉱物性潤滑油、動・植物性潤滑油、合成潤滑油、混成潤滑油（鉱物性油と動・植物油の混合した油）、グリースと固体潤滑剤に大別されます。一般に使用されているものは、石油系を中心とする鉱物性潤滑油とグリースで、特殊な環境に用いられるものに混成潤滑油と固体潤滑剤があります。

＜形態による分類＞

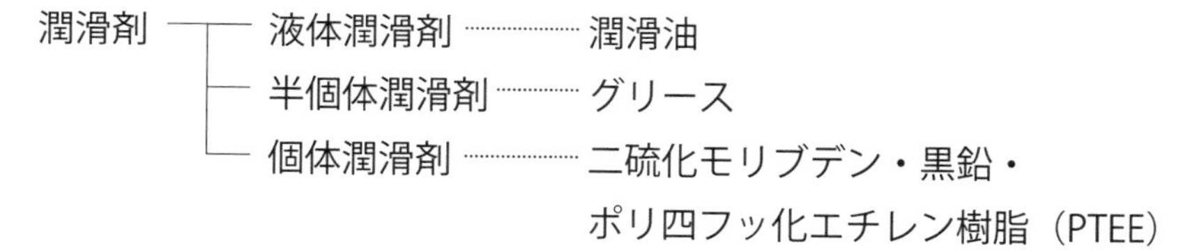

(2) 潤滑油

潤滑油は、基油と添加剤からできていて、用途によって多種に分かれています。

同じ機械や同じ用途、同じ粘度の潤滑油は、作業効率や経済面から、油種を統一すると効率的です。

(3) グリース

グリースは、基油（70～95％）に石けん（増ちょう剤５～30％）と添加剤（数％）を混ぜたクリーム状の潤滑剤です。軸と軸受の回転する摩擦熱によって、この中の油がにじみ出て潤滑作用を生みます。

油と比較して冷却効果が悪く、摩擦抵抗が大きいなどの欠点はありますが、多くの利点もあり、次のような場所に用いられます。

・ゴミの入りやすいところで密封を完全にする必要のある個所
・オイル・シールの備えつけていない軸受
・給油しにくい場所で、給油周期を長くする必要のある個所
・製品などに油の飛沫をきらう個所

グリースによる潤滑の長所と短所を**図表5・41**に示します。

グリースの硬さを表す特性値を「ちょう度」といいます。ちょう度範囲により、ちょう度番号でグリースを分類する規格は、NLGI（National Lubricating Grease Institute）によって制定され、JIS規格もこれにしたがっています（**図表5・42**）。

ちょう度が小さいほどグリースは硬いことを示し、ちょう度番号は大きくなります。

図表5・41 ■ グリースによる潤滑の長所と短所

長　　所	短　　所
・流れ出したり飛び散ったりしない （付着性が強い） ・ゴミの侵入を防ぐ ・広い範囲の運転時用件で使用できる	・冷却作用がない ・かく拌抵抗が比較的大きい （そのため発熱が大きい） ・異物が入るとろ過するのが難しい

図表5・42 ■ 代表的な潤滑油の性質と用途

NLGI NO.（ちょう度番号）	ちょう度の範囲	状態
000号	445～475	半流動状
00号	400～430	半流動状
0号	355～385	きわめて軟
1号	310～340	軟
2号	265～295	中間
3号	220～250	やや硬
4号	175～205	硬
5号	130～160	きわめて硬
6号	85～115	きわめて硬

(4) 固体潤滑剤

潤滑剤の使用条件が過酷になり、環境条件として超高温、超低温、超高真空中、極圧条件などでも十分な潤滑性能を持つことが要求されています。こうした環境に対応するため、固体潤滑剤は急速に発展しました。一般に、効果を発揮できない特殊部分の用途に用いられますが、耐久性その他の性状は油系潤滑剤よりも劣るとされています。

固体潤滑は、合成潤滑油の適用分野以上の極限条件下または液体潤滑による汚れをきらう個所などに使用され、以下のようなメリットがあります。

・給油装置・給油孔・油みぞの省略（設備費の低減）
・ランニングコストの低減（保守管理費用の削減）
・メンテナンスコストの節減（給油不良などのトラブル防止）
・潤滑油の回収と環境保全
・装置のコンパクト化・軽量化

固体潤滑の代表として、古くから黒鉛（グラファイト）、雲母、滑石などの微粉末が使用されています。また、低摩擦潤滑剤として二硫化モリブデンが、高温用として使用されます。

(5) 鉱物性潤滑油とグリースによる潤滑の比較

鉱物性潤滑油とグリースによる潤滑の比較を図表 5・43 に示します。

図表 5・43 ■ 鉱物性潤滑油とグリース潤滑の比較

項　目／潤滑剤	潤　滑　油	グリース
冷却効果	大　き　い	な　　し
洗浄効果	あ　　り	な　　し
防錆効果	あ　　り	あ　　り
回転速度	中・高速用	低・中速用
密封効果	な　　し	あ　　り
外部漏れ	大　き　い	少　な　い
ゴミのろ過	容　　易	困　　難
潤滑剤の取替え	容　　易	困　　難
潤滑性能	非常によい	よ　　い

3・3　潤滑剤の劣化

品質のすぐれた潤滑剤であっても、維持・管理が十分でなければ、機械・装置の性能を長持ちさせることができません。そのためには、予防保全を完全に行い、異常を早期発見し、適切な処置を取ることが重要です。

(1) 潤滑油の劣化（グリースも同様）

劣化は、潤滑油中の不安定な成分が、空気中の酸素を吸収して酸化物をつくることによって起こるものであり、劣化が進行すると、焼付き、かじり、摩耗、騒音・振動などのトラブルを生じます。

潤滑油が劣化する原因とその発見方法、処置の例を**図表5・44**に示します。

図表5・44■　潤滑油の劣化原因・発見方法とその処置

劣化原因	内　　容	問題点の見つけ方と確認方法	処　置
熱の影響	一般に温度が10℃上昇すると、酸化速度は２倍になる。使用温度は油種ごとの推奨温度範囲内で使用する	温度シールを使用する	クーラー取付け、循環式冷却
金属の影響	潤滑油不足などが原因で、摩耗が進むと金属粉が油中に拡散し、酸化が進む	油中にマグネットを挿入し、確認する。または、サンプルを取り透明容器に入れ、マグネットを近づけると鉄分が引き寄せられる	マグネットセパレーター設置 浄油、交換 フィルターの見直し
水分の影響	潤滑油中に水が混入すると、かき回されて乳化（白濁化）し、金属表面に錆が発生して、酸化が進む	サンプルを取り、10h程度放置すると水と油が分離する	浄油、交換
汚染の影響	摩擦面の摩耗粉とか、外部からの侵入異物によるもので、実用上は酸化による劣化よりも、この異物・ゴミの影響が大きいので十分な管理が大切である。また、作動油の汚染物質はときとして触媒となり、酸化を早める	メイブラン試験法（ミリポアフィルター）による測定微粒子計測器による測定	浄油、交換

(2) 汚染物質の混入経路

汚染物質とは、摩擦面の摩耗粉や外部からの侵入異物によるもので、実用上は酸化による劣化よりも、異物・ゴミなどの影響が大きく、潤滑剤の中に入り込んで有害な影響を与える物質です。

汚染物質の混入経路として考えられるものは、以下のとおりです。

・機器稼動前から混入しているもの
・機器の製造、組立中に混入するもの：鋳物砂、切粉、スケールなど
・機器の保管、輸送中に混入するもの：じん埃、錆、雨水など
・装置の据付け中に混入するもの：切粉、スケール、ウエスなど
・装置のフラッシング、予備運転中に混入するもの：洗い油、錆、気泡など
・機器稼動後に混入するもの
・潤滑配管系や機器外から混入するもの：じん埃、切削油、グリースなど
・潤滑配管系内や機器内から発生、混入するもの：摩耗粉、凝縮水、油劣化物など

(3) 汚染管理（コンタミ管理）の内容

潤滑油の劣化、汚染によるトラブルを防止するには、コストとリスクを比較検討し、また自主保全と計画保全の分担を決めて、以下の管理が必要となります。

・汚染物質の調査：汚染・劣化の影響把握
・汚染物質の混入防止対策：汚染物質の除去対策
・浄化機器の管理：使用油の汚染度測定

(4) 汚染物質のフィルター除去と保全

汚染管理は混入防止が大切であり、ランニングコストが安いバイパス配管が簡単です。油中水分の除去ができるなどの利点から、多く利用さ

れています。

①給油口のフィルター

フィルターを使用し、給油前に洗い油（軽油）での洗浄後、乾いたウエスでふき取ります。

②ラインフィルター

ポンプの吐出し側にあるフィルターで、洗浄使用できるものとフィルター交換方式のものがあり、最近では保全性の考慮から交換式が多く利用されています。

・金属メッシュ、またはエレメントタイプ

6ヵ月に1回程度の定期清掃を行います。

<交換式>

ペーパーエレメントが多く使用されています。ラインフィルター上部、側面に確認窓が設置されているものが一般的で、使用限界が表示されるので、月1回程度の確認が必要です。

③サクションフィルター

ポンプの吸込み側にありポンプの保護のため使用されるフィルターで、金属メッシュのものが一般的です。設備を巡回した油をろ過するので汚れが多く溜まり、定期清掃を欠かさず実施してください。3ヵ月に1度は点検し、汚れの状態を見ながら清掃周期を検討します。

3・4　潤滑機器の点検

(1) 潤滑管理

潤滑管理の目的は、潤滑剤を適正給油することにより、機械・装置の性能・精度を維持することにあります。一般に潤滑管理は、「潤滑用資材の管理」「潤滑部分の維持管理」の2つをいい、高度の専門技術者の指導や援助を受けなくても、誰でも実施できます。

具体的に、オペレーターにできる潤滑管理の基本活動は、

・適正な潤滑油を使用し、

・適正な給油方法で、

・適正な給油量を、
・適正な給油・更油時期に行い、
・潤滑に関する故障の早期発見をする

ことです。これらの事柄について、しっかり決めてきっちり守る、これがオペレーターに課せられた役割と責任であり、現場で行う潤滑管理です。

潤滑管理のフローを**図表 5・45** に示します。

図表 5・45 ■ 潤滑管理のフロー

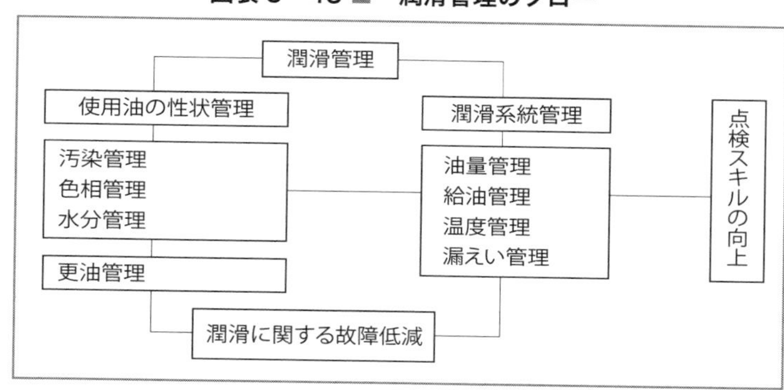

(2) なぜ潤滑管理が必要か

潤滑管理が必要な理由は、以下のとおりです。

① 潤滑油は使っているうちに汚れる（汚染）：ゴミ、ホコリ、水、金属の摩耗粉、切削油などによって汚れる

② 潤滑油は使っているうちにいたむ（劣化）：空気や酸素に触れて酸化し、いたんでスラッジや酸性物質ができたり、粘度が増加する

③ 潤滑油は使っているうちに力が衰える（添加剤の消耗）：添加剤が消耗し、添加剤によって高められた機能が衰える

(3) 性状管理の内容

使用条件、環境条件により潤滑油の劣化・汚染が促進されます。潤滑剤性状の向上に適した周期や項目を判断し、データの経時変化を追跡しなければなりません。

一般的な劣化・汚染による変化を**図表 5・46** に示します。

図表 5・46 ■　潤滑油の性状変化

項　目	変　化	原　因
比　重	増加　　低下	異種油の混入、潤滑油の劣化
引火点	低下	異種油の混入、熱による分解
色　相	濃くなる 不透明になる	潤滑油の劣化 スラッジの生成 水分の混入（0.1％以下）
粘　度 （±10％）	増加　　低下	異種油の混入、潤滑油の劣化 高粘度指数油の場合は、添加剤劣化による低下
全酸価	増加　　低下	潤滑油の劣化 添加剤の消耗、変質
水分離性	分離時間が長くなる	潤滑油の劣化、異種油の混入
消泡性	泡立ちの増加 放気性の低下	潤滑油の劣化 添加剤の消耗

(4) 日常の潤滑管理

潤滑に関連のある要素は、「摩擦面」「潤滑方法（潤滑装置）」「潤滑剤」の３つです。この３要素を互いに考慮して、潤滑効果を100％あげていくことが、潤滑管理の出発点です。

① 油種統一と保管

潤滑効果の良否は、第一に適油の選定にかかっているといっても過言ではありません。このときに考慮しなければならないことは、大局的な見地から潤滑剤の種類を整理、統一することです。

潤滑剤の適当な保管および運搬のためには、次のような注意が必要です。

- 潤滑剤の保管場所はできるだけ屋内とし、容器の口は開放することがないよう、必ずふたをする
- やむを得ずドラム缶などを野天積みにするときは、原則として横置きにする
- 屋外、屋内保管にかかわらず石油缶、ドラム缶の下には適当な下敷きを置く
- 容器に分ける際の誤用を避けるために、油種別に容器を区別する。容器を油種別に色分けすれば理想的である

・開放した容器で、油を摩擦面（給油個所）に運んではならない

② 給油および給油量

点検摩擦面に確実に適量を給油することが大切で、しかも一定の給油間隔をおいて、確実に給油するようにします。

- 油面：油面の点検は保守管理上の要点であり、設備に合った適正油面を定め、正しく油面を維持しなければならない。量が多すぎるとかく拌熱が生じ、潤滑油の劣化を早める。また、少なすぎると潤滑不足の原因となる。油浴給油の場合は、稼動中と停止中の油面をチェックし、適正油面を決める
- 油温：油温の上昇は潤滑油の劣化促進につながる。また、粘度も低温度で高く、温度があがると低くなるので、規定以上の油温状態で長時間放置しないよう、日常点検でチェックを怠ってはならない
- 給油量：給油量の過不足は最重要項目である。少なすぎると、もちろん適正な潤滑はできないし、逆に多すぎても発熱、漏えいの問題を生じる。摩擦面から熱を取り去る冷却作用も忘れてはならない

日常点検においては、まず定められた給油量が確保されているかどうかをチェックする必要があります。

③ 漏油点検

潤滑給油機器や配管などからの油漏れは定期的に点検し、確実に潤滑剤が届いていることを確認します。

(5) 潤滑点検

点検項目は次のとおりです。

① オイルレベル

② 使用油の状態（劣化、汚れ、乳化など）

③ 機械の状態（異音、発熱、振動、油漏れなど）

＜点検作業の周期＞

毎日点検（始業点検）では、目視、聴覚、手触りなどで判断できる項目のみを行います。オイルレベル、油漏れ、振動、異音、発熱などの精密点検（周期点検）は、週、月単位の点検で行います。

設備の潤滑点検の着眼点を**図表 5・47** に示します。

図表 5・47 ■ 設備の潤滑点検の着眼点

No.	項　　　目	着眼点	チェックポイント
1	油量の過不足はないか	量	油面計レベル、循環量、滴下量
2	油面計はよく見えるか	量	変色、量
3	油の異常はないか	質	にごり、泡、異臭、異物
4	水が混入していないか	異物	ドレン
5	水や異物が入りやすくないか	異物	密封不良、大きすぎる通気孔
6	計器の作動はよいか	量	オイルシグナル、圧力計、流量計
7	温度が高すぎる軸受はないか	量	油温計、触手
8	オイルリングの異常はないか	量	真円度、位置ズレ、はずれ
9	通気孔、ゲージ導入孔が詰まっていないか	量	ドレン孔
10	クーラーの油圧より、冷却水の圧力が高くないか	異物	圧力計
11	分配弁、切換え弁の異常はないか	量	作動チェック
12	ストレーナー、フィルターの破損はないか	異物	詰まりチェック
13	長期停止時、錆止め対策をしているか	異物	気密、ガス封入法
14	戻しパイプは錆びていないか	異物	油量が変動しても錆が発生しないか
15	冷却系統に異常はないか	異物	クーラー汚れ、詰まり、水量
16	液面計の示す油面と実油面が合っているか	量	チェック
17	油漏れ防止のためのシール面設計はよいか	量	シール（パッキン、ガスケット） 軸の仕上げ、防じん性

空気圧・油圧（駆動システム）

工場で使用される多くの機械や設備が空気圧や油圧を使用しています。

4・1 空気圧

空気圧装置は、どこにでもある空気を応用し、機械の運転や清掃などに使われています。空気を利用しているので、比較的安全で経済的にも有利なため、利用分野は多岐にわたります。

しかし、引火する心配がなく、環境を汚染することもない空気を利用しているとはいえ、圧力を加える装置であることから、機器の破裂といった危険を伴います。したがって、装置を上手に使い、正しい管理や保全を行うためには、空気そのものの性質はもちろん、空気圧装置の構成などを理解しましょう。

(1) 特徴

空気圧装置と油圧装置とは、使用している機器や回路などに類似している点が多くあります。空気圧の長所と短所は、次のとおりです。

① 長所

・一般的に圧縮機を動力源としており、使いやすく、低コストで配管がしやすい

・圧縮機などによるエネルギーの蓄積が容易で、高速での稼動が可能

・比較的装置が単純な構造で、操作・制御回路構成も簡単であり、保守が容易である

・機械装置のスピードは流量制御弁で自由に決められ、駆動力も圧力制御弁で容易にコントロールできる

・運動は、直線運動、回転運動ともに簡単に得ることができる
・油圧に比べて圧力が低いので安全性が高く、人体などへの危険性も少ない(空気圧回路においては0.6～0.7MPaの圧力が一般的で、1.2～1.4MPaが限界であり、油圧に比べ出力が小さいため比較的軽作業に適している)
・油圧のように、油の管理や装置が汚れるなどのわずらわしさがない
・循環回路が不要（戻り不要）なので、配管が容易で、設備費が安い
・火災の危険性が少ない（油圧の場合は外部漏れ、火災の危険、汚染などいろいろ問題があるが、空気圧の場合、性能・経済性を多少犠牲にすれば比較にならないほど優位である）

② 短所

・空気の特性として圧縮および膨張する性質があり、精密な速度制御が困難である
・空気圧が排出されるときの排気音が大きい
・圧縮機で空気エネルギーをつくるため、比較的効率が低い
・油圧ほど大きな力が得られない
・エアの排気のオイルミストが環境を害すことがある
・空気機器は清浄な乾燥空気を使用する必要があり、圧縮・冷却・膨張させる過程で、ドレン処理をしなければならない

(2) 基本構成

空気圧装置に用いられる空気圧機器とは、原動機や電動機などによって機械的エネルギーを空気の圧力エネルギーに変換し、制御弁などで制御し、アクチュエーター出力の負荷の要求に適合した機械的エネルギーとして取り出す一連の機器、および応用機器を指します。

空気圧装置は一般に、

・空気圧力源装置

・空気清浄化機器
・空気圧調整ユニット
・潤滑機器・配管など
・制御機器
・アクチュエーター

に分けられます。これらの機器をまとめたものが**図表 5・48** です。

図表 5・48 ■　空気圧装置の基本構成

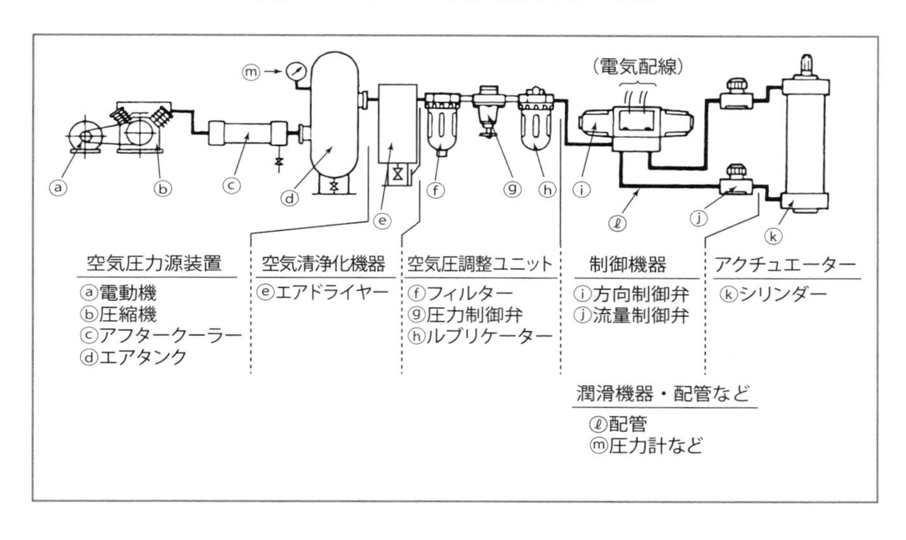

4・2　油圧

油圧装置は、小型で強力、力の調整が容易、遠隔操作が可能など、動力伝達機構の中でもすぐれた特徴があります。そのため、設備の自動化や省力化などを目的として、種々の設備に利用されています。しかし、油漏れなどによる環境悪化、故障の発生が設備やライン全体の停止につながりやすく、故障修復に時間がかかるなどの短所もあり、管理や保守を怠るとさまざまなトラブルが発生します。

油圧回路や油圧機器などの基礎的な知識をマスターし、油圧装置の保全やトラブル対策を身につけましょう。

(1) 特徴

① しくみ

静止している流体の圧力は、次のような性質を持っています（パスカルの原理）。

- 圧力は各面に直角に作用する
- 密閉容器中の一部に加えられた圧力は、流体の各部に等しい強さで伝達される
- 任意の点の圧力は、すべての方向に等しく働く

図表5・49にパスカルの原理を示します。

図表5・49 ■　パスカルの原理

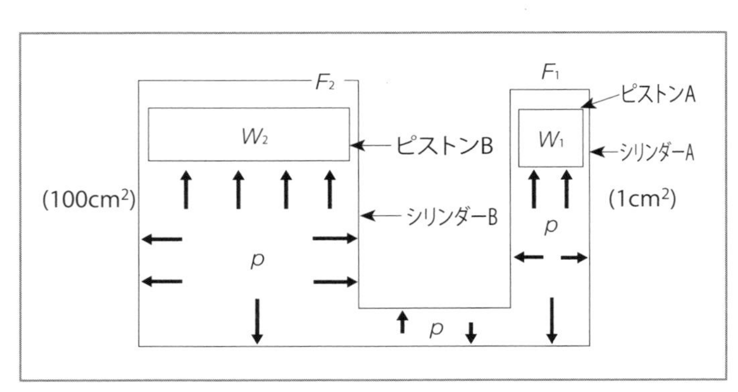

・小さな力で大きな力を得ることができる

パスカルの原理を利用して、小さな力から大きな力を得ることができますが、この場合、仕事量は不変であって、**図表 5•49** の例ではシリンダーAの容積減少がそのまま、シリンダーBの容積増加となり、ピストンAを 100cm 押し下げるとピストンBは 1cm だけ上昇します。

以上のことを利用して、ピストンポンプの代わりに回転式ポンプを利用したものが現場で利用する油圧装置です。

② なぜ油を使うのか

水は錆が出やすく、潤滑性もないために機械の摩耗を早めます。また、粘度が低いのでシールすることが難しくなります。これに対して、油には水のような欠点はなく、それに加えて潤滑性があるので、寿命も長く安定した性能が得られます。ただし、油を利用することから火災には注意が必要となります。

(2) 長所

① 比較的小型で強い力が出る

空気とは違い、0.7MPa、または 14MPa、場合によっては 35MPa に圧力をあげても爆発の危険性がありません。また、高圧が簡単に得られるので装置が非常に小型になり、大きな力が得られます（大型プレスはほとんどのものが油圧駆動）。

② 過負荷（オーバーフロート）防止が簡単で正確

＜調整が容易で正確＞

たとえば、ねじによる締め方などは締め方により強さが変わり、一定の力を出すのはむずかしいものですが、油圧はリリーフバルブまたは減圧弁を使用してハンドルを回すことにより、簡単に一定の圧力が得られ、出力の調整が正確です。

＜無断変速が簡単で作動も円滑＞

ギヤモーターを使用した場合、慣性が大きいため、急激な発進・停止・逆転にはショックがつきものですが、油圧は小型であり慣性が小さいため、比較的ショックが小さく、作動がなめらかです。

③ 遠隔操作ができる

④ 耐久性がある

作動油が潤滑剤の役目も果たすため、油圧機器内部の摩耗が少なく耐久性があります。

(3) 短所

① 配管が面倒、油漏れがやっかいである

② たくさんの制御バルブを使うため、それをつなぐパイプや継手類が目立ち、配管にかなりの技術を要する

③ 作動油の汚染防止対策が必要

④ 油圧ポンプを動かす電動機の馬力が大きくなる

⑤ 動力の伝達のロスが多い

⑥ 油の温度によって、機械の速度が変わる

⑦ 温度が上がれば油の粘度は低くなり、下がれば高くなる。そのため流量調節弁を通過する油量は、一定の絞りでも温度によって左右され、スピードが変わってくる

⑧ 粘度が高くなると騒音を発し、ポンプが起動しにくくなる。また、粘度が低くなると、圧縮性や内部の油漏れが多くなり、油の劣化を早める

⑨ 装置の製作費が割高

⑩ 維持費が割高

(4) 構成する5要素

油圧装置で力を伝達する作動油の流れは、基本的に**図表5・50**のとおりです。

油圧装置は、さまざまな要素の組合わせにより、多くの機能を持たせることができますが、基本的には、

① 油圧タンク

図表５・50 ■ 作動油の流れ

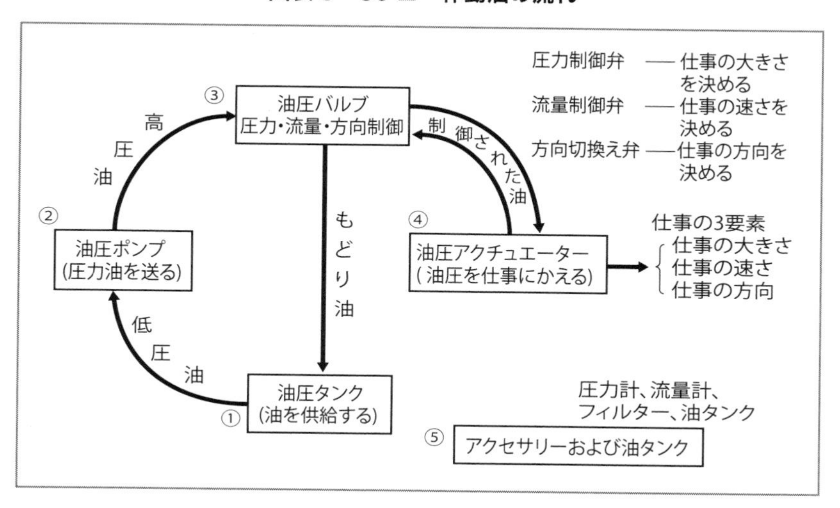

② 油圧ポンプ

③ 油圧バルブ

④ 油圧アクチュエーター

⑤ アクセサリーおよび油タンク

の５つの要素があれば十分です。

（5）基本回路と構成

油圧装置の基本回路として、次の３つがあります。

① 圧力制御回路

圧力を制御するもので、

・無負荷回路

・シーケンス回路

・圧力調整回路

・自重落下防止回路

・アキュムレーター回路

などがあります。

② 速度制御回路

アクチュエーターの速度を制御する回路で、

・メータイン回路

・メータアウト回路

・ブリードオフ回路

があります。

③ ロッキング回路

切換え弁やパイロット弁を用い、油圧アクチュエーターを任意の位置に固定し、動き出さないようにする回路です。

4・3 作動油

(1) 分類

油圧装置における作動油は、ポンプ作用によって油圧ポンプから吐出され、圧力制御弁、方向制御弁、流量制御弁を通って、油圧アクチュエーターを動作させるエネルギーを伝達する媒体として、重要な役割を果たしています。

さらに、作動油は単に動力を伝達するだけではなく、油圧装置各部の潤滑、防錆、密封、冷却作用などのはたらきを兼ね備えています。

使用される環境や条件によって、**図表5・51**のような体系にまとめることができます。

① 鉱油系作動油

石油から精製された基油を主体としたもので、その需要構成は全体の95%以上を占めています。

② 含水系作動油

火災対策上から生まれたもので、一般的に非危険物です。難燃性作動油として、火災の危険性のある油圧装置に使用されています。

③ 合成系作動油

鉱油系に比較して引火点・自然発火点が高いため、難燃性作動油として使用されます。とくに、含水系作動油が使用できない高温下での油圧

図表 5・51 ■ 作動油の分類

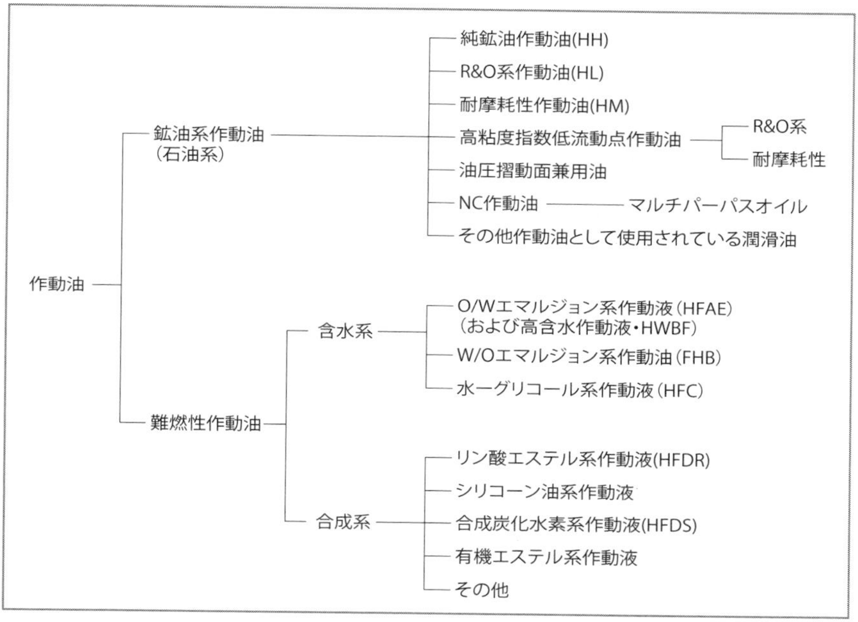

- 作動油
  - 鉱油系作動油（石油系）
    - 純鉱油作動油(HH)
    - R&O系作動油(HL)
    - 耐摩耗性作動油(HM)
    - 高粘度指数低流動点作動油
      - R&O系
      - 耐摩耗性
    - 油圧摺動面兼用油
    - NC作動油 ―― マルチパーパスオイル
    - その他作動油として使用されている潤滑油
  - 難燃性作動油
    - 含水系
      - O/Wエマルジョン系作動液（HFAE）（および高含水作動液・HWBF）
      - W/Oエマルジョン系作動油（FHB）
      - 水ーグリコール系作動液（HFC）
    - 合成系
      - リン酸エステル系作動液(HFDR)
      - シリコーン油系作動液
      - 合成炭化水素系作動液(HFDS)
      - 有機エステル系作動液
      - その他

装置に用いられています。

(2) 性質

① 粘度

作動油の粘度は容積効率、機械効率、圧力損失、油漏れなどに大きく影響します。たとえば油圧ポンプでは、作動油の粘度が高い場合には回転するときに大きな力を必要とし、ポンプ作用時の吸込み抵抗が大きくなってキャビテーションの原因となります。逆に粘度が低すぎると、油圧機器各部のすきまからの漏れが多くなって容積効率が低下します。

② 粘度指数（VI）

油の粘度とは油の濃さ、あるいは粘っこさを表す尺度で、温度の変化によって大きく変化します。たとえば、温度が上昇すると粘度は低下します。このような温度変化による粘度変化の割合を、粘度指数といいます。

粘度指数は、粘度の変わりやすい油をゼロとし、粘度の変わりにくい油を100として、それらを比較して指数を決めます。温度変化による粘度変化の少ないものほど、粘度指数が高くなります。

一般の作動油は100前後で、とくに低温用としては130～220程度です（例：一般作動油＝106～113、W/O型エマルジョン系作動油＝140～146）。

③ 圧縮性

圧縮性は気体が最大で固体が最小であり、液体はその中間にあります。圧縮性は、一般に圧縮率で表します。流体に圧力を加えていくと、体積はだんだん小さくなり、この小さくなった体積と、もとの体積の比を圧縮率といいます。

一般に、作動油は非圧縮性であるといえますが、作動油圧が高圧になるほど作動油の圧縮性は無視できなくなります。

作動油の圧縮性は、混入している空気に左右されます。圧縮性の影響は、油圧シリンダーを微速制御する場合、その運動が不規則になったり、遠隔操作をするときに圧力の伝達に時間遅れを生じたりします。

作動油が圧縮されると体積が減少するため粘度が高くなり、圧力損失が増加してくるので、油温が上昇して作動油の酸化を早めることになります。

(3) 使用温度

一般作動油は高温で使用すると酸化が早くなるため、使用温度は60℃以下、できれば30～55℃で管理します（**図表5・52**）。

図表 5・52■　温度標準（タンク内の温度）の例

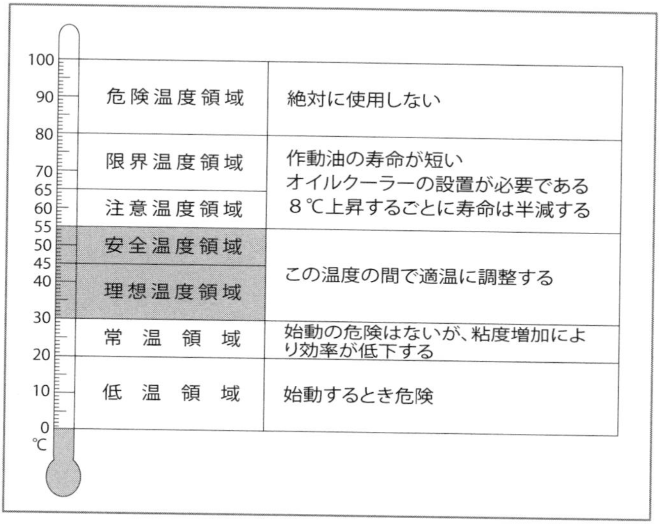

温度（℃）	領域	内容
80～100	危険温度領域	絶対に使用しない
65～80	限界温度領域	作動油の寿命が短い オイルクーラーの設置が必要である 8℃上昇するごとに寿命は半減する
55～65	注意温度領域	
45～55	安全温度領域	この温度の間で適温に調整する
30～45	理想温度領域	
20～30	常　温　領　域	始動の危険はないが、粘度増加により効率が低下する
0～20	低　温　領　域	始動するとき危険

5 電気

電気エネルギーはほかのさまざまなエネルギーに変換でき、必要なときに必要なだけ利用できること、クリーンで操作が簡易だという特徴から、工場でも多くの機器に使用されています。しかし、取扱いを誤ると火災や人身事故の危険性もあります。

電気の基礎的知識、安全についての知識を得て、工場でよく利用される機器の種類・構造・用途などの基礎知識と合わせて学び、点検や故障時の診断方法、故障させない取扱いなどについても身につけましょう。

(1) 電気とは

今日、あらゆる物質は（+）電気と（−）電気とを持つものからできているという「電子説」が正しいといわれています。また、（−）の電子は（+）の原子核に引き寄せられる性質を持っています。電気は、以下のように表します。

① 電気の流れる量：電流　A（アンペア）
② 電気を流す力：電圧　V（ボルト）
③ 働く負荷：抵抗　Ω（オーム）

電流、電圧、抵抗は、次のような関係になります。

$$\text{電流 [A（アンペア）]} = \frac{\text{電圧 [V（ボルト）]}}{\text{抵抗 [Ω（オーム）]}}$$

「電流は、電圧に比例し、抵抗に反比例する」、これを「オームの法則」といい、電気の基本となる法則です。

(2) 電気回路の基本構成

電気の力によって動く設備や機器には、電気が流れる必要があります。

この電気が流れるしくみを電気回路といいます。電気回路の基本構成を**図表 5・53** に示します。

① 電源（起電力）：電気を供給する役割。電流を供給し続ける
② 設備・装置：電動機、めっき設備など仕事をする機構
③ 制御部・操作部：設備・装置が目的の仕事を果たすように機能をコントロールするしくみ
④ 配線：電気が流れる経路

図表 5・53 ■ 電気回路の基本構成

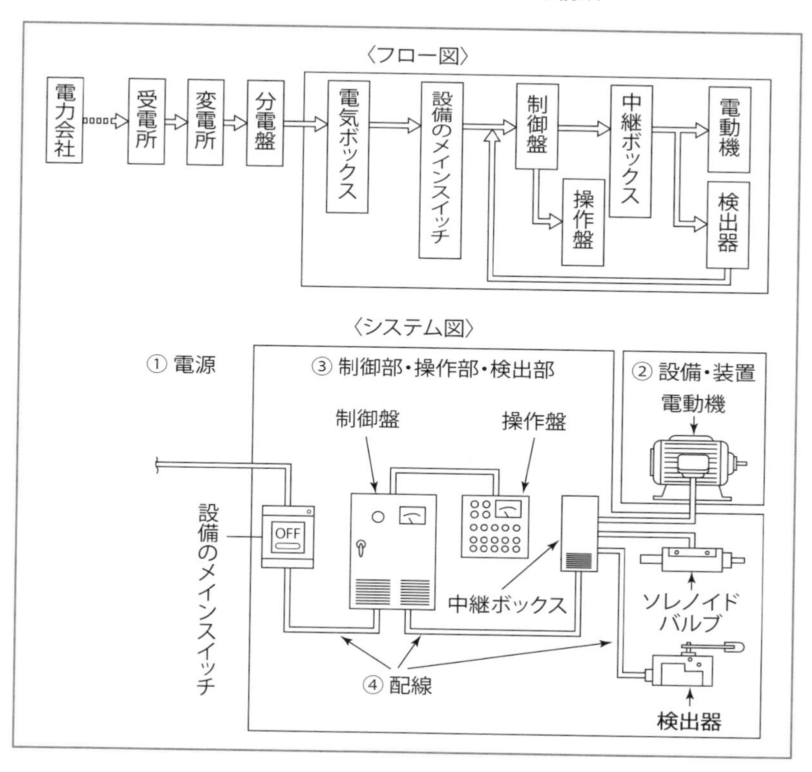

(3) 電気の種類

電気の流れる方向によって直流と交流があります（**図表 5・54**）。

① 直流

「直流」は DC（Direct Current）で表されます。直流発電機、または時計、懐中電灯、電子手帳などに使う乾電池、乗用車、トラックなどのバッテリーが直流を使っています。直流は、時間で変化せず、電流の流れる方向は一定、電圧の大きさも一定です。直流が使用される理由は次の 2 点です。

・バッテリーなどで蓄電ができる

・持ち運びができる

工場内で利用されている直流には、電気めっき、静電塗装、放電加工機などがあります。

② 交流

「交流」は AC（Alternating Current）で表されます。時間とともに（＋）が（－）に、（－）が（＋）にというように、短時間のうちに電流の流れる方向が逆転し、電圧の大きさも周期的に変化します。

図表 5・54 ■　交流と直流

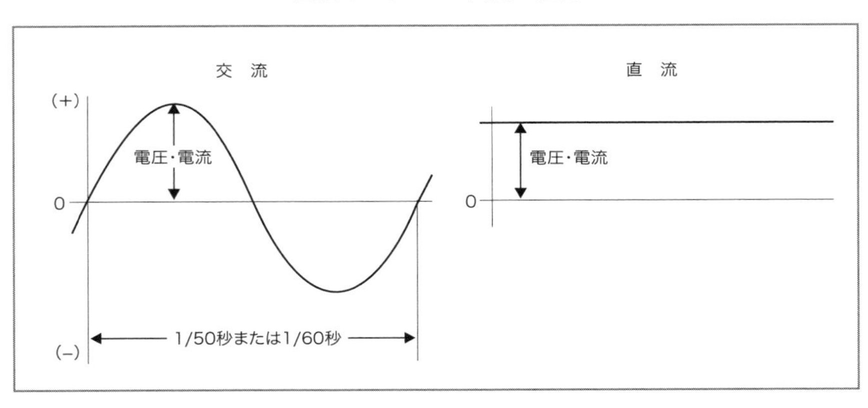

＜単相交流と三相交流＞

交流には、波形が１つだけの「単相交流」と、３組の単相交流の波形の時間間隔をずらして組み合わせた「三相交流」があります（120°の位相差をつけた３つの正弦波交流をいう）。単相交流と三相交流の波形と回路例を図表5・55に示します。

図表5・55■　単相交流と三相交流の波形

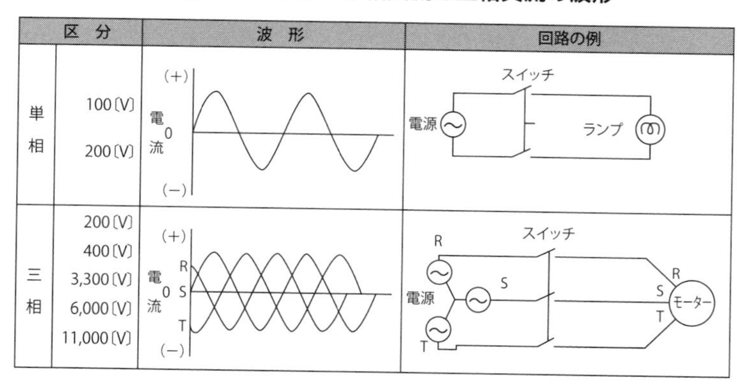

単相交流は、家庭用の家電製品などに比較的小さい電気を送る方法として利用され、三相交流は、発電、送配電、電動機運転など、工場で広く用いられます。

(4)　接地（アース）と漏電

①接地

電気機器で、金属性のケースを大地（地球）に電線で接続することを接地（アース）といいます。接地の目的は、以下の４点です。

・感電の防止

・静電気障害の防止

・避雷

・通信障害の抑制

接地工事にはいくつかの規定があるので、電気担当者と相談のうえ実施します。

② 漏電とは

電気機械、配線類などの絶縁不良や損傷により、電流がほかに漏れて流れている現象です。電動機の取付け台や金属製の分電盤、金属配管などは、電気機器・電線などの絶縁が悪くなると漏電し、感電の危険が生じます。

漏電が発生しても、アースをしてあるかぎりケースに触れても危険は少なくなります。これは、アースによってケースと大地が一体となり、ケースと大地間の電位差が小さく、人が触れても人体にはほとんど電流が流れないためです。

漏電が継続すると、感電や火災の原因になるので、アースをするほかに、漏電が発生したら電流を切ってしまう漏電しゃ断器を設置する方法もあります。

(5) 電気の測定

電気の測定具は数多くありますが、オペレーターが点検に使用する代表的な機器について説明します。

① 検電器

線路電圧などの検知には、ペンシル型検電器が知られています（**図表5・56**）。ボタンを押すと点灯し、電圧が加わっていることを知ることができるので、事故防止のため配線に電圧がかかっていないかを確認するには最適です。

図表5・56■　ペンシル型検電器

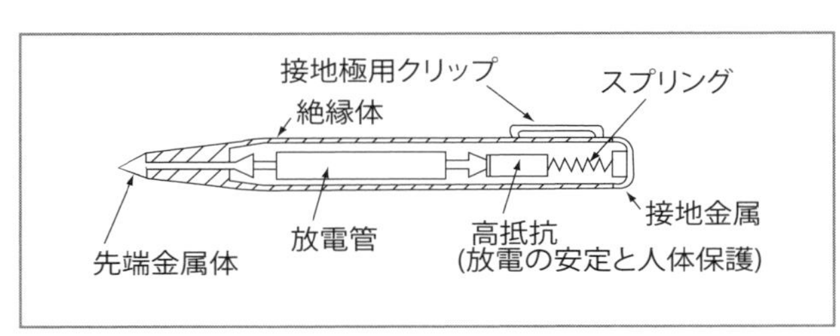

② 回路計（テスター）

回路計は一般にテスターと呼ばれ、交流の電圧、直流の電圧・電流・抵抗を1台の計器で簡単に測定できます。切換えスイッチなどが一体にまとまっており、小型軽量で取扱いが簡単なため、広く利用されています（**図表5・57**）。

図表5・57 ■ テスターの外観

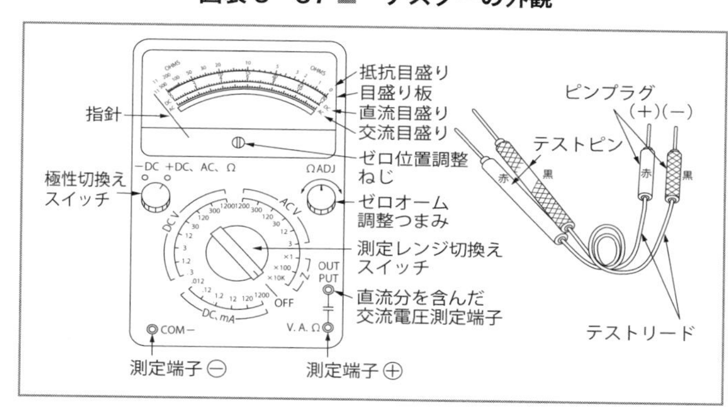

<使用上の一般的な注意事項>

- 測定する電流、電圧、抵抗項目に応じて、切替えスイッチを選定
- 赤のプラグを＋端子に、黒の端子を−端子に接続する
- メーターのゼロ位置調整をしてから、測定する
- 抵抗測定時は、測定対象設備の電源を切って行う。コンデンサーがある回路では、放電後に測定する
- 電流は、流れる電気の量を測定するので、**図表5・58**のように直列に接続し、電圧測定時は、負荷の両端における電位差を測るので、負荷に並列に接続する

図表５・58 ■　電流計と電圧計の接続

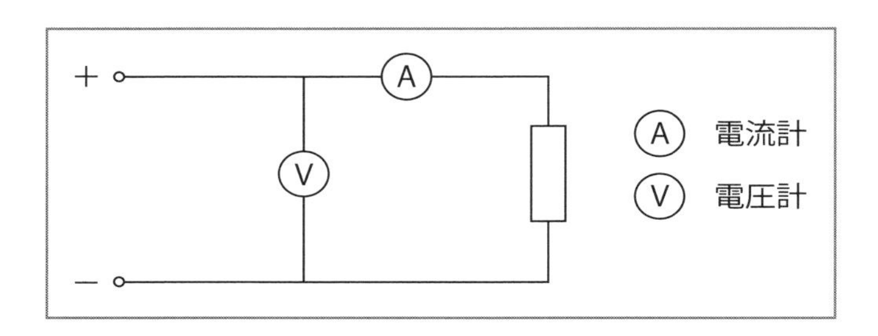

(6) 電気制御

① 電気制御の基本構成

製造装置、工作機械および家庭用の電気設備は、制御回路により所定のはたらきをしています。この制御回路は大別して、次の２つに分類できます。

・主回路または動力回路：電動機などへの電力供給の制御や保護を行う回路
・制御回路または操作回路：フィードバック制御やシーケンス制御を行う回路

＜フィードバック制御＞

温度、圧力、位置、角度など制御したい量を測定して、その値を目標値と比較し、その差異を一致させるように訂正動作を自動的に行う。

＜シーケンス制御＞

あらかじめ定められた順序に従って、制御の各段階を順次進めていく。

＜インバーター制御＞

交流電流をコンバーター部で直流電流に変換し、再びインバーター部で交流電流に変換することで、任意の周波数帯で交流モーターの回転数（速度）を制御する。

おもな機器・設備

6・1　空気圧機器

(1) 空気圧機器の特徴と保全

空気圧機器の特徴として、機器そのものが故障しても、大きな災害・事故になる危険性は少ないことがあげられます。空気圧は簡便に得られるエネルギーなので、搬送機器や位置決め装置として多く利用されています。位置決め装置の場合、品質や製品の良否に影響を持つことが多く、保全管理は重要となります。

日常の保全管理が良好であれば安心して使用でき、故障・不良の未然防止が可能です。各機器の点検・保全ポイントを理解し、不具合の未然防止を図りましょう。

日常点検や定期整備点検で故障の要因を早期に発見し除去する方法として、運転中の異音、臭い、振動（ビビリ）、発熱、動作にスムーズさがなくなるなどの現象の有無を点検することが重要です。

また、空気圧機器に共通する弱点であるエア漏れは、エネルギー損失だけでなく、周囲の機器、製品を汚す場合もあるので、定期的なエア漏れの点検が必要です。点検活動によって機能低下・機能停止を未然に防ぎ、定期的な部品取替えなどによって空気圧回路全体の円滑な運転と寿命を延ばすことが可能になります。

(2) エアフィルター

① 機能

圧縮空気には水分・チリ・鉄粉などの不純物が含まれています。エアフィルターはこれらの不純物を取り除いて、キレイなエアにする機能があります。ドレンが一定量溜まると自動的に排出する自動排出機構が設置されているものもあります。

図表5・59にエアフィルターの構造例を示します。

図表5・59 ■ エアフィルターの構造例

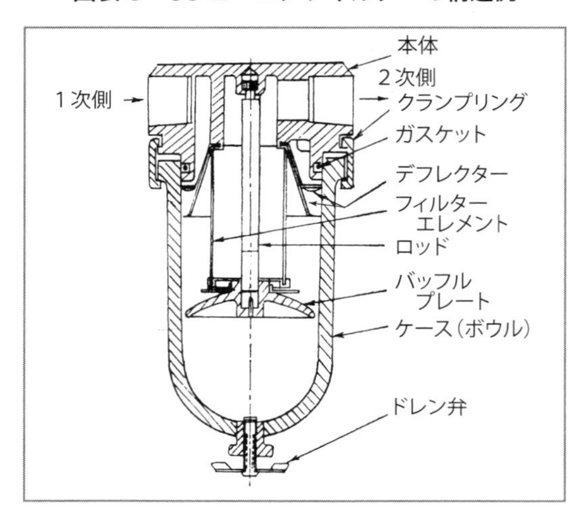

② 点検ポイント

エアフィルターの機能を十分に発揮できるよう、次の保守点検を行います。

・エレメントの詰まりの判断は、圧力計の指針がシリンダーを動かしたとき、大きくダウンすれば詰まっている

エレメント（ろ過器）の目詰まりを防止するために、3ヵ月程度のサイクルで洗浄します。汚れ・目詰まりがひどい場合は交換します（洗浄するときは、灯油または家庭用中性洗剤を使用）。また、エレメントの内側からエアブローします。

・エアフィルターのケース（透明な容器）に溜まったドレン（水・不純物）はあるか

ドレンが確認できる場合は、こまめに抜きます（ドレンをバッフル以上溜めるとフィルターの役目を果たせない）。

・ケースの汚れはないか

ケースは汚れやすく、また汚れていてはドレンが溜まってもわからないので、常に外側はもとより内側までキレイにしておきます。

・ケースにヒビ割れなどないこと
・配管接続部のエア漏れはないか
・取付けボルトのゆるみはないか
（注） ドレン弁は手で開閉できるので、工具は使用しないほうがいいでしょう。

(3) レギュレーター（圧力制御器）

① 機能

圧縮空気の圧力を使用目的に応じて制御するのがレギュレーターです。1次側の圧力を2次側の要求する圧力に下げる減圧弁や、空気圧力が規定圧力以上になった場合に機械を保護するために圧力を逃がす安全弁などがあります。

図表5・60に直動型減圧弁の構造例を示します。

図表5・60 ■ 直動型減圧弁の構造例

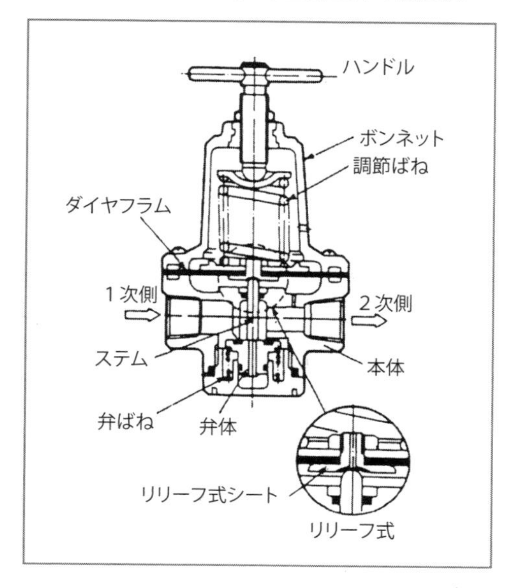

② 点検ポイント

・圧力ゲージはよく見えるように、常時キレイに保持する

・定期的に分解掃除する

・圧力調節をする場合は、ロックナットをゆるめ、調圧ハンドル（アジャストスクリュー）を右（時計方向）に回すと２次側の圧力は高くなり、左に回すと低くなる。圧力調節が終わったらロックナットを必ず締めて、調圧ハンドルが動かないようにしておく

・ロックナットはゆるみがなく、合マークはあるか

・配管接合部からのエア漏れはないか

・取付けボルトのゆるみはないか

(4) 圧力計

① 機能

圧縮空気の負荷圧力を表示します。ブルドン管は圧力を受けると、その断面が円形に近づいて管は伸長し、このときの先端の動きが圧力にほぼ比例して直線的に動きます。先端には拡大指示をするため、「ロッド」「セフター」「ピニオン」により指示します（**図表５・61**）。

図表５・61 ■　圧力計の例

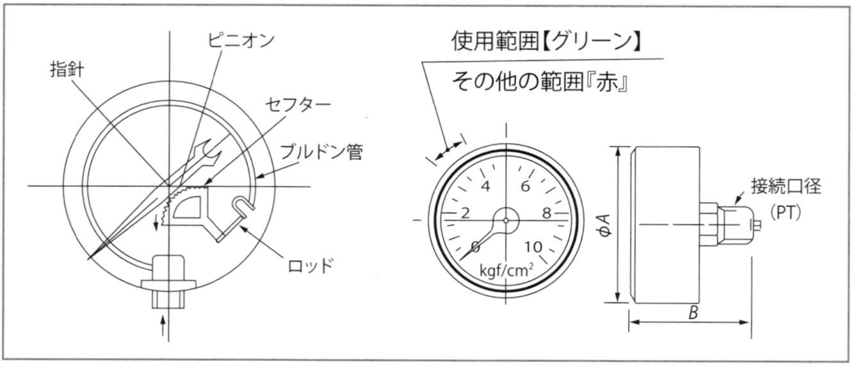

② 点検ポイント

圧力管理の目的は、正しい計測・設定によって安全操業・品質維持を支え、省エネルギー面から各工程にムダのない管理を行います。

点検ポイントは以下のとおりです。

・圧力計はよく見えるよう、常時キレイに保持する
・作動指示値は許容範囲内（限界表示する）に入っているか
・ケース・ガラスの割れ、変形、ボルトのゆるみはないか
・配管・継手からエア漏れのないこと
・取付けボルトのゆるみはないか

(5) ルブリケーター（油補給器）

① 機能

空気圧装置も動く個所には潤滑が必要で、適正な潤滑が行われていれば、エアシリンダーや電磁弁の故障は半分以下になるといわれています。

ルブリケーターには２つの機能があります。その１つは潤滑油を貯えること、もう１つは圧縮空気の流れの中に細かい油粒を噴出させて、電磁弁やシリンダーの摺動部に潤滑油を供給することです。

図表 5・62 に選択式ルブリケーターの構造例を示します。

図表 5・62 ■ 選択式ルブリケーターの構造例

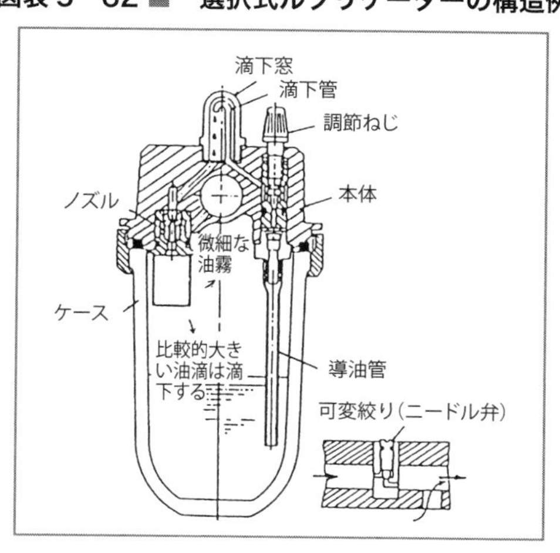

② 点検ポイント

・潤滑油の油量はよいか：エアを止めて給油栓を外し、タービン油 1 種（ISOVG32）を給油する
・ケース（油貯め容器）の清掃状態はよいか：ケース内の油の残量や不純物の混入がひと目で確認できるように、ケースは常にキレイに掃除する
・ケースの破損がないこと
・ルブリケーターの中に水が溜まったり、不純物が混入していないか
・潤滑油が適量滴下しているか：油が噴出していないときは分解掃除をするか、新しいルブリケーターに交換する
・油量滴下調節はよいか：通常は 10 ～ 15 ストロークに 1 滴の割合で滴下すれば十分といわれている。多すぎても、少なすぎても故障の原因となる
・配管・継手からエア漏れはないこと
・取付けボルトのゆるみはないか

(6) 方向制御器（電磁弁）

① 機能

空気圧シリンダーや空気モーターなどのアクチュエーターにエアを流したり止めたりして、シリンダー、エアクラッチ、ブレーキなどを作動させるためのもので、始動・停止の切換えを目的にした、流体の流れ方向の制御を行います。

図表 5・63 にスプールタイプマスターバルブの構造例を示します。

図表5・63 ■ スプールタイプマスターバルブの構造例

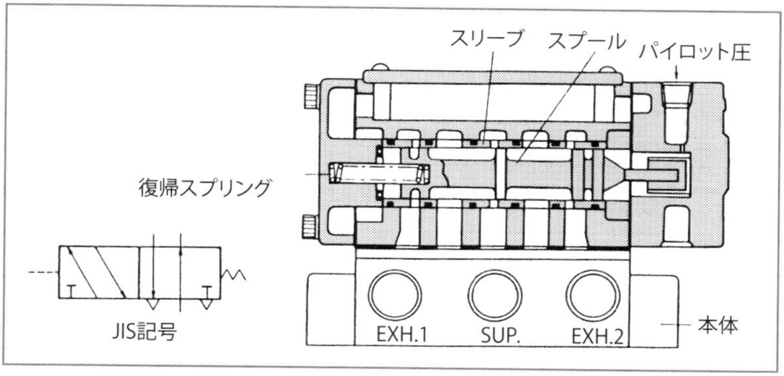

■電磁弁（ソレノイドバルブ）

電磁石（ソレノイド）を操作力として、弁を動かし流れの方向を変えます。方向制御弁の中でもっとも多く使用されている弁です。

② 点検ポイント

方向制御器は、ラインで分解点検したり、修理することがとてもむずかしく、ゴミなどで不具合を増幅する場合もあるので、ふだんから機械（空気圧装置）の作動状態を注意して見ておくことが大切です。

＜点検ポイント＞

電磁弁はホコリ・水分・異種の油分を嫌います。配線コードの取口にすきまがあったり、排気孔をあけたまま放置しておくと異物が入り、電磁弁の劣化を早め、故障の原因につながります。したがって、このような開孔部は異物が入らないようにシールするか、排気孔に必ずサイレンサーを取り付けるなどの対策を行います。

機器を常に清掃して清潔を保ち、微欠陥を排除することが設備を長持ちさせる秘訣であり、保全の第一歩です。

・方向制御弁の作動状態はよいか
・排気口からのエア漏れはないか
・配管接続部のエア漏れはないか
・取付けボルトのゆるみはないか

・電気端子カバー取付けビスのゆるみはないか
・電気端子部の配線のムキ出しはないか
・電磁弁から異音・発熱はないか（正常な場合、手で触れることができる）
・コイルケース取付けボルトにゆるみがないか

(7) スピードコントロールバルブ（流量制御弁）

① 機能

スピードコントロールバルブ（通称スピコン）は、アジャストスクリューを調節することによって、圧縮空気の流量を変え、シリンダー（作動機器）のピストンロッドの動きを速くしたり遅くしたりするために使用します。

図表 5・64 にスピードコントロールバルブの構造例を示します。

図表 5・64 ■　スピードコントロールバルブの構造例

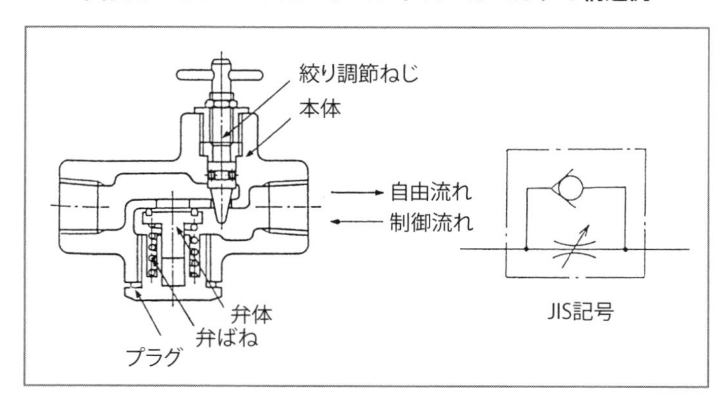

スピードコントロールバルブには方向性があって、一方からは空気を大量に流せますが、その反対側から空気を流す場合は、ごく少量に絞ることができます。したがって、スピードコントロールバルブをシリンダーに取り付ける場合、利用法によりメータアウト回路とメータイン回路の2種の方法があります。

② 点検ポイント

・アクチュエーターの作動状態はよいか
・アクチュエーターの近くに設置してあるか
・調整ねじのゆるみはないか
・調整ねじの合マークはあるか
・配管接続部のエア漏れはないか

(8) サイレンサー（消音器）

① 機能

サイレンサーは、吸音材を使っておもにエア回路の排気音を消す働きを持ちます。外に排気中の不純物（油分、水分、粉じん）を除去するフィルターの役目も果たすので、職場環境の保全の役目もあります。したがって、すべての方向制御器に取り付けることが原則となっています。

図表5・65にサイレンサーの構造例を示します。

図表5・65 ■ サイレンサーの構造例

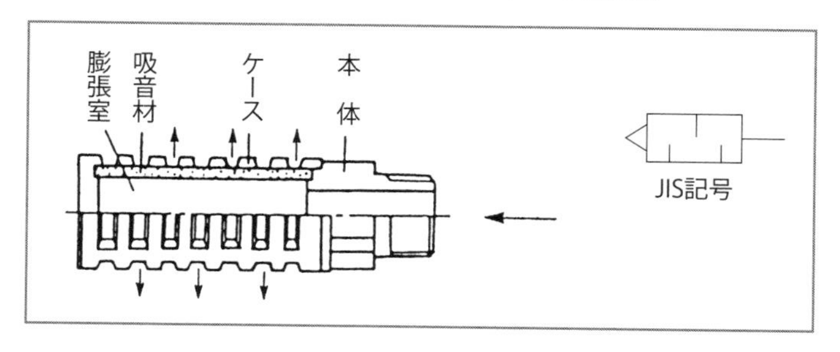

サイレンサーのエレメントに不純物が固着すると、背圧がかかってアクチュエーターのスピードが遅くなり、作動に悪影響を及ぼす場合があります。清掃する際には、エレメントを取り出して、外側からエアで吹きます。

② 点検ポイント

・汚れや不純物の固着はないか
・油分が必要以上に出ていないか（ルブリケーターからの潤滑のし

すぎ）
・配管接続部のエア漏れはないか
・無作動状態でエア漏れはないか

(9) アクチュエーター

① 機能と分類

アクチュエーター（作動機器）とは、圧縮空気エネルギーを機械エネルギーに変える機器で、それぞれ下記のような仕事をしています。

■エアシリンダー

② 構造

圧縮空気をピストンで仕切られたシリンダーの両室へ交互に入れ、規定の押し圧力により直線往復運動を得ることができます。構造も簡単で故障も少ないので、自動化機器として多く使用されています。

図表 5・66 に複動空気圧シリンダーの構造例を示します。

図表 5・66 ■　複動空気圧シリンダーの構造例

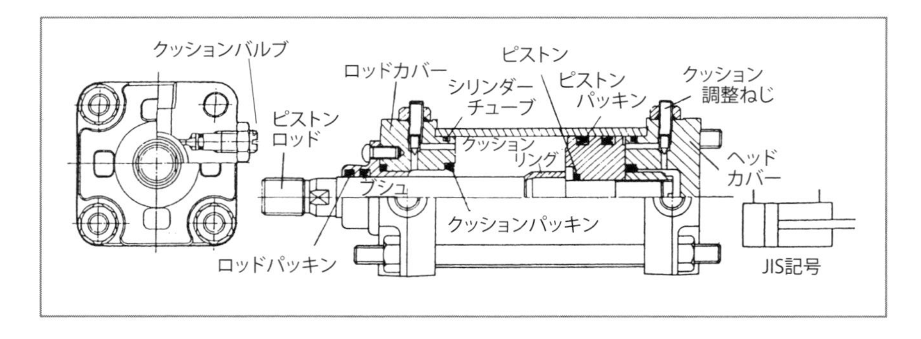

③ 点検ポイント

エアシリンダーの点検は、動いている状態でなければわからない不具合（動的点検）と、止めて行う各部の点検があります。また停止点検の場合も、エアが入っていなければできないものもあり、点検時には十分注意してください。

＜動的点検＞

・作動状態がスムーズでノッキングはないか
・ピストン速度・サイクルタイムの変化はないか
・ストロークに異常・変化はないか
・ロッドのしなりはないか
・制御用配線の引張りこすれはないか

＜停止点検＞

・シリンダー取付け用ボルトにゆるみはないか：合マークで確認
・ロッド先端金具（フリージョイント）・ロッドのボルト類のゆるみはないか：合マークで確認
・シリンダーのチューブ（タイロッドナット）のゆるみはないか：合マークで確認
・ロッドのきず、摩耗、錆、曲がりはないか
・位置確認用マイクロスイッチのゆるみはないか
・シリンダー各部からエア漏れはないか
・接続配管部のエア漏れはないか

6・2　油圧機器

油圧装置はさまざまな機器の組み合わせにより構成されており、故障も複雑な要因によって発生します。一般には大きなトラブルになる前に、その前兆として、臭い、音、振動などのさまざまな小さい異常現象が現れます。

このような異常は、装置の日常点検のときによく注意すれば、見つけることができます。したがって、点検は停止に至る前に対策を施すための大切な手段です。

日常の保全管理がよければ、安心して使用でき、故障・不良の未然防止が可能です。各機器の点検・保全ポイントを理解し、不具合の未然防止を図ることが重要です。

日常点検や定期整備点検で、故障の要因を早期に発見し除去する方法

として、運転中の異音、臭い、振動（ビビリ）、発熱、動作にスムーズさがなくなるなど、油圧機器の構成部品が出している危険信号（サイン）を正確に受けとめて、対処することが必要です。

(1) 油圧ポンプ

油圧ポンプは、外部から与えられた機械的動力を、作動油に流体エネルギーを与えて流れと圧力に変換させる機器です。吐出し量のほぼ一定な容積形ポンプが用いられており、その作動原理上から、回転式と往復式とに大別されます。

円滑な油圧制御のためには、吐出し脈動が少ないこと、負荷圧力の変動が少ないことがあげられます。

油圧ポンプとして用いられる容積形ポンプには、1 回転あたりの吐出し量が変えられない定容量形ポンプと、1 回転あたりの吐出し量が変えられる可変容量形ポンプがあります。

油圧ポンプの代表的なものとして、ベーンポンプ、歯車（ギヤ）ポンプ、ピストンポンプなどがあります（**図表 5・67、68**）。

図表 5・67 ■ 定容量形ベーンポンプ（圧力平衡形）

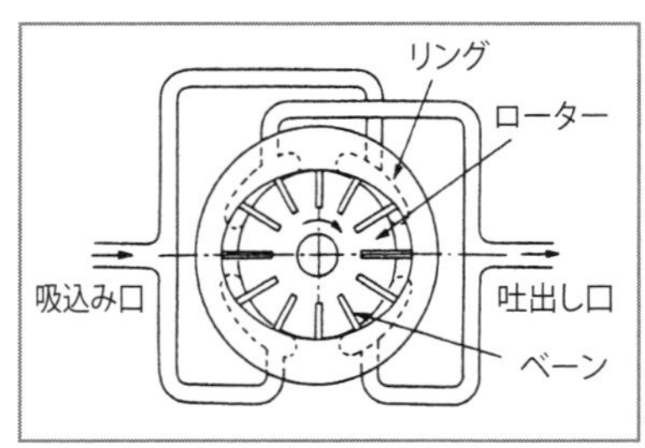

図表 5・68 ■ 可変容量形ベーンポンプ

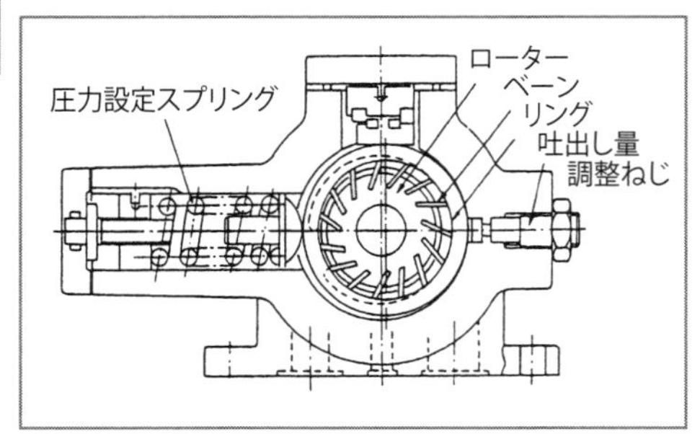

①点検ポイント

<停止点検>

・取付けボルトのゆるみはないか
・吸込み側ユニオンにゆるみはないか
・ポンプの吐出し口および吸込み口、シャフトシール部に油漏れはないか

<運転時点検>

・ポンプ吸込み口からエアを吸っていないか
・ポンプの騒音、振動が大きくないか
・ベアリング部に異常音はないか
・ポンプの温度は高くないか（60℃以下）

<五感点検>

・正常状態 → 手で4～5秒以上触れることができる
・異常状態 → 手で2～3秒以上触れることができない
・無負荷の場合で、油圧ゲージに振れはないか
・アクチュエーターのスピードダウンはないか
・電動機の電圧・電流の増加はないか

(2) 油圧バルブ

油圧装置で油圧を仕事に換えるアクチュエーター（油圧シリンダー・油圧モーター）を要求どおりに作動させるには、油圧ポンプからの圧油をアクチュエーターにそのまま使用することはできません。つまり、油圧ポンプから吐出する圧油の供給を受けて、人間の手足に相当するアクチュエーターを希望どおりに、確実に働かせるのが油圧バルブの役割です。そのためには、圧力、流量、方向を制御する必要があります。

その機能に応じて、油圧バルブは次の3種類に分類することができます。

①圧力を制御する圧力制御弁（仕事の大きさを決める）、または使用圧力を制限するなど圧力を制御するバルブ

リリーフ弁、減圧弁、シーケンス弁、アンロード弁、カウンターバランス弁など

② 流量を制御する流量制御弁（仕事の速さを決める）

スロットルバルブ（絞り弁）、フローコントロールバルブ（流量調整弁）など

③ 流れの方向を制御する方向制御弁（仕事の方向を決める）

チェック弁、パイロットチェック弁、ソレノイド弁など

■圧力制御弁

① 機能

圧力制御弁（リリーフ弁）は、油圧回路内の圧力が過大にならないように油を逃がす安全弁としての作動のほか、回路内の圧力を一定に保つためにも使用されます。圧力が弁の設定値に達すると、回路内の油の一部または全量を戻り側に逃がします。

図表 5・69 にバランスピストン形リリーフ弁の構造例を示します。

図表 5・69 ■　バランスピストン形リリーフ弁の構造例

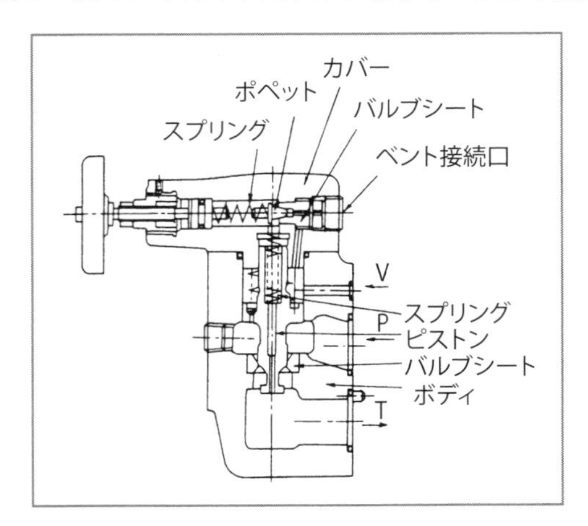

② 点検ポイント

<停止時点検>

・配管の継手部に、油のにじみ・漏れはないか
・ロックナットは固定されているか
・取付けボルトにゆるみはないか

<運転時点検>

・加圧時に異音・振動はないか
チョークにゴミが詰まっていたり、空気が混入していたりすることがあるので、圧力が細かく振動し、ピーという高い音色の異常音が発生していないかを確認する
・圧力が上昇、下降するか
針弁の弁座やバランスピストンにゴミが噛んでいると圧油が逃げてしまい、圧力が上昇しない

■流量制御弁

① 機能

シリンダーなどのアクチュエーターの速度を制御するには、流量制御弁が使用されます。流量調整弁は管路の一部に抵抗を与え、油圧回路の流量を制御する弁の総称で、絞り弁や流量調整弁に大別されます。

図表 5・70 に絞り弁のうちのスロットル弁の構造例を示します。

図表 5・70■ スロットル弁の構造例

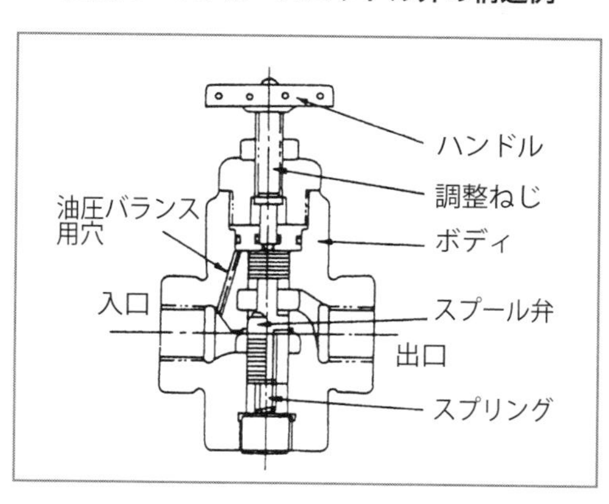

<停止時点検>

・油漏れ・にじみはないか

・ロックナットは固定されているか

・取付けボルトのゆるみはないか

<運転時点検>

・流量が調整できるか

・異音はないか

■方向制御弁

① 機能

油圧アクチュエーターの運動方向を制御するため、油の流れの向きを変えたり、流れの方向を規制する制御弁です。

<ソレノイド弁>

ソレノイドバルブ（電磁弁）とは、電磁操作弁および電磁パイロット切換え弁の総称で、切換え弁の片側または両側にソレノイド（電磁石）を設け、電気信号のON、OFFによって交互に通電・励磁して電磁石を作動させ、直接または間接的にスプールを駆動し、油の流れの方向を切り換えるものです。

図表5・71にソレノイド弁の構造例を示します。

図表5・71 ■ ソレノイド弁の構造例

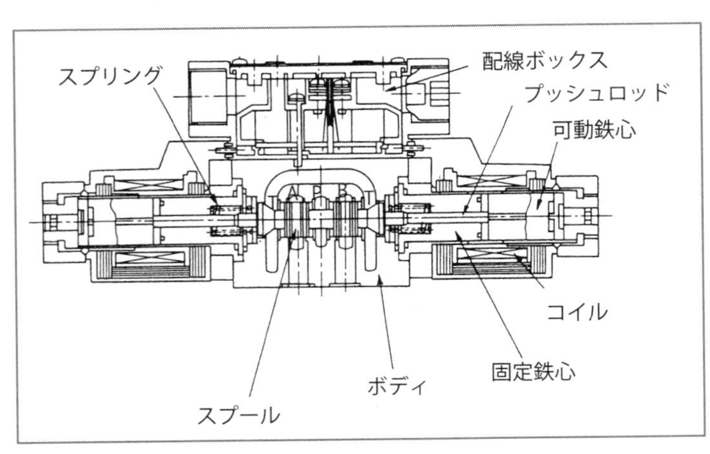

＜停止時点検＞

・配管接続部から油のにじみ、漏れはないか

・本体取付けボルトのゆるみはないか

・コイルケースの取付けボルトはゆるんでいないか

・結線がむき出しになっていないか

＜運転時点検＞

・電磁弁の異音・発熱はないか（60℃以内か）

正常状態 → 手で４～５秒以上触れることができる

異常状態 → 手で２～３秒以上触れることができない

・方向制御の作動状態はよいか

・異音はないか

(3) アクチュエーター

油圧アクチュエーターは、流体エネルギーを直線運動や回転運動に変換する装置の総称で、変換方式によって油圧シリンダー（直線往復運動）と油圧モーター（回転運動）に大別できます。

① 油圧シリンダー

＜機能＞

流体のもっている圧力エネルギーを機械エネルギーに変えて、仕事を行うものです。

ピストンで仕切られたシリンダーの両室に油圧を交互にかけ、往復運動を得ます。

図表 5・72 に油圧シリンダーの構造例を示します。

＜点検ポイント＞

[停止時点検]

・取付けボルトのゆるみはないか

・タイロッドのゆるみはないか

・ロッドねじ部のゆるみ止めは確実か

・ロッドにきず、摩耗はないか

第5章 設備保全の基礎

図表 5・72 ■　油圧シリンダーの内部構造例

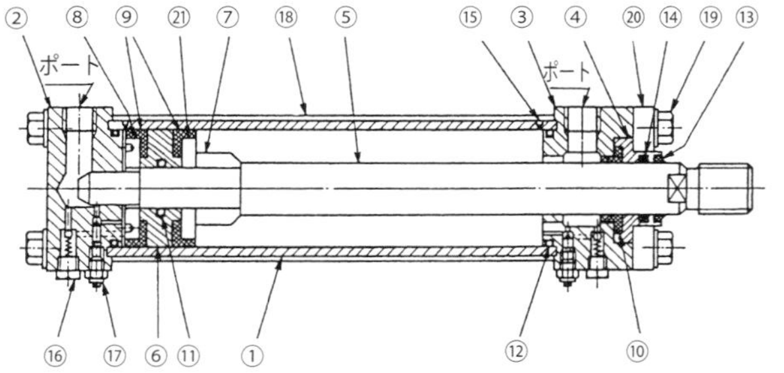

ポート　ポート

①チューブ
②ヘッドカバー
③ロッドカバー
④ブッシュ
⑤ピストンロッド
⑥ピストン
⑦クッションリング
⑧ピストンナット
⑨ピストンパッキン(Lパッキン)
⑩ロッドパッキン(Jパッキン)
⑪ピストンガスケット
⑫チューブガスケット
⑬ダストワイパー(オイルシール)
⑭オイルワイパー
⑮空気抜き
⑯チェック
⑰クッション弁
⑱タイロッド
⑲ナット
⑳押さえ板
㉑インサイドフォロワ

・油漏れはないか
・クッションバルブ、ナットのゆるみはないか
・防じん用ジャバラに破れはないか（付いていたもので、破損したもの対象）

［運転時点検］

・ロッドの前後進はスムーズか
・シリンダースタート時の飛び出し、または遅れはないか

油圧シリンダーは直接負荷を受けるので、故障も多く点検は確実にするよう心がけましょう。

(4) 油圧タンク

① 機能

油圧タンクは、作動油を必要量貯えるだけでなく、油中の混合物や気泡の分離除去、さらには油圧装置の発生する熱を放散して、油温が上昇するのをやわらげます。

図表 5・73 に標準的なタンクの構造例を示します。また、油圧ポンプ、

図表 5・73 ■　標準的なタンクの構造例

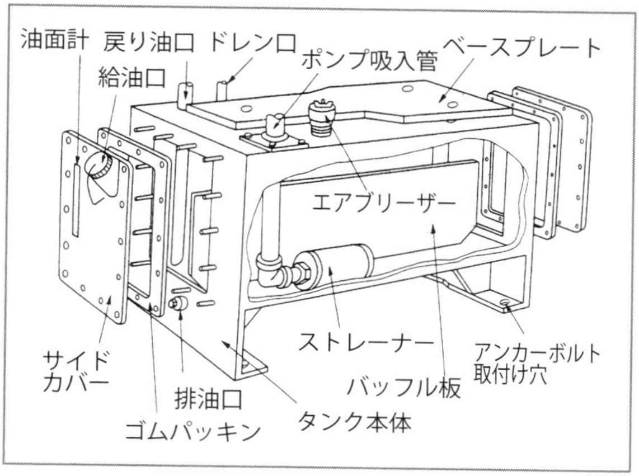

モーター、バルブの架台も兼ねています。

② 点検ポイント

＜日常点検＞

日常点検は、人が機器や作動油の状態を目視や手で触れるなど五感で簡単に点検するものであり、次の項目を行います。

＜油温の管理＞

平常操業をしているとき、油圧装置の油温はほぼ一定になり、あまり変化しません。したがって、装置ごとに平常操業時の基準温度を定め、機器を点検する必要があります。

＜油面の管理＞

管理油面範囲を定め、点検しやすいようにしておきます。作動油の補給を行ったときは補給量を記録しておき、1ヵ月の補給量が装てん量の5%以上になったときは漏えい個所があると判断し、機器、配管および継手類の点検を行って早期に修理を行います。

＜タンクのドレン抜き＞

定期的にドレン抜き管より、作動油の外観、スラッジ、水分などの点検を行います。

＜漏えい＞

油圧系統内の少量の漏えいは日常点検で発見するのは難しく、タンクの油面管理で異常を把握します。管、油圧ホースおよび継手類が破損した場合は漏えい量が多いので、配管系統の振動や油圧ホースと他物体との接触の有無を目視で点検し、振動や異常を認めたときはクランプ、油圧ホースを点検し、配管の振動防止、油圧ホースの取替えなどをトラブル発生前に行います。

＜点検ポイント＞

［停止時点検］

・油漏れはないか
・油の気泡・白濁はないか
・アンカーボルトのゆるみはないか
・各装置、取付け部のガタ、ボルトのゆるみはないか
・不要な穴や、シールの破損はないか

［運転時点検］

・油量は限界表示内にあるか
・油温は限界表示内にあるか

(5) アクセサリー

油圧機器に本来の機能・性能を発揮させるためのもので、アキュムレーター、クーラー、フィルター、圧力計などを総じてアクセサリーと呼びます。そのおもな役割は次のとおりです。

・回路内へのゴミ、ホコリの侵入防止
・回路内へのエア混入の防止
・作動油温の上昇抑制・回路内の一定圧力保持
・回路内で発生した汚染物の除去

① ストレーナー（サクションストレーナー）

＜機能＞

油圧タンク内にあるフィルターで、作動液に混入している固形粒子や

ゴミを除去し、回路内に持ち込ませないための機器です。油圧回路に用いられる作動油は、いかなる場合にも清浄な状態に保たなければ機器の故障や性能を十分に発揮できなくなります。

図表 5・74 ■　ストレーナーの構造例

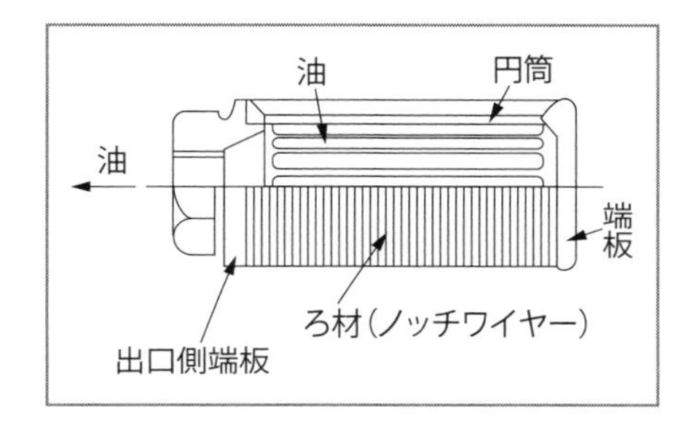

図表 5・74 にストレーナーの構造例を示します。

<点検ポイント>

使用状態により、定期清掃、エレメントの交換が必要で、目の粗いノッチワイヤー式のものは、軽油または灯油（水性作動液使用時は水道水）ですすぎ洗いして、内側よりエアブローします。

② エアブリーザー

<機能>

タンク内と外とのエアの出入りと、エアのゴミの除去を行います。給油口とエアブリーザーろ過エレメントを給油口に取り付け、注油時のゴミの混入を防がなければならなりません。

また、タンク内の油面は回路内油量の変化によって上下し、そのタンク内にエアが出入りします。このエアを吸い込む際に、ゴミやホコリを取り除く役割をしているのがエアブリーザーです。

図表 5・75 にコンビネーションエアブリーザーの構造例を示します。

<点検ポイント>

タンク内に汚れが侵入しないように、エレメントの清掃を行います。

［停止点検］

・キャップ周辺にゴミ・汚れはないか

図表 5・75 ■　コンビネーションエアブリーザーの構造例

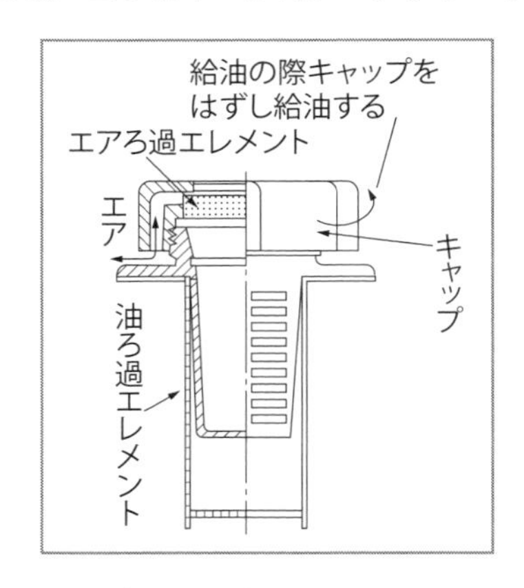

・エアろ過エレメントに汚れはないか
・油ろ過エレメントに汚れはないか
・本体取付け部のガタ、ボルトのゆるみはないか

(6) 油圧配管

油圧装置の大きな特徴の１つに、設備環境などに応じて設置できることがあげられます。たとえば、作動油によって離れた場所にあるアクチュエーターまでエネルギーを伝達でき、その役割を果たしているものが油圧配管です。

一般に油圧配管に用いるのは鋼管ですが、用途に応じてステンレス、アルミニウムなどが使用されます。可動部分の配管にはフレキシビリティを持たせるために、ゴムホースが使われます。

① 故障

配管関係で作動液の漏れがもっとも多いのは継手および油圧ホースです。この原因の大部分は、圧力変動による配管の振動で、継手あるいはクランプがゆるむからです。ゆるんだ個所は振動によりさらにゆるみが促進し、シールの破損、ボルトの切損、ねじ込み部の亀裂および他物体と接触して局部摩耗し、配管のトラブルになります。

油圧ホースは、圧力変動による疲労、ゴムの経年変化などにより劣化します。

配管関係は、新設備稼動後1ヵ月以内にボルトのゆるみ防止を図るため、増締めをしましょう。その後は周期を決めて各締結部の点検を行い、トラブル防止を図ります。

② 点検ポイント

・日常点検の際、振動の多い系統の継手、クランプ
・油圧ホース、とくに作動回数（圧力変動）の多い個所、作業環境の悪い（輻射熱や水のかかる）個所では6ヵ月に1回点検する
・Uバンド、Uボルトでクランプしている個所
・ねじ込み継手のねじ込み部
・配管と他物体との間隔が少なく、振動で接触する可能性がある個所
・配管に水がかかったり、砂やスケールなどが埋まっている個所

＜停止時点検＞

・配管の曲がり、つぶれはないか
・配管各部から漏れはないか
・継手部、フランジなどから漏れはないか
・ストップバルブからの漏れはないか
・配管サポートボルトのゆるみはないか
・配管色・流体記号はあるか

＜運転時点検＞

・配管のガタ、振動は出ていないか

＜ゴムホース＞

油圧装置に使用される非金属管の中で、代表的なものがゴムホース（以下ホースという）です。

① 構造

圧力が高くなると、ゴムだけでは耐久性に乏しいので、ホースの構造は次の要素から成り立っています。

作動油を通す内面のチューブ、ホースの耐圧力を生み出す補強層に布やワイヤーブレードを巻き付け、ホースの内圧に対するゴムチューブの

膨張・破裂などを防止するための耐圧強度を持たせてあります。

図表5・76にホースの構造例を示します。

図表5・76 ■ ホースの構造例

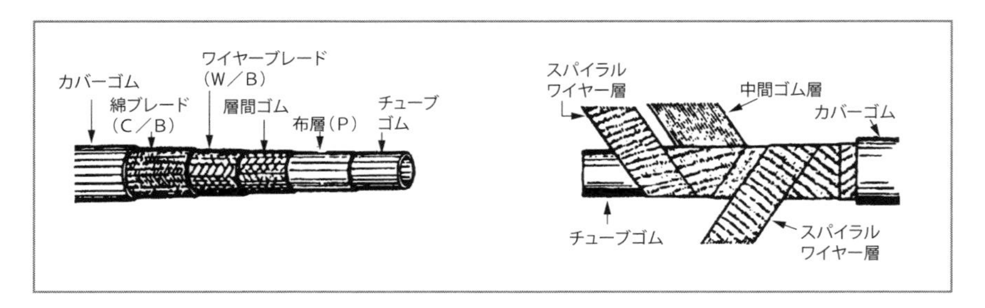

② 使用上の注意ポイント

ホース特有の柔軟性を利用して、金属配管では配管が困難な場所、機器が移動する個所、金属配管の芯合わせ個所などに使用されます。しかし、使用条件には限度があるので、とくに次の点に注意します。

＜点検ポイント＞

［停止時点検］

- 配管のこすれ、曲がり、つぶれはないか
- 配管各部から漏れはないか
- 継手部、フランジなどから漏れはないか
- ホースのめくれ、破損はないか
- ムリな曲げ、引張りはないか
- 配管色・流体記号はあるか

［運転時点検］

- 配管のガタ、振動は出ていないか

6・3　電気機器

(1) 動力制御機器

動力回路は、配線用遮断器または漏電遮断器、箱形開閉器、電磁開閉器、サーマルリレーなどで構成され、制御回路は操作部（押しボタンスイッチ)、表示部（表示ランプ)、検出部（リミットスイッチ)、制御部（リレー、タイマーなど）などで構成されています。

① 配線用遮断器（MCCB：Mold-Case Circuit Breaker)

低圧回路の電路保護に用いられる遮断器です。過負荷または短絡（ショート）などが起きた場合、自動的に遮断するもので、ヒューズ交換などの手間がかからず、停電時間を短縮することができます。

遮断したとき（トリップという）の再投入操作は、スイッチをいったん下部の OFF に下げてからリセット（真中で止める）し、そこから上部位置の ON へ押し上げます。

＜保全ポイント＞

- 使用設備に名前の記入があり、読み取れること
- 室内温度は 40℃以下にする、また制御盤の温度上昇に注意する
- 負荷電流の大きさを点検する（単体負荷の場合は定格電流の 80％以下、複合負荷の場合 50％以下にする)
- 導体接続部の熱による変色がないかを確認する
- 配線遮断器のトリップの原因究明をする

② 漏電遮断器（ELB：Earth Leakage Breaker)

電気は、電路および機器まではすべて絶縁され、電流は外部に流れないようになっています。しかし、電路または電気機器内部で絶縁が低下したり破壊したりすると、漏電が起きたり大地に漏れて電流が流れ（地絡)、感電や火災が発生します。

漏電遮断器は、この漏電や地絡電流を検出して回路を遮断する目的に使用されます。

＜保全ポイント＞

- 使用設備に名前の記入があり、読み取れること

・室内温度は40℃以下にする、また制御盤の温度上昇に注意する
・負荷電流の大きさを点検する（単体負荷の場合は定格電流の80％以下、複合負荷の場合50％以下にする）
・導体接続部の熱による変色がないかを確認する
・配線用遮断器のトリップの原因を究明する
・始業前および定期のテストボタンによる機能確認テストを行う
・定期的に動作特性テストを行う（保全部門が行う）

③ 電磁開閉器（マグネットスイッチ）

電磁開閉器はモーターの運転操作用に使用され、回路の開閉および過負荷保護を行います。一般に電磁接触器（マグネットコンタクター）とバイメタルを使用した熱動形過電流継電器（サーマルリレー）との組合わせにより構成され、電動機が過負荷になり過電流がある時間以上流れるとサーマルリレーが働いて電磁接触器を開き、電動機の焼損を自動的に未然防止します。

④ 熱動形過電流継電器

一般にサーマルリレーと呼ばれる継電器は、電流によって生じる熱を直接または間接的にバイメタルへ加え、その熱膨張係数の差によってわん曲する作用で接点の開動作を行います。

⑤ 制御盤および操作盤

制御を行う中心的な役割を果たす機器部品を集めて箱に収めたものを制御盤といいます。制御盤の役割は、機器部品をホコリなどの汚れ、水や油の飛散からの保護、安全上から電気機器を隔離することです。

制御盤の中には、各種のリレーやタイマー、ケーブルの接続端子、ヒューズ類、PLC（プログラマブルロジックコントローラ）、内部照明灯、冷却ファン、換気ファンなどが配置されています。

図表5・77に制御盤の例を示します。

操作盤は、制御盤と異なり設備の操作を行うためのスイッチなどが配置されています。また、運転状態や設備の状態を表示したランプや計器も配置されており、オペレーターはこの操作盤を使って設備を運転します。

図表 5・77 ■ 制御盤の例

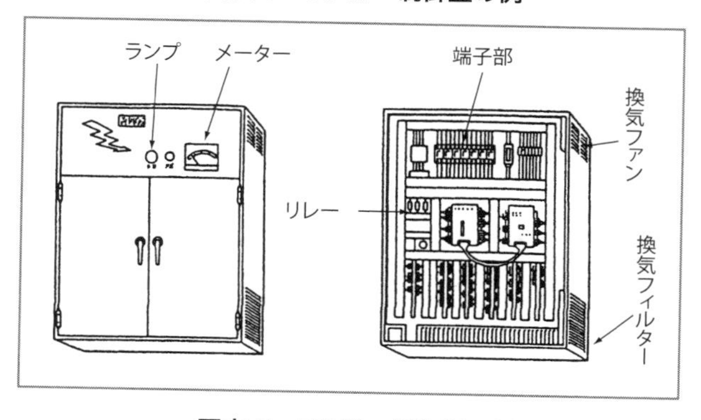

図表 5・78 ■ 操作盤の例

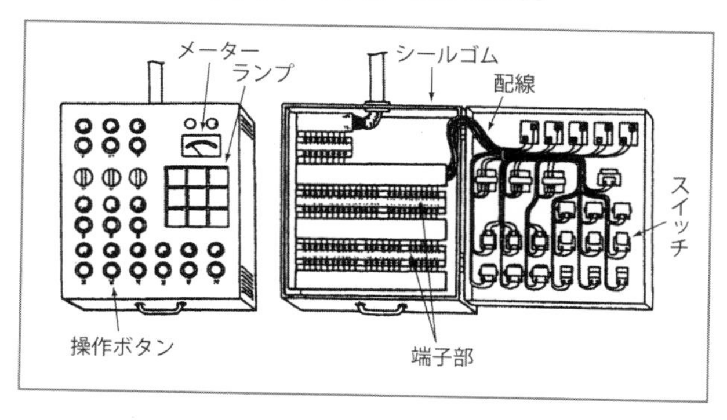

図表 5・78 に操作盤の例を示します。

<点検ポイント>

・ボックス内のゴミ・ホコリおよび不要物の撤去

・メーター・ランプの表示、汚れと損傷はないか

・換気フィルター、ファンの劣化・損傷はないか

・端子のゆるみ・汚れ・錆・圧着端子部の損傷はないか

・リレーの劣化（黒くなっている・接点部の汚れ・うなりがあるか）

・アースの取付け状態

・配線状態（きちんと結束されているか・絶縁被覆に損傷はないか）

・余分な穴はあいていないか

・盤内温度・湿度のチェック

⑥ 電線

電線は、電流との絶縁をする被覆と、電気を伝える（送る）電線とで構成されます。

絶縁被覆の損傷は絶縁劣化となり、短絡や漏電の原因になることからとくに注意が必要です。

被覆はゴム、ビニール、ポリエチレンなどさまざまな素材のものが使われているので、被覆の特性に応じて電線を選定します。

また接続は、はんだによる固定接続が好ましいのですが、圧着端子によるかしめが加工上容易なので、多く用いられています。端子部のゆるみ、かしめはずれ、端子接続ビスのゆるみなどに注意する必要があります（**図表 5・79**）。

図表 5・79 ■　電線の構造とかしめはずれ

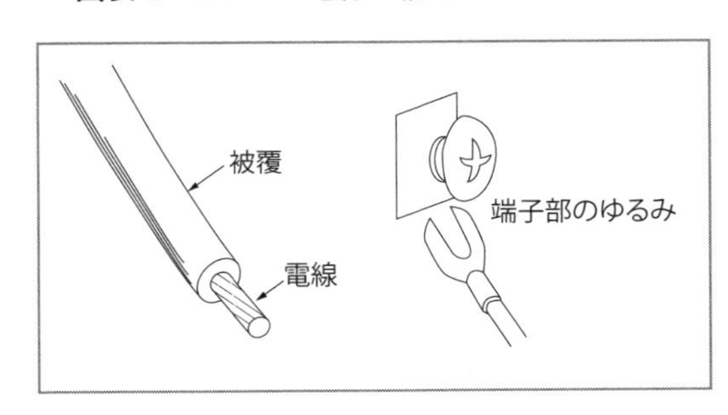

＜点検ポイント＞

・絶縁被覆にムリな屈曲、損傷はないか
・配線保護管の固定ねじのゆるみ、損傷はないか
・床面配線はされていないか、床上げ改善されているか
・雨水、クーラントのかかる場所の処置はされているか

(2) 検出機器（センサー）

センサーとは、位置、光、電界、磁界、温度、電気など周囲の状況変化を感知・検出して電気信号に変え、制御機器（コントローラー）に情報を送り、機械をはたらかせる装置です。

① センサーの種類

・光電センサー（光の変化）
・近接スイッチ（電界・磁界の変化）
・マイクロスイッチ、リミットスイッチ（位置の変化）
・温度センサー（温度の変化）
・圧力センサー（圧力の変化）
・ひずみセンサー、ロードセル（ひずみの変化）
・湿度センサー（湿度の変化）
・ペーハーセンサー、ガスセンサー（濃度の変化）

② リミットスイッチ

＜構造と動作＞

リミットスイッチとは、マイクロスイッチを外力、水、油、じん埃などから保護する目的で、金属ケースや樹脂ケースに組み込んだものです。また、機械的動きを検出するためにアクチュエーター機構を持っています。

おもに位置の検出スイッチとして用いられます。機械や製品の動きをカムやドッグを介して受け取り作動します。

図表 5・80 にリミットスイッチの構造例を示します。

図表 5・80 ■　リミットスイッチの構造例

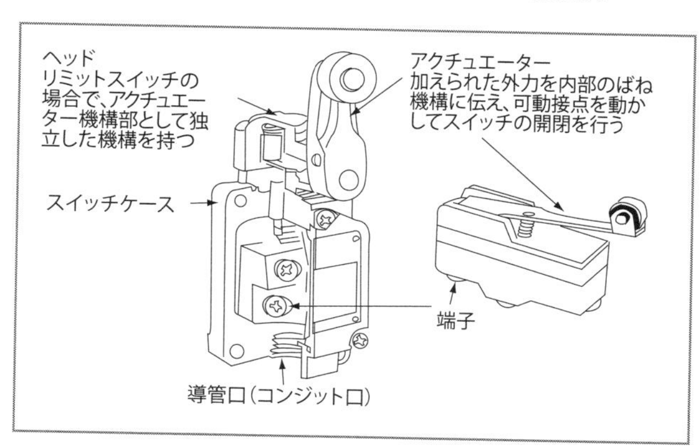

＜アクチュエーターの使用上の注意＞

アクチュエーター操作には、急激な動作・衝撃が加わらないように、操作方法・ドッグやカムの形状、頻度に十分な考慮が必要です。

＜保全ポイント＞

- アクチュエーターのレバー・ローラーのガタ、摩耗変形、損傷はないか
- 取付けボルトのゆるみはないか、2本以上確実に固定されているか
- 結線部の汚れ、絶縁被覆のきず、損傷はないか
- 水、クーラントがかかる場所には、保護カバーがあるか
- ドッグの摩耗、ガタはないか

③ 光電スイッチ

光電スイッチは、基本的には投光器と受光器のセンサー部からなり、投光器からは常に光が出されており、この光を受光器で受け取っています。物体が光をさえぎることにより、受光器に入る光の量が変化し、この変化を電気信号の変化に変えて、制御回路を動作させるスイッチです。

用途として身近なものは、自動ドア、街路灯、テレビのリモコンなどがあります。

図表5・81に光電スイッチの特徴を示します。

図表5・81 ■ 光電スイッチの特徴

1	非接触検知	・小さな検出物体、軽い検出物体に適用 ・リミットスイッチやマイクロスイッチの利用できないもの、製品などに破損やきずをつけることなく検出
2	長い検出距離（設定距離）	・間近から数10mのものまで広い検出エリアが得られ、距離調整も容易
3	制約少ない検出物体	・金属、非金属、液体から、透明なものまでほとんどのものが検出対象
4	早い応答速度	・高速物体の検出も可能（無接点出力ではMax20 μs）
5	高い検出精度	・光の直進性を利用し、繰返し精度が高い。位置決め、同期検出用などに適している
6	無接点出力	・プログラマブルコントローラー、電子カウンターなどへ直接入力
7	長寿命	・非接触検知のため長寿命。とくに光源に発光ダイオード、制御出力が無接点のものでは、長寿命

光電スイッチの種類として、おもな2種類を説明します。

＜対向透過型光電スイッチ＞

受光部と投光部を対向して設置し、その間を通過する物体によって生じる透過光量の変化で検出する方式（**図表5・82**）。

図表5・82■　対向透過型光電スイッチ

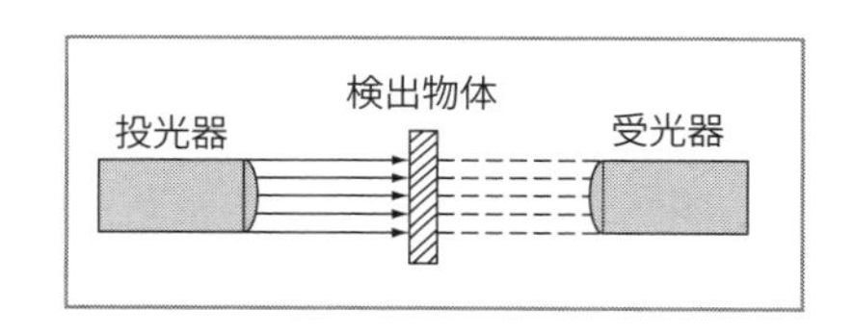

＜リフレックス・リフレクター透過型光電スイッチ＞

一体化した投光部・受光部をリフレックス・リフレクター（反射鏡）と対向して設置し、その間を通過する物体によって生じる透過光量の変化で検出する方式（**図表5・83**）。

図表5・83■　リフレックス・リフレクター

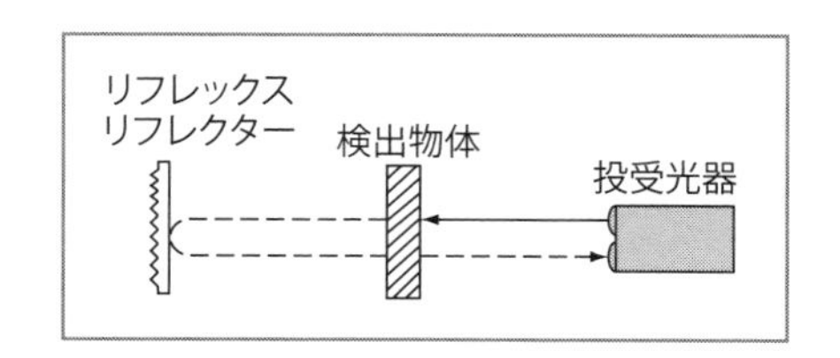

＜保全ポイント＞

・投光器、受光器に水・油・クーラントなどの汚れはないか
・取付けボルトのゆるみはないか、光軸がズレないように2本以上確実に固定されているか
・結線部の汚れ、絶縁被覆のきず、損傷はないか
・外部光源・反射光による誤動作防止のため、遮光などの処置はされているか
・高圧線、動力線は近くにないか、ノイズ対策処置はされているか

④ 近接スイッチ

近接スイッチとは、検出しようとする物体が、感知しようとしているセンサーの特定位置に近づくと、非接触状態で検出するスイッチです（図表 5・84）。

図表 5・84 ■　近接スイッチのシステム

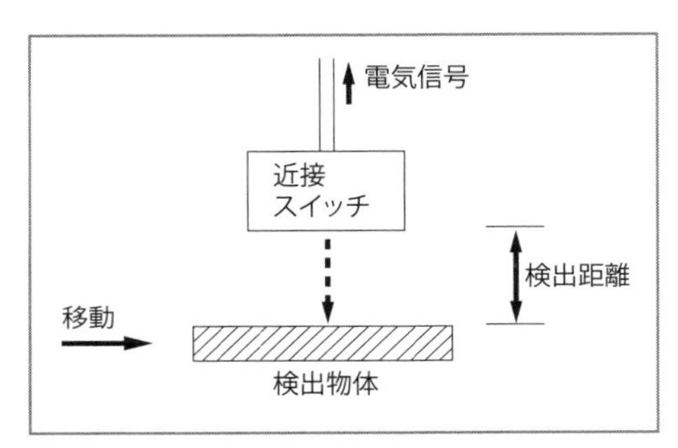

用途としては、位置決めに多く利用されています。また、液面のレベルスイッチなどとしても利用されています。

近接スイッチの特徴は次のとおりです。

・非接触で感知・検出できるので長寿命

・高速で応答性がよい

・耐水性がよいので、金属、物質一般が環境性にすぐれている

・検出物体として、金属、物質一般が可能である

・検出距離は短いが、検出の安定性が高い

＜保全ポイント＞

・誤動作の原因になるため、センサーにゴミや金属物質が付着していないか、また、水・油・クーラントなどの汚れはないか

・取付けボルト・ナットのゆるみはないか、磁性ズレがないように 2 本以上で確実に固定されているか

・結線部の汚れ、絶縁被覆のきず、締結部のゆるみ、損傷はないか

・検出物体との距離は正しく設定されているか

・高圧線、動力線は近くにないか、ノイズ対策処置はされているか

＜電気制御系統の機能とチェックポイント＞

電気制御系統のシステム図の例を**図表 5・85** に、おもな機器の機能とチェックポイントを**図表 5・86** に示します。

図表 5・85 ■　電気制御系統のシステム図の例

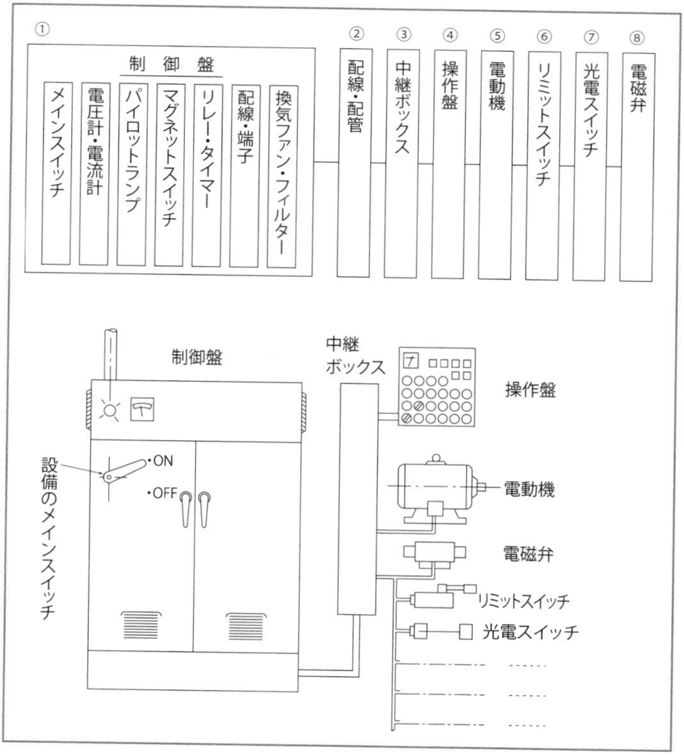

図表 5・86 ■ 電気制御系統のおもな機器の機能とチェックポイント

No.	名　称	機　能	チェックポイント
①	制御盤	多くの制御機器が収納されており、機械装置を電気的にコントロールする	・外観の汚れ・損傷 ・盤内のホコリ、不要物の撤去 ・メインスイッチの操作、接点の摩耗、配線のゆるみ、取付けねじのゆるみ ・電圧計・電流計の外観不良と表示 ・パイロットランプの球切れ ・マグネットスイッチ・リレー・タイマー取付けねじのゆるみ、接点の汚れ、コイルのうなり、行き先表示 ・配線・端子の汚れ、ガタ、線番 ・換気ファン、フィルターの汚れ、取付けねじのゆるみ、回転状態と異音 ・アースの外れ、端子カバーの外れ ・ドアシールパッキング
②	配線・配管	盤内機器と盤外機器を結び、いろいろな情報を伝達する 配管は配線を保護する	・配線・配管の損傷 ・配線・配管の支持クランプの状態とゆるみ ・配線露出部の保護 ・可動部の余裕と接触（コスレ）
③	中継ボックス	配線のやりやすさ、保全のやりやすさのため、配線を途中で中継する	・盤外観の汚れ、損傷 ・盤内のホコリ、汚れ、不要物の撤去 ・端子のガタ ・配線・圧着端子の損傷
④	操作盤	機械装置の操作と状態を表示する	・盤内・外のホコリ、汚れ、不要物の撤去 ・メーター、ランプ類の汚れと球切れ ・押ボタン、セレクタースイッチの取付けゆるみおよび機能 ・端子の汚れ、ガタ
⑤	電動機	機械装置の動力源として使用する	・ターミナルカバーの損傷 ・端子の汚れ、損傷、ガタ
⑥	リミットスイッチ	機械の動き、物の流れを制御する	・レバー、ローラーのガタ・摩耗・曲がり・損傷 ・取付け部ねじのゆるみ ・ドッグの摩耗、ゆるみ、曲がり
⑦	光電スイッチ	機械の動き、物の流れを制御する	・外観の汚れ、損傷 ・光電部の汚れ、損傷 ・結線部のゆるみ ・取付けねじのゆるみ
⑧	電磁弁	アクチュエーターなどの動きを制御する	・外観の汚れ・損傷 ・うなり音、振動、異音 ・配線部のゆるみ ・取付けねじのゆるみ
⑨	安全・その他		・漏電ブレーカーの作動状態 ・非常停止押しボタンの機能 ・端子部のカバー ・取扱説明書、配線図の保管状態 ・点検は電源を「切」にして行うのが原則、ただし、ランプの点灯確認や発熱・異音、振動などは十分に注意して行う

(3) 電動機（モーター）

モーターは電気エネルギーを仕事（回転）エネルギーに変換するはたらきをします。あらゆる分野の動力源として大量に使用されており、工場の重要な設備機器となっています。

モーターのトラブルは、工場の操業に大きな影響を与えるため、これを安定して運転することは、設備保全の重要な課題です。しかし、スイッチを押せば回るという便利さゆえに、つい保守点検を忘れがちとなり、思わぬトラブルを招くことも多くあります。

図表 5・87 に電動機の種類を示します。

① 電動機の構造

図表 5・88 に誘導電動機の構造を示します。

図表 5・87 ■ 電動機の種類

電源の種別	電動機の名称	おもな用途
直流	他励電動機 分巻電動機	精密で広範囲な速度や張力の制御を必要とする負荷（圧延機など）
	直巻電動機	大きな始動トルクを必要とする負荷（電車、クレーンなど）
	複巻電動機	大きな始動トルクを必要とし、かつ速度があまり変動しては困る負荷（切断機、コンベヤ、粉砕機など）
交流	かご形三相誘導電動機	ほぼ定速の負荷（ポンプ、ブロワ、工作機械、その他）
	巻線形三相誘導電動機	大きな始動トルクを必要とする負荷、速度を制御する必要がある負荷（クレーンなど）
	単相誘導電動機	小容量負荷（家庭用電気品など）
	整流子電動機	広範囲な速度制御を必要とする小容量負荷（電気掃除機、電気ドリルなど）
	同期電動機	速度不変の大容量負荷（コンプレッサー、送風機、圧延機など）

図表5・88 ■ 誘導電動機の構造

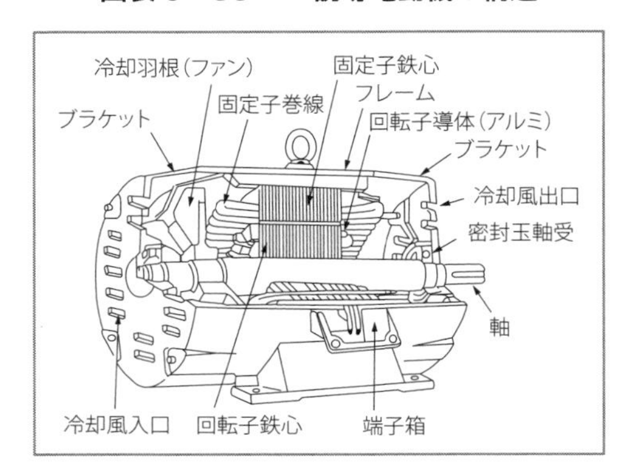

② 点検ポイント

＜異常音・異常振動はないか＞

異常音は、通常の稼動時と違う音の確認と、聴音棒をモーターの各部にあてることによって磁気音・通風音・機械の摩擦音・軸受音などが感知できる。異常振動は、振動計または手接触で振動を確認します。

＜ケーシング表面温度が規定の温度以上になっていないか＞

温度計、または手接触により軸受部、フレーム部を測定する。日常管理は、サーモテープの変色で判断する。

＜外観の点検＞

粉じん、ゴミなどの付着がなく、清掃されているか、ファンカバー・端子カバーに破損はないか、グリース漏れの有無・ゴミなどで通風の妨害がないかなどを確認します。

・塗装のはがれ、汚損がないこと
・じん埃の積載、付着がないこと
・銘板記載事項が正しく読み取れること
・モーターの軸受
・油漏れのないこと
・軸受油は汚れや変質のないこと
・オイルリングは円滑に回っていること
・給油口のふたに損傷がないこと

・油面計の損傷、目盛りに汚れがないこと
・油面は規定の位置にあること
・外部電線
・損傷がないこと
・正しく固定されていること
・接続部に加熱の様子がないこと
・接地線に損傷やはずれがないこと

6・4　工作機械

(1) ボール盤

ボール盤（**図表5・89**）は、スピンドルが回転して主としてドリルを用い、穴あけを行う工作機械です。工具を取り換えることで、中ぐり、リーマ通し、座ぐり、タップ立てなどの作業ができます。工作物は静止し、スピンドルは切削運動と送りを同時に行います。

通常、ボール盤の大きさは、その加工能力から考えて、きりもみできる最大穴径と振りで表します。ボール盤の振りは、スピンドルの中心から柱の表面までの長さの2倍をいいます。

図表5・89■　直立ボール盤

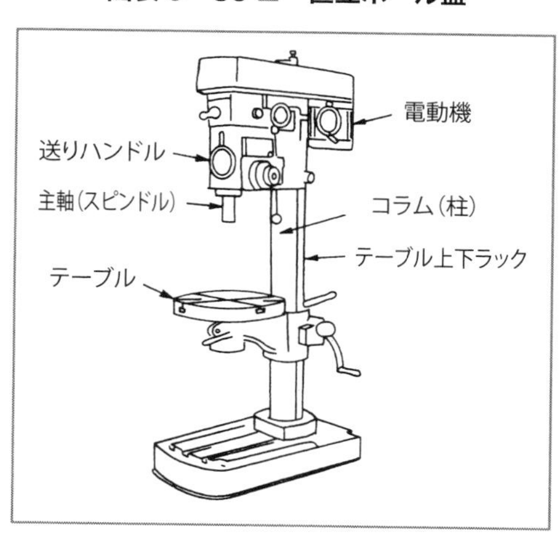

① ボール盤作業の種類

ボール盤作業には、次のような作業があります（**図表 5・90**）。

・きりもみ：ドリルを用いて穴をあける作業

・リーマ通し：きりもみをした穴を正確にあけるため、リーマによって仕上げる作業

・ねじ立て：きりもみやリーマ通しをした下穴に、タップでねじ立てをする作業

・中ぐり：きりもみをした穴をさらに仕上げ、大きくする作業で、中ぐり棒にバイトを取り付け、これによって削る作業

・座ぐり：ボルト頭や、ナットのすわりをよくするため、穴の軸線に直角な平面を仕上げる作業

・さらもみ：さら頭を持つねじ頭を沈めるための穴を削る作業

・もみ下げ：ボルト頭やナットを沈めるための深い座ぐり

図表 5・90 ■　ボール盤加工の例

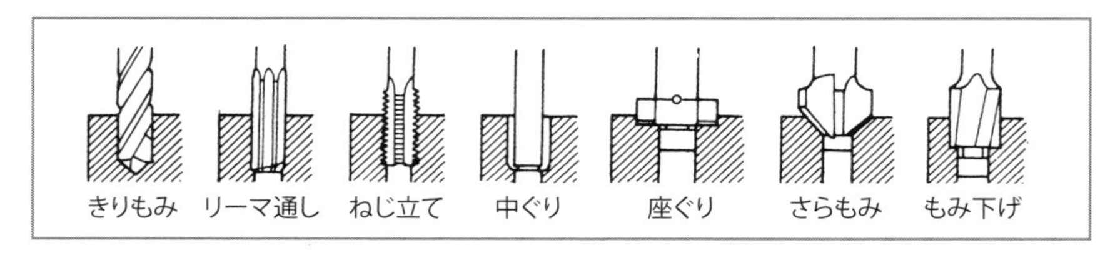

② ドリルチャック

ドリルチャック（**図表 5・91**）は、その扱い方によって寿命や加工精度に影響します。ドリルチャックとドリルとの間にゴミ、切粉などを侵入させないようにして、チャックハンドルでしっかり締め付けます。

中に切粉などが侵入し、ドリルのチャッキングが不十分であったり、不正確なまま穴あけをしてしまうと、ドリルのシャンクをいため、それが原因となってチャックの内部をいためてしまうので注意が必要です。

図表 5・91 ■ ドリルチャック

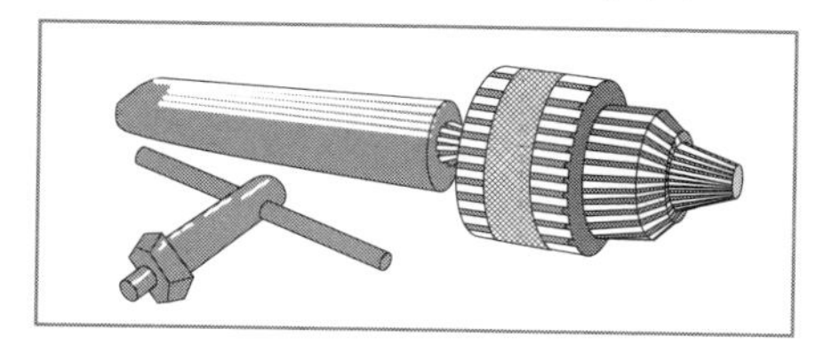

(2) 旋盤

旋盤（図表 5・92）は、工作物に回転を与え、これに刃物をあてて切削加工し、おもに円筒形の品物をつくり出す工作機械です。

図表 5・93 に代表的な加工例を示します。

図表 5・92 ■ 旋盤の外観

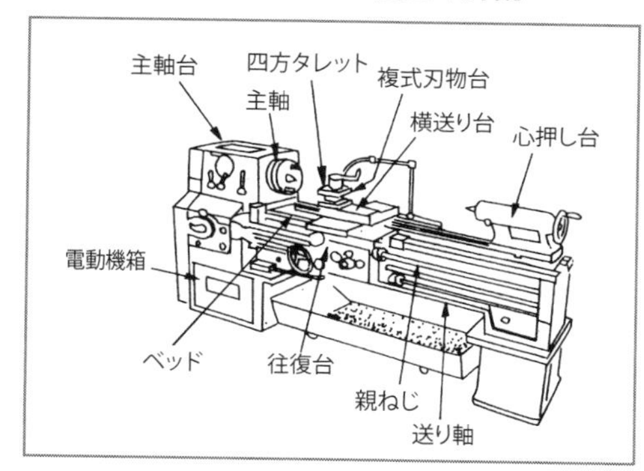

図表 5・93 ■ 旋盤加工の例

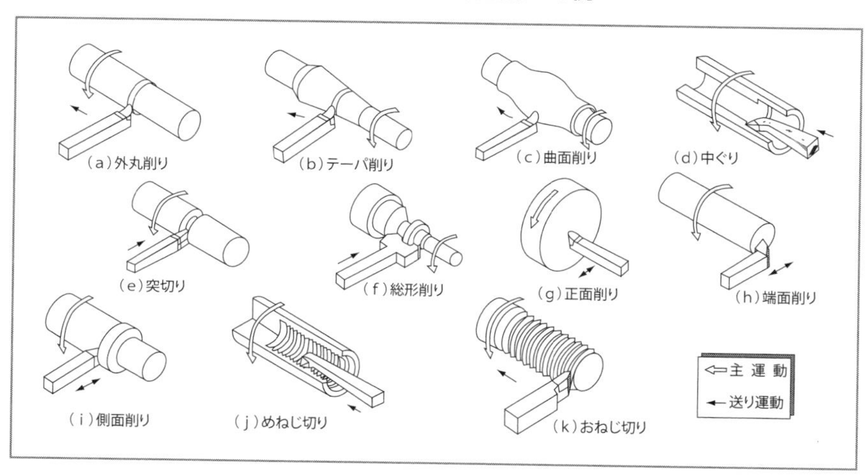

旋盤の大きさは、普通、振り（スイング：回転できる工作物の最大の直径）と両センター間の距離で表します。振りには、ベッド上の振りと往復台上の振りとがあります。

加工物の種類、形状、大きさなどによってさまざまな形式の旋盤があり、もっとも代表的な普通旋盤は、使用目的から主軸の回転速度も、低速から比較的高速まで広い範囲にわたって変速することができます。

(3) フライス盤

フライス盤（**図表5•94**）は、多くの切刃（きりは）を持つフライスカッターを回転させ、工作物に送りを与えて切削する工作機械です。非常に多能で、**図表5・95**に示すようないろいろな作業ができます。

とくに、プラノミラーは、平削り形フライス盤とも呼ばれ、平削りフライス盤の刃物台の代わりにフライスベッドを付け、バイトの代わりに正面フライスを取り付けて、大きな工作物の平面削りを重切削することができます。

図表5・94 ■ 横フライス盤の外観

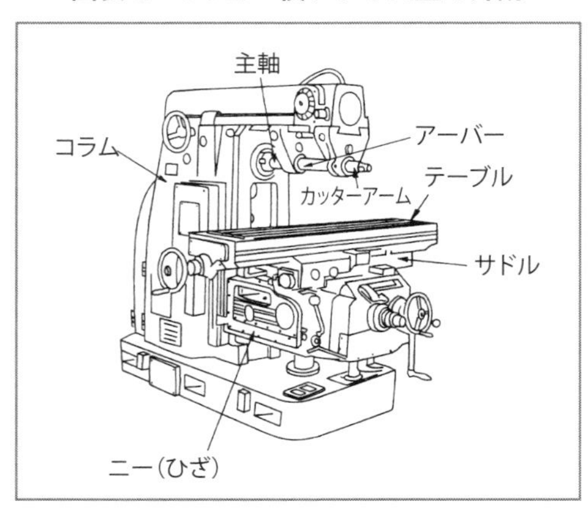

図表 5・95 ■ フライス盤の加工分野

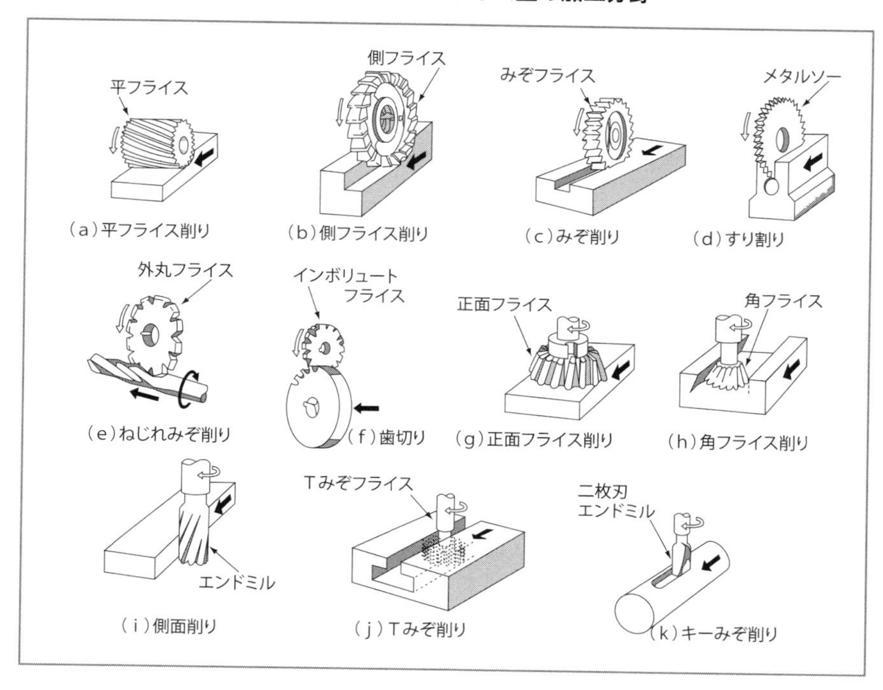

(4) せん断機

① せん断機

狭い意味でのせん断を行う専用機械です。比較的薄い鉄板を指定寸法にまっすぐに切断する設備で、刃のすきまを調整することで、いろいろな材質の金属、樹脂製品が切断できます。

② 直刃（じかば）せん断機

板金を直線に沿ってせん断するもので、水平に固定された下刃に対して、シャー角を付けた上刃が下降してせん断が行われます。シャー角は、普通1～6°にとられていますが、薄板で精度の要求されるものほど小さくします（**図表 5・96**）。

図表 5・96 ■ 直刃せん断機

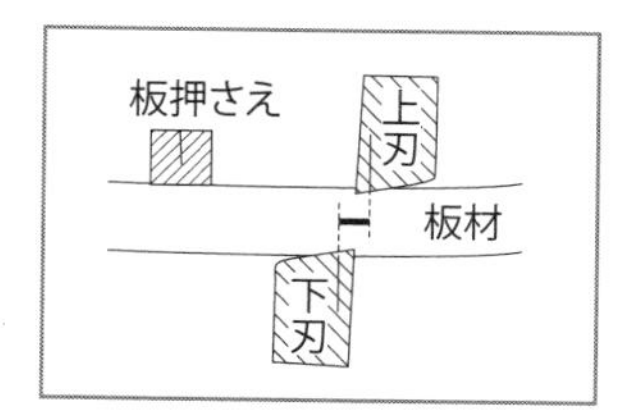

(5) 研削加工

研削加工は、砥石車を高速度で回転させて工作物を切削する工作法で、広い意味で切削加工の一分野です。研削は刃物に相当するものとして、きわめて硬い物質の粒子である砥粒を使い、その鋭い角を切り刃として切削します。

研削加工を行う工作機械を研削盤といい、それぞれの研削加工に適した機械が使われます（**図表5・97**）。

図表5・97 ■ 研削盤の例

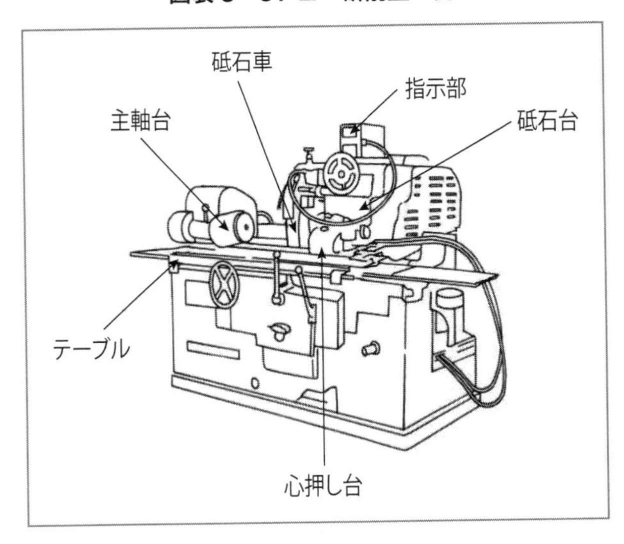

7 材料

製造する製品、設備に使われる機械・部品、現場の改善を行う際のカバーや冶具の作成など、必要となる材料はさまざまです。材料の性質や特性に合わせた取扱いや加工方法について学習します。

7・1 金属材料

(1) 鉄鋼の分類

鉄鋼の成分によって分類すると次のようになります。

① (純) 鉄：炭素含有率 0.02％程度までの鉄
② 炭素鋼：炭素含有率が 0.02 ～約 2％の鉄と炭素の合金
③ 鋳　鉄：炭素含有率が約 2％を超える鉄と炭素を主成分とした合金
④ 合金鋼：炭素鋼に 1 種以上の金属または非金属を合金させ、その性質を実用的に改善したもの

(2) 炭素鋼

① 性質

・物理的性質：標準組織の炭素鋼の物理的性質は、C（炭素）量が増加するにつれて比重、線膨張係数は減少し、比熱、電気比抵抗および抗磁力は増加する
・機械的性質：機械的性質は C 量に比例してほぼ直線的に安定する。C 量の増加とともに引張り強さ、降伏点および硬度は増加し、伸び、絞りおよび衝撃値は減少する

② 炭素鋼の種類

炭素鋼は、一般に 0.6％ C 以下のものは構造用に、0.6％ C 以上のものは工具用に使われるので、用途の面から構造用炭素鋼と工具用炭素鋼に大きく分けることもあります。

構造用と工具用の炭素鋼の種類と用途例を**図表 5・98** に示します。

＜一般構造用圧延鋼材（SS 材）＞

一般的に多く使用され、ボルト・ナット、リベット類から自動車、鉄道車両、船、橋、建築その他の一般構造用としてとくに大きな強度を必要としない個所に多く使用されています。形状も、薄い鉄板から厚い鉄板やL形鋼、U形鋼など多く使用されています。

図表 5・98 ■　炭素鋼の種類と用途例

鋼種		記号例	用途
構造用	一般構造用圧延鋼材	SS400	建築・橋・船舶・鉄道車両そのほかの構造用に使われる
構造用	機械構造用炭素鋼鋼材	S30C	一般構造用鋼材より信頼性が高く、軸・歯車などの機械や装置などの構造用に使われる
工具用	炭素工具鋼鋼材	SK140	不純物の少ない高炭素鋼で、炭素量の少ないものはプレス型や刻印などに、炭素量の多いものは、刃やすり・組やすり・たがねなどに使われる

(注) 鉄鋼記号は、原則として3つの部分から構成されている。

一般構造用圧延鋼材の材質記号

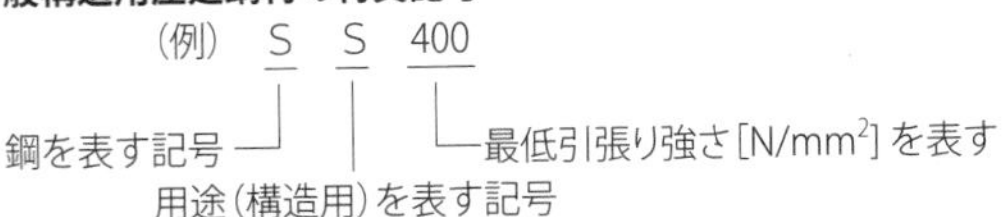

機械構造用炭素鋼鋼材の材質記号

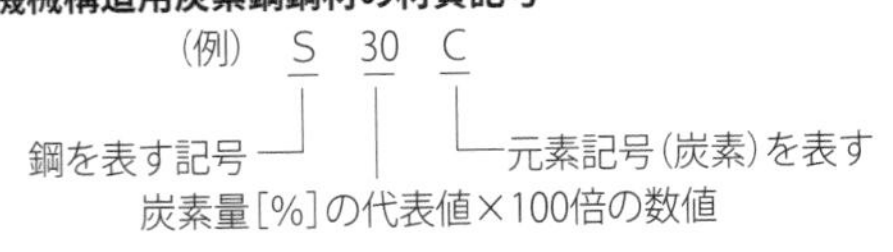

<機械構造用炭素鋼鋼材（S–C）>

機械構造用炭素鋼（S10C － S25C）は、焼入れ・焼戻しされることはほとんどありませんが、炭素含有量 0.3 ～ 0.6％の炭素鋼を構造用に使用する場合、さらに強じん性を与えるために焼入れ・焼戻しを行って機械適性を向上させて使用します（S30C － S58C）。

(3) 工具用合金鋼

工具用合金鋼は炭素鋼に 1 種または数種の合金元素を加えて性質を改善し、種々の目的に適合するようにしたものです。

① 合金工具鋼

炭素工具鋼は焼入れ性が低いので、肉厚の大きな工具や形状の複雑な工具の製作に適しません。また､焼戻しによる軟化が起こりやすいので､高速切削には利用できません。

これらの欠点を改善するために､マンガン（Mn)､タングステン（W)､クロム（Cr)、バナジウム（V)、ニッケル（Ni）などを加えて、工具鋼として必要な性質を向上させたものが合金工具鋼であり、切削用・耐衝撃用・冷間金型用・熱間金型用に分けられています。

② 高速度工具鋼

高速度工具鋼は、合金工具鋼のうちでもさらに切削力を向上させた工具鋼で W 系と Mo 系があります。

図表 5・99 に工具用合金鋼の特徴と用途例を示します。

(4) ステンレス鋼（SUS）

鉄鋼の欠点は、水中や湿気のある空気中で容易に錆を生じ、また化学薬品、有機物、塩類に侵されたり錆びたりすることです。この欠点を改良するために、Cr や Ni を加えて耐酸化性や不動態を与えて腐食に耐えるようにしたものがステンレス鋼と呼ばれる防錆効果がある合金鋼です。

とくにクロム Cr が 10.5％以上あるものを､ステンレス鋼といいます。

図表 5・99 ■　工具用合金鋼の特徴と用途例

種類		特徴	用途
合金工具鋼鋼材	切削用 SKS	0.75～1.50%Cの炭素鋼に、Cr、Wを加えて硬い炭化物をつくり、耐摩耗性を向上させている。また、Crは焼入れ性をよくする。Niは炭化物をつくらないため、じん性を向上させる	バイト・冷間引抜き用ダイス・丸のこ・帯のこ
	耐衝撃用 SKS	0.35～1.10%Cの炭素鋼にCr、W、Vなどを加え、焼入れによって表面の硬さが内部よりも増すようにしている	たがね・ポンチ・削岩機用ピストン
	冷間金型用 SKS、SKD	加工後の熱処理による変形や経年変化が少ないこと、また、耐摩耗性が必要なものに使われる	ゲージ・プレス型・ねじ切りダイス
	熱間金型用 SKD、SKT	加熱・冷却を繰り返しても表面のヒビ割れが生じにくい。約600℃までの高温に長時間耐えられる	プレス型・ダイカスト型・押出し工具・鍛造型
高速度工具鋼鋼材	W系 SKH2、3、4、10	W系を主体とし、硬さや耐摩耗性にすぐれている。Coを含むものは高速重切削ができる	一般切削用工具・高速重切削用工具
	Mo系 SKH50～59	W系に比べて高温硬さは劣るが、価格が安い。じん性が大きい。焼入れ温度が低く、熱伝導もよいので熱処理がしやすい	じん性を必要とする一般・高速重切削用工具

耐食性ではCr－Ni系がすぐれ、強さではCr系がすぐれています。

また、Cr系は強磁性、Cr－Ni系のオーステナイト系は非磁性、析出硬化系は強磁性です（**図表 5・100**）。

① クロム系ステンレス鋼

鋼の耐食性は、Crを添加することによっていちじるしく向上し、高温酸化、亜硫酸ガスおよび高温高圧の水素などにも耐えられます。用途は蒸気関係部品、硝酸工業用、タービン羽根、刃物、湿気などに耐えることを要する軸、ボルト、歯車などがあげられます。

② ニッケル・クロム系ステンレス鋼

クロム系ステンレス鋼は酸化性でない酸には弱いので、これを改良したものがニッケル・クロム系ステンレス鋼です。

用途は食品設備、一般化学設備、ボルト・ナット、建築物外装材などがあげられます。

図表 5・100 ■ ステンレス鋼の主要組成と特徴および用途例

	系統	種類の記号	組成	特徴	用途
Cr系ステンレス鋼	フェライト系	SUS430	18Cr	耐食性のすぐれた汎用鋼種である	建築内装用、家庭用器具、炉部品
	マルテンサイト系	SUS410	13Cr	良好な耐食性・加工性を持つ	一般用途用、刃物類
		SUS429J	17Cr-0.3C	耐摩耗性と耐食性の必要な用途に適する	オートバイのブレーキディスク
		SUS440C	18Cr-1C	すべてのステンレス鋼・耐熱鋼中最高の硬さを持つ	ノズル・ベアリング
Cr-Ni系ステンレス鋼	オーステナイト系	SUS302	18Cr-8Ni-0.1C	冷間加工により高強度が得られる	建築物外装材
		SUS304	18Cr-8Ni	ステンレス鋼・耐熱鋼としてもっとも広く使用される	食品設備・原子力用、一般化学設備
		SUS316	18Cr-12Ni-2.5Mo	海水をはじめ各種媒質に304よりすぐれた耐食性がある	高温耐食用ボルト類、熱交換器部品
	析出硬化系	SUS630	17Cr-4Ni-4Cu-Nb	耐食・耐摩耗用 約823K（550℃）の加熱で硬化する	スチールベルト・タービン部品
	オーステナイト・フェライト系	SUS329	25Cr-5Ni-2Mo-0.05C	SUS304よりも応力腐食割れに強い	海水熱交換器

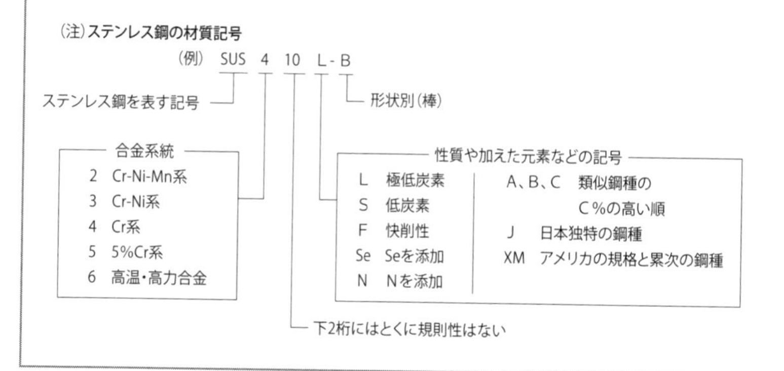

7・2 非鉄金属材料

非鉄金属材料のうち、元素のまま工業材料として用いるのは、銅、アルミニウム、すず、鉛、亜鉛などです。

銅を主成分とする合金には青銅、黄銅などがあり、アルミニウムを主成分とする合金にはジュラルミン（A2017）などがあります。また、鉛・すずを主成分とする合金には、はんだ、活字合金などがあります。

(1) 銅および銅合金

① 銅

銅（Cu）には次のような性質があります。

- 電気や熱の伝導率が高い
- 反磁性で展延性があるが加工硬化する
- 鉄より耐食性はあるが、湿気や炭酸ガスがあると表面に有害な緑青（ろくしょう）を生じる
- 収縮率が大きく、鋳造しにくく、切削性が悪い

<黄銅>

黄銅は真ちゅうともいい、銅（Cu）＋亜鉛（Zn）の合金です。Cu70％、Zn30％のものを七三黄銅といい、冷間加工性に富み、圧延加工材として用いられます。またCu60％、Zn40％のものを六四黄銅といい、鍛造や熱間加工に用います。

<青銅>

青銅は銅とすず（Sn）の合金で、Sn30％程度までの範囲が実用に供されています。青銅は強く、鋳造しやすく、耐食性・耐摩耗性にすぐれた材料で、貨幣、銅像、鐘、美術工芸品などの鋳造に用いられます。Sn8～13％の青銅は「砲金」で知られ、機械部品に用いられます。

(2) アルミニウムとその合金

アルミニウム（Al）の最大の特質は、比重が約2.7でMg（1.74）、Be（1.85）を除けば、実用金属中でもっとも軽い部類に属することです（**図表5・101**）。

図表5・101 ■ おもな展伸用アルミニウム合金の特徴および用途例

	種　別	記号（JIS）	合金の特徴	用　途
耐食アルミニウム合金	Al-Mn系	A 3003 A 3203	純Alより強さが約10％大きく、加工性・耐食性にすぐれている	飲料缶・複写機ドラム
	Al-Mg系	A 5086	溶接構造用合金で、非熱処理形合金中でもっとも強さの大きい耐食材料。耐海水性・低温特性もよい	船舶・車両・低温用タンク・圧力容器
高力アルミニウム合金	Al-Cu系	A 2014 A 2017 A 2024	Cuを多く含むため、耐食性はよくないが強さが大きく、構造用材として使用され、鍛造もできる	航空機・歯車・油圧部品
	Al-Zn-Mg系	A 7075	Al合金中最高の強さを持つ合金。耐食性が劣る。クラッド*により改善される	航空機・スキー用具
耐熱アルミニウム合金	Al-Cu系	A 2018 A 2218	鍛造用合金で、鍛造性にすぐれ、高温強さが高いので耐熱性が要求される鍛造品によい。耐食性は劣る	シリンダーヘッド・ピストン
	Al-Si系	A 4032	鍛造用合金で、耐熱性・耐摩耗性にすぐれ、熱膨張係数が小さい	シリンダーヘッド・ピストン

＊合わせ板法とも呼ばれ、母材に他の金属または合金を、圧延などによって接合させる方法で、その目的は高力合金を耐食合金で被覆して耐食性を持たせることなどである。

（注）JISでは展伸用アルミニウム合金の材質記号をAと4桁の数字で表す。

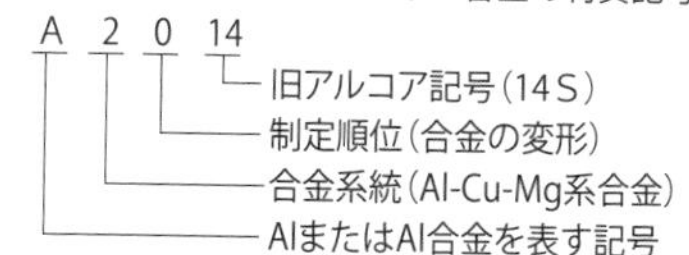

合金系統（数字の第1位の意味）

1	純Al系	5	Al-Mg系
2	Al-Cu-Mg系	6	Al-Mg-Si系
3	Al-Mn系	7	Al-Zn-Mg系
4	Al-Si系	8	上記以外の合金

また、空気中では耐食性が大で（表面に不浸透性の薄い強固な酸化膜ができ、外気との接触を断つ）、真水でも浸されませんが、海水中でやや腐食しやすく、塩酸、硫酸、アルカリなどに容易に侵されます。

なお、熱や電気の伝導性は銅に次いで良好です。銅、マンガン、ケイ素、マグネシウム、亜鉛などと合金にすることにより、強度、加工性など金属材料としての特性が向上します。

7・3　金属材料記号の見方

機械部品に使用される材料を図面に表示したり、注文書などに記入するときは、JISに定められた記号で表示します。たとえば、一般構造用圧延鋼材:SS400、高速度鋼:SKH12、青銅鋳物:BC3などと表示します。

これらの記号は、鉄鋼と非鉄金属にそれぞれ分類、規格化され、原則として次の３つの部分から構成されています。

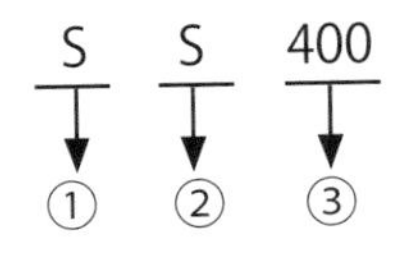

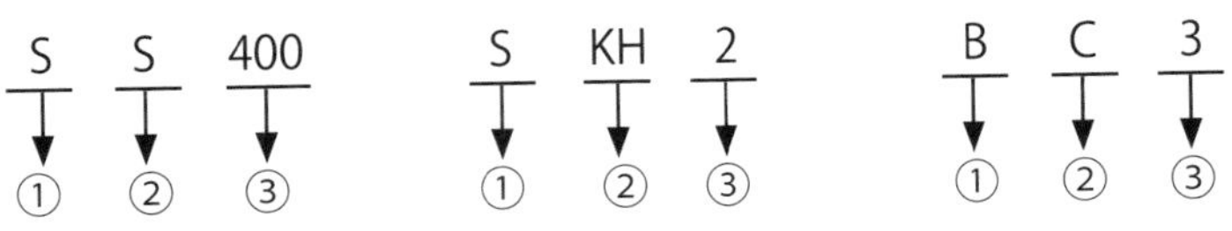

① 最初の部分は材質を表す

(S ＝鋼：steel、B ＝青銅：bronze、F ＝鉄：ferrousなど)

② 次の部分は規格名、または製品名を表す

(S ＝構造:structural、K ＝工具鋼:kougu、C ＝鋳造品:castingなど)

③ 最後の部分は種類を表す

(400 ＝最低引張り強さ（400N/mm^2)、2 ＝ 2 種、3 ＝ 3 種など)

図表 5•98、図表 5•100、図表 5•101 の（注）部分を参照してください。

7・4　金属の結合

金属部品の結合法には、**図表 5・102** に示すような各種の方法があります。

① ねじで結合する方法

簡単で、分解も容易ですが、ボルト・ナットを用いるか、部品にねじ穴を加工する必要があります。また、気密を要する部分にはパッキンなどの使用が必要です。

② リベットで結合する方法

結合できるものの厚さが制限され、継手部分の強さが弱く、結合のときに大きな騒音が発生します。

図表5・102 ■ 各種の結合法

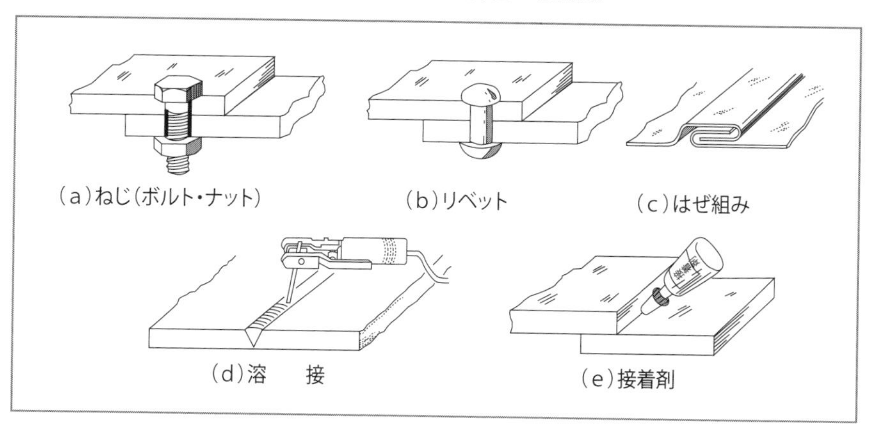

③ はぜ組みで結合する方法

ねじやリベットのような特別の部品を必要とせず、板材そのものをプレス加工すればよいので、かなり生産的ですが、薄い板材の場合に限られます。

④ 溶接で結合する方法

結合しようとする2つの材料（これを母材（base metal）という）の接合部分を溶融するなどして結合する方法です。溶接は接合に要する時間が短く、気密も良好で、接合する工作物の板厚や形状に制限が少なく、加工の自動化が容易です。しかし、溶接では局部的な加熱による材質の変化や変形および内部応力の発生などが起こります。

⑤ 接着剤で結合する方法

熱も力もほとんど加えないので材質の変化や変形を生じません。最近では、強力な接着剤も使われています。

7・5　改善に必要な材料

改善に要する材料、素材については、発生源対策などの仮処置を行うダンボール、ダンプラ、発泡スチロール、発泡ウレタンなどが現場で多く使用されますが、ここでは恒久対策となる材料を説明します。

鉄板や樹脂・ゴム製品などの一般的特徴と用途を学び、判断に迷う場合は技術スタッフや保全担当者に相談して決定するとよいでしょう。

(1) プラスチック

プラスチックは軽く、化学的に安定で耐食性にすぐれ、成形加工、着色が容易なことから、家庭用品から工業用品まで一般に広く用いられています。

プラスチックには多くの種類があり、それぞれ固有の特性を持っています。

① 共通した性質

- 比較的強度が大きく軽い（密度 0.83 ～ 2.1 × 103kg/m^3）。鋼の約 1/6 である
- 硬さや柔軟性が適度に得られる
- 耐水性、耐薬品性、耐候性がよい
- 電気絶縁性、熱絶縁性がよい
- 成形加工や形付けが高能率で、機械加工も悪くない
- 着色自由で透明のものも得られ、外観が美しい

② 欠点

- 高温で変形や分解が起こりやすく、使用温度に限界がある
- 熱による膨張変化が大である
- 成形時もさらに成形後も収縮変化が起こりやすい。また成形加工条件により性能も変化する
- 衝撃強度が一般に弱い

プラスチックは自動車、電気などの成形品などに使用されています。複合材料にすることによって、これらの性質を改善することができます。

③ 分類

<熱硬化性プラスチック>

合成樹脂の中で加圧・加熱して硬化を完了させると後で再び加熱しても軟化せず、どのような溶剤にも溶解しないという性質を持つ樹脂を熱硬化性プラスチックといいます。また、溶媒に対しても膨潤あるいは溶解することはなく、廃棄された熱硬化性樹脂は再利用が困難です。フェノール樹脂、エポキシ樹脂などがあります。

代表的な熱硬化性樹脂の性質と用途例を**図表 5・103** に示します。

図表 5・103 ■ 熱硬化性樹脂の性質と用途例

樹脂名	記号	性質	用途
フェノール樹脂	PF	充てん材により多くの種類がある。電気的な特性にすぐれ、耐熱性がある	配線器具、鍋類の取っ手、テレビなどのキャビネット、ブレーキライニング
ユリア樹脂	UF	硬く、耐薬品性にすぐれている。光沢のある着色がしやすい。機械的強さと電気的な特性もすぐれている	合板用の接着剤、食器、おもちゃ
メラミン樹脂	MF	無色透明な樹脂で容易に着色できる。表面は硬く、耐熱性・機械的性質・電気的特性がすぐれている。耐薬品性もすぐれている	接着剤、塗料、食器、化粧板
不飽和ポリエステル樹脂	UP	常温・常圧で成形される。機械的性質にすぐれ、ガラス繊維で補強したものは耐衝撃性にもすぐれ、電気的特性も十分にある	小型船舶、浄化槽、浴室ユニット
エポキシ樹脂	EP	常温・常圧で成形される。耐熱性・耐薬品性・機械的特性・電気的特性にもすぐれている。接着力が大きい	接着剤、塗料、ICの絶縁体

<熱可塑性プラスチック>

塩化ビニール、ポリアミド樹脂などで、高温で軟化して自由に変形することができ、冷却すると硬化する性質を持つ樹脂です。

熱分解温度以下で軟化し、流動状態になるので、加熱・溶融を繰り返し、再利用することができます（**図表 5・104**）。

図表５・104 ■　熱可塑性樹脂の性質と用途例

樹 脂 名	記号	性　　　質	用　　　途
ポリエチレン	PE	水より軽く、水をまったく吸わない。耐薬品性や電気絶縁性にすぐれているが耐熱性に乏しい	ポリ袋、電線の被覆材、農業用フィルム、石油缶、牛乳パックのラミネート
ポリ塩化ビニール(塩化ビニール樹脂)	PVC	燃えにくく、水、電気を通さない。耐薬品性や電気絶縁性にすぐれている。充てん材により、硬質と軟質のものがあり、透明なものもある	電線の被覆材、ビニールタイル、レザー、農業用フィルム
ポリスチレン	PS	スチロール樹脂とも呼ばれる。射出成形性にすぐれているが、衝撃に弱く耐薬品性にも劣る。発泡させたものを発泡スチロールという	包装容器、家庭電化製品のケース、プラモデル
ポリアミド(ナイロン樹脂)	PA	ナイロンともいわれる。耐油性・耐熱性にすぐれており、摩擦係数が小さく耐摩耗性にもすぐれている。吸水性のため寸法の変化がある。電気的性質もやや劣る	ガソリンタンク、配管用チューブ、歯車、カム ブッシュ
ポリカーボネート	PC	耐熱性と耐衝撃性にすぐれている。また電気的な性質も大変すぐれている	スイッチ、スイッチカバー、ヘルメット、電話ボックス、ほ乳びん
ポリアセタール(アセタール樹脂)	POM	剛性があり耐クリープ特性がある。摩耗係数が小さく、耐摩耗性にすぐれている	歯車、カム、ブシュ、ねじ、ファスナー
アクリロニトリルブタジエンスチレン樹脂	ABS	ＡＢＳは製造法、組成により多くの種類がある。一般的には、低温における耐衝撃性・耐薬品性・耐油性にすぐれている	家庭電化製品全般、自動車用グリル、ドアパネル
ポリメタクリル酸メチル(メタクリル樹脂)	PMMA	アクリル樹脂とも呼ばれる。完全に無色透明で、光の透過率は100%に近い	レンズ、光ファイバー、照明器カバー
ポリプロピレン	PP	密度が0.9でプラスチックの中でも軽い。機械的強さが大きく、耐熱性にもすぐれている。また、電気的特性もすぐれている	パイプ、フィルム、シート、びん、自動車部品

(2) 塗料

工業材料の塗装は、防食・防湿・装飾・標識などのために行われ、使われる塗料は、顔料を含むペイントとこれを含まないワニスに大別されます。

ペイントには、油性ペイント、水性ペイント、エナメルペイントなどがあり、ワニスには油性ワニスと揮発性ワニスがあります。

金属用塗料としては、錆止め用に耐水性・耐食性がよい鉛丹塗料が、表面の耐食用にアスファルト系・塩化ゴム系・プラスチック系の塗料が使われます。

(3) 耐火物

耐火物とは、耐火れんが・耐火モルタルなど高熱作業に使われる炉のライニングや目地の材料のことで、炭素質耐火物、粘土質耐火物、マグネシア質耐火物、マグネシアクロム質耐火物、高アルミナ耐火物などが使われています。

(4) ゴム

ゴムは金属材料やその他の固体材料と異なり、弾性、柔軟性に富み、電気絶縁性や耐酸､耐アルカリ性にもすぐれているので､弾性材､ベルト､ホース、タイヤ、パッキン、電気絶縁材料などに広く用いられています。

ゴムは天然ゴムと合成ゴムに大別され、現在では、耐油性、耐熱性、弾力性にすぐれた合成ゴムが一般に使用されています。

① 天然ゴム

ゴムは天然のゴム樹液からとり、この樹液（ラテックス）に酸を加えると生ゴムができます。

② 軟質ゴム

弾性、柔軟性に富んでいますが、耐油性、耐熱性に劣り、老化現象が起こりやすいゴムです。弾性材、ベルト、ホース、タイヤチューブ、パッキンなど広い用途で使用されていますが、最近では合成ゴムに置き換えられつつあります。

③ 硬質ゴム

硬くてもろく、軟質ゴムと比較すると耐酸性、耐アルカリ性に富み、加工性にすぐれています。とくに電気絶縁性にすぐれ、電気絶縁材料としてよく使われます。エボナイトが代表的なものです。

④ 合成ゴム

天然ゴムは、一般に耐油性、耐熱性に劣り、時間が経つにつれて弾力性を失い、ひび割れなどの老化を起こします。そのため、現在では天然ゴムの代用として化学的に生ゴムとよく似た各種ゴムが生産されています。

一般に合成ゴムは、耐油性、耐熱性、耐摩耗性、耐老化性にすぐれているため、その用途は非常に多くあります。

7・6 接着剤

接着剤には、でん粉のりのように溶媒が蒸発することにより接着する蒸発形、熱硬化性樹脂のように、加熱により軟化または溶融した状態で接着し、冷却により固化する形の感熱形、化学変化により硬化する反応形、粘着テープのように加圧により接着する感圧形などがあります（図表5・105）。

図表5・105 ■ 接着剤の主成分と被着材の組合わせ例

被着材A＼被着材B	紙	木材	ナイロン樹脂・塩化ビニール	メタクリル樹脂・ポリカーボネイト	ゴム	金属
金属	酢酸ビニール	エポキシ、フェノール	ニトリルゴム、フェノール	エポキシ、シアノアクリレート	シアノアクリレート、ネオプレン	シアノアクリレート、エポキシ
ゴム	ニトリルゴム	ポリウレタン	ニトリルゴム、フェノール	ニトリルゴム、フェノール	ポリウレタン、ネオプレン	
メタクリル樹脂・ポリカーボネート	酢酸ビニール	ニトリルゴム、フェノール	ニトリルゴム、フェノール	シアノアクリレート		
ナイロン樹脂・塩化ビニール	ニトリルゴム、フェノール	ニトリルゴム、フェノール	ニトリルゴム、フェノール			
木材	酢酸ビニール	尿素、フェノール				
紙	酢酸ビニール					

(1) 天然高分子系接着剤

古くから建造物・家具・装身具などの製造に、天然高分子材料による接着剤が使用されてきました。

日本では、米からでんぷんのりがつくられ、紙の接着に用いられています。現在ではコーンスターチで製造されますが、段ボールの製造には欠かせない接着剤です。

でんぷんのりはもっとも安価であり、食品が主原料なので安全衛生上の問題が少なく、広く利用されています。にかわ（膠）は、動物の骨や皮などのたんぱく質を抽出して製造するものです。

(2) プラスチック系接着剤

プラスチック系の接着剤は、用途に応じて多品種の接着剤が市販されており、家庭用品やスポーツ用品のほか、自動車や家庭電化製品の接着とシーリング、合板や建設用資材の接着、紙や包装用品の接着などに利用されています。

接着強度は、一般に安全率を５～６程度見込んでいます。

(3) 有機溶剤の取扱い

一般に、接着剤は有機溶剤を含むものや、各種の化学物質によりつくられており、種類によっては有害な揮発性ガスが発生したり、引火性のあるガスが発生する場合があるので注意が必要です。

工具・測定器具

8・1　長さの測定機器

(1) ノギス

① 構造

もっとも一般的なM型ノギスについて説明します（**図表5・106**）。

スライダー（副尺＝バーニヤ）はみぞ形で、副尺の目盛りは19mmを20等分してあり、測定単位は0.05mm（1/20mm）です。外側の測定はジョウ、内側の測定は内側用ジョウで行い、スライダーをすべらせて測定します。

また､最大測定長（呼び寸法）300mm以下のものにはデプスバー（深さ測定用）がついており、段の高さ、穴の深さが測定できます。

② バーニヤ（副尺）の原理と目盛りの読み方

ノギスは、副尺の目盛りの取り方で、最小読取り値が1/20の精度まで読み取れます（1/50の精度もある）。

その原理は、副尺の目盛りが19mmの長さを20等分してあり、1/20の精度すなわち0.05mmまで計測できます。

実際の測定方法の例を**図表5・107**に示します。

図表5・106 ■　M型ノギス

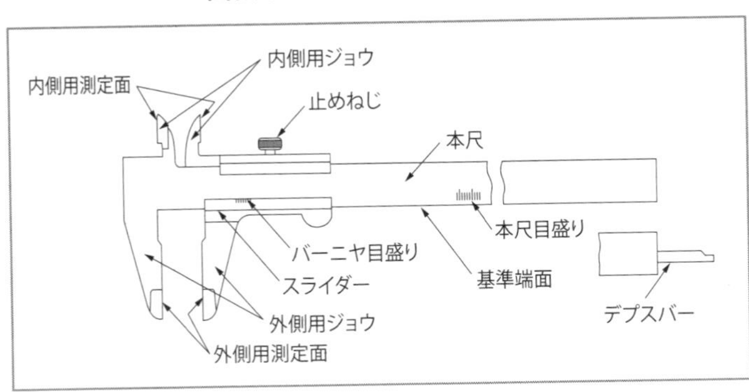

図表 5・107 ■ ノギスの目盛りの読み方

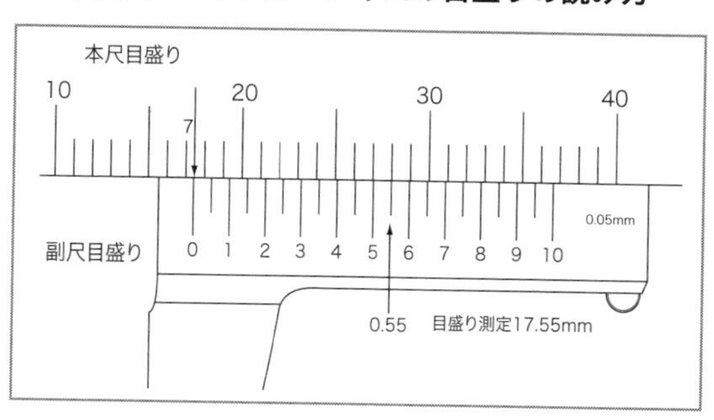

まず、副尺目盛りの0に対応する本尺目盛りを読みます。図では、17mmより少し右にずれているので、17mmより大きいことがわかります（本尺の目盛りは1mm）。

次に、本尺目盛りと合っている副尺目盛りを読みます。5.5のところで合っています。副尺目盛りの1目盛りは0.05mmとなっているので、1.0と読める目盛りは0.1mmとなります。

そこで、5.5の読み取り値は5.5×0.1＝0.55ですから、
17＋0.55＝17.55mmが測定値となります。

(2) マイクロメーター

① 構造と原理

マイクロメーターは、おねじとめねじのはめあいを利用して測定します（**図表5・108**）。マイクロメーターに使われるねじのピッチは0.5mmで、おねじに直結した目盛り（シンブル）は外周を50等分した目盛りが付いています。そこで、おねじを1回転させれば、シンブルが1回転して0.5mm動く（50目盛り動いて0.5mm動く）ことになります。

② 目盛りの読み方

スリーブの目盛りは、基線を境に上側は1mm単位、下側は上側の目盛りの中間に1mm単位で刻まれていて、0.5mmを表します。したがって、アンビルとスピンドルが密着したとき、スリーブの基線とシンブルの0点が合うようになっています（**図表5・109**）。

図表 5・108 ■　外側マイクロメーターの構造（標準型）

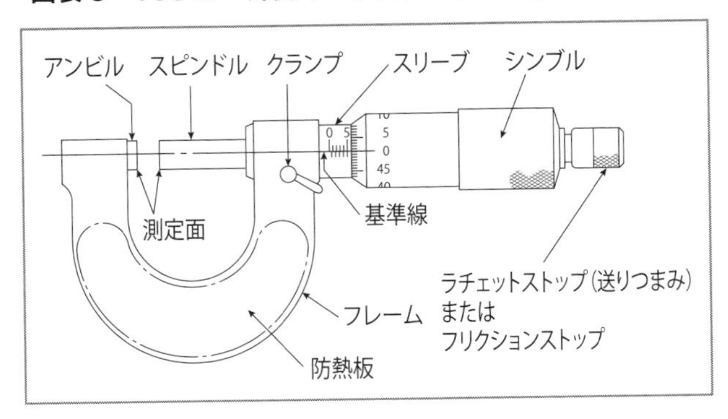

図表 5・109 ■　マイクロメーターの目盛り

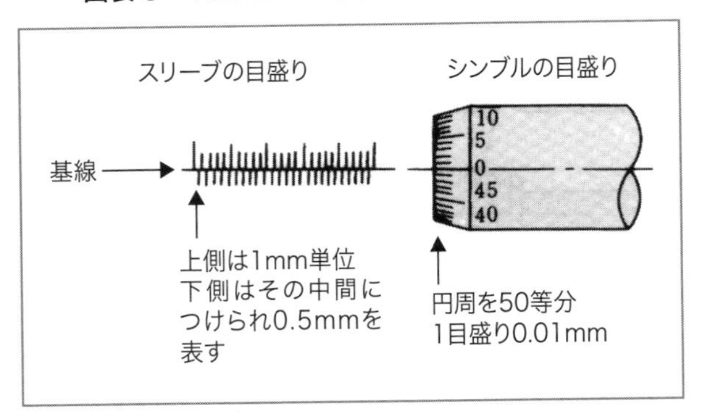

③ 読み方

読み方は、**図表 5・110** にあるように、まずスリーブの目盛りを読み、これにスリーブの基線と合っているシンブルの目盛りを加えた値が測定値となります。なおスリーブの下側の 0.5mm を見落としやすいので注意が必要です。

図表 5・110 ■　マイクロメーターの読み方

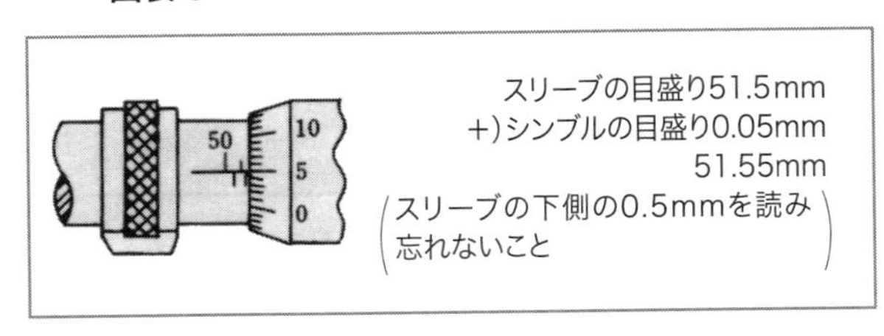

＜使用上の一般的注意事項＞

- 使用前に必ず０点を調整する
- 激しい衝撃を与えない。落としたり衝撃を与えてしまった場合は再点検する
- 測定ではシンブルを直接回さないで、ラチェットストップ（送りつまみ）を使う
- 手の温度による誤差にも注意する。フレームを手で持つ場合は、防熱板の部分を持つ
- 目盛りの合っている点の真正面に目をおいて読み取る
- 使用しないときは、アンビルとスピンドルの両測定面間は、多少離しておく（密着させた保管時の熱膨張による変形などを防ぐため）

④ 種類

マイクロメーターの用途で大別すると、外測用、内測用、深測用の３種類があり、それぞれにいくつかのタイプがあります（**図表５・111**）。

マイクロメーターの測定範囲は誤差や使用上の点から、JISでは25mm単位で、0～25mmから475～500mmまでのものが規格化されています。

図表５・111■　マイクロメーターの種類

用途	種類
外測用 (外側マイクロメーター)	標準形、替アンビル形、リミットマイクロメーター、歯厚式歯車マイクロメーター、ねじマイクロメーター、直進式ブレードマイクロメーター、その他
内測用 (内側マイクロメーター)	キャリパー形、単体形、継ぎたしロッド形 ３点測定式マイクロメーター（IMICRO）
深測用	デプスマイクロメーター

(3) ダイヤルゲージ

測定子のごくわずかな動きをてこ、または歯車装置に拡大して、ブロックゲージまたは基準となる模範と比較測定し、上部の円形目盛り板上の0.01mmまたは0.001mm目盛りから寸法差を読み取ります（**図表5・112**）。実長を求めることもできますが、おもにその偏差を知るのに用います。たとえば、量産における合否の決定、平行度、直角度、軸の曲がり、スラスト量、カップリングの心出しなど用途は多くあります。

図表5・112 ■　標準形ダイヤルゲージの各部の名称

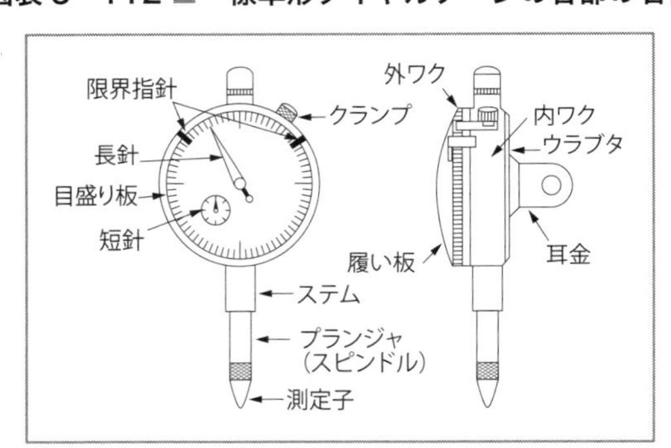

(4) シリンダーゲージ

シリンダーゲージは内径測定用の測定器で、測定器の一端にある測定子と換えロッドを被測定物の穴の内側にあて、そのあたり量を他端にあるダイヤルゲージの指針で読み取ります（**図表5・113**）。

図表5・113 ■　シリンダーゲージの構造

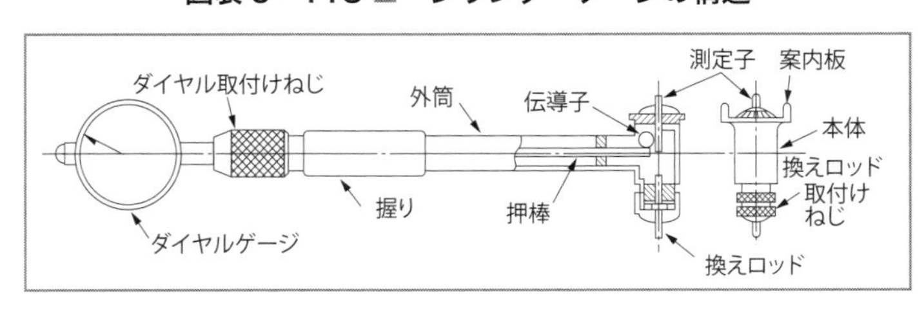

8・2　角度の測定機器

(1) 水準器

角度の測定器具として、水準器（**図表 5・114**）が用いられます。水準器の原理は、液体内につくられた気泡の位置がいつも高いところにあることを利用したものです。水準器の感度は、気泡を気泡管に刻まれた1目盛りだけ移動させるのに必要な傾斜です。この傾斜は底辺 1m に対する高さ（mm）、あるいは角度（秒）で表されます（**図表 5・115**）。

図表 5・114 ■　水準器の外観

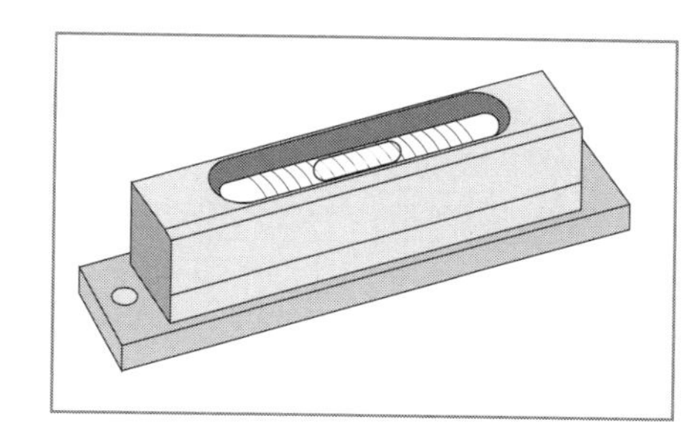

図表 5・115 ■　水準器の種類、感度

種類	感　度	等級	指示誤差（許容値）	
			各目盛り	次の目盛り
1種	$\frac{0.02mm}{1mm}$ (≒4秒)	A級 B級	±0.5目盛り ±0.7目盛り	0.2目盛り 0.5目盛り
2種	$\frac{0.05mm}{1mm}$ (≒10秒)	A級 B級	±0.3目盛り ±0.5目盛り	0.2目盛り 0.5目盛り
3種	$\frac{0.1mm}{1mm}$ (≒20秒)	A級 B級	±0.3目盛り ±0.5目盛り	0.2目盛り 0.5目盛り

(注) 指示誤差はいずれも許容値以下とする

8・3　温度の測定機器

(1) 各種温度計の概要

温度の測定方法には、多くの種類があります。**図表 5・116** に各種温度計の特徴を示します。

図表 5・116 ■　各種温度計の特徴

おもな温度計		特徴	
方式	種類	おもな長所	おもな短所
接触式	液体封入ガラス温度計	取扱いが容易で、信頼性が高い	衝撃に弱い
	バイメタル温度計	記録、警報、自動制御が可能である	離れたところで測定できない
	圧力温度計	10m 程度離れたところでも測定できる	温度を上げすぎると指度がずれる可能性がある
	抵抗温度計	精度のよい測定が可能である	強い振動がある対象には適さない
	熱電温度計	振動・衝撃に強く、応答がよい	基準接点が必要である
非接触式	光高温計	手軽に高温の測定が可能である	手動を必要とし、個人誤差を伴うおそれがある
	放射温度計	高温の遠隔測定が可能である	放射率の変動を考慮しなければならない

なお、この表で「K（ケルビン）」という単位は絶対温度と呼ばれ、摂氏（セルシウス）温度との関係は、

$$T\,(\mathrm{K}) = t\,(^\circ\mathrm{C}) + 273.15$$

となっています。表では単純計算での 273 で示されています。

参考として、温度の単位 C（摂氏）と F（華氏）の換算式は、次のとおりです。

$$C = \frac{5}{9}(F - 32) \qquad C：摂氏 \qquad F：華氏$$

(2) 熱電温度計（熱電対温度計）

① 原理

2 種に異なった金属線の両端を接続して閉回路をつくり、その 2 つの接合点に温度差があるとき、閉回路中にその温度に比例した熱起電力が生じ、熱電流が流れます。この現象をゼーベック（Seebeck）効果とい

います。熱電対は、この熱起電から逆に2つの接合点の温度差を測定しようとするものです（**図表5・117**）。

② 熱電対の種類

・白金ロジウム・白金熱電対（PR）
・クロメル・アルメル熱電対（CA）
・鉄・コンスタンタン熱電対（IC）
・銅・コンスタンタン熱電対（CC）

図表5・117 ■ 熱電回路

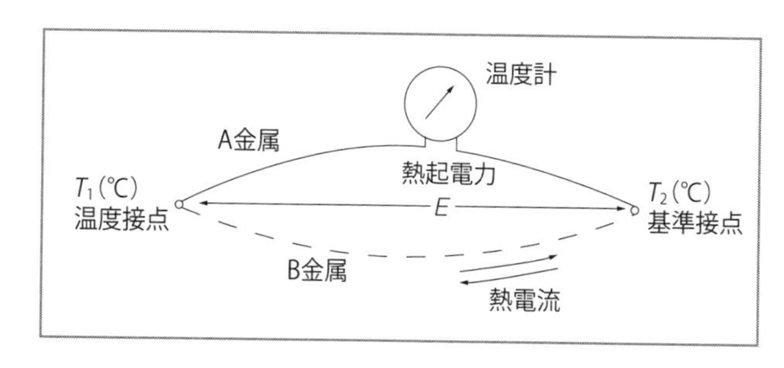

(3) 電気抵抗温度計

一般に、金属の電気抵抗は温度によって変化し、温度があがると抵抗値は増加します（電気抵抗の温度変化が規則的な金属、白金・ニッケルなど）。この原理を利用したものが電気抵抗温度計であり、熱電式のように冷接点や補償導線の問題もなく、直接に電気抵抗を測定するので、比較的容易に温度測定を行うことができます。また、雰囲気の測温にも適し、熱電温度計に比べて比較的低温の温度測定用として広く用いられています。

8・4 回転計

回転の速さは、もともと角速度として表現される量ですが、工業的には一定時間内の回転数、たとえば毎分の回転数（rpm）などで表されることが多いため、回転の速さを測定する計器は、普通は回転計と呼ばれています。

回転計の種類は以下のとおりです。

① 回転の速さの瞬時値を連続的に測定、指示する計器

機械的な遠心式回転計、流体遠心式回転計、摩擦板式回転計、粘性式回転計、発電機式回転計、渦電流式回転計などがあります。

② 機械的接触によって対象物から回転を取り出せない場合の計器

ストロボスコープ（所定の周波数で点滅を繰り返す発光装置）が、回転速度計として用いられます。

③ 回転の数および速さを測定できる計器

1回転ごとに整数個のパルス信号を発生する回転（角度）エンコーダーがあります。

8・5　流量計

流量の測定は、ガス体・液体のすべてが対象となりますが、工業用でもっとも多く使用されている方法が差圧式です。差圧式は「ベルヌーイの定理」を応用して測定します。

(1) 差圧式流量計

① 原理

図表5・118のように、管内を流体が一様に流れている直管部に絞りを入れると、その前後の静圧は図の下部のように変化します。このとき、絞り機構の前後の圧力差（差圧）は、流量が多くなるほど大きくなり、この両者の間には一定の関係があります。

この関係をベルヌーイの定理より求めると、次のとおりです。

$$Q = Aa\sqrt{\frac{2(P_1 - P_2)}{\gamma}}$$

Q：流量、$(P_1 - P_2)$：差圧
γ：流体の密度（水の場合は1）
A：絞り孔の面積
a：流量係数（絞り機構によって決まる）

図表5・118■　オリフィスによる流線と圧力

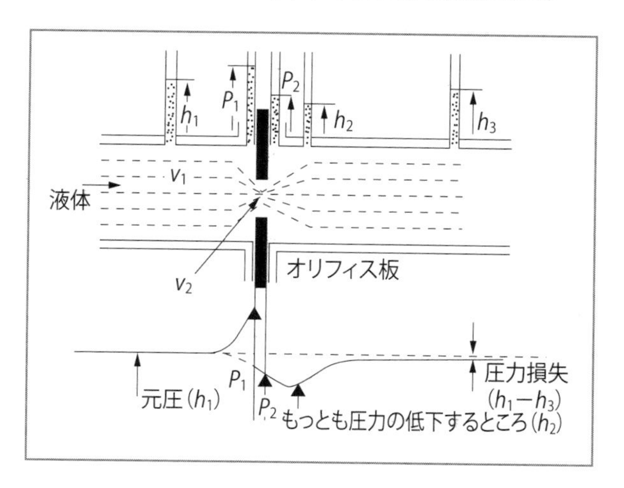

② 絞り機構の取付け

絞り機構の取付け位置は、前後にかなりの直管部が必要です。その理由は、管内の流れの状態を整流にするためです。この直管部の長さは、弁・曲管部の存在と、管径の絞り比などによって異なりますが、普通はオリフィスの上流側は管内径の 15 ～ 30 倍、下流側は 5 倍以上とします。

(2) 容積式流量計

容積式流量計とは、流入口と流出口との流体圧力差によって回転する回転子が、回転子とケースとの間を囲む一定容積の空間（ます）に充満した流体を、流出側に何回送り出したかということから、流体の通過量（積算量）を知る流量計です。また、回転子の回転速度から流量の瞬間値を知ることもできます（**図表 5・119**）。

ガソリン計量の流量計として使用されています。

図表 5・119 ■　容積式流量計の回転子（オーバル歯車形流量計の内部構造）

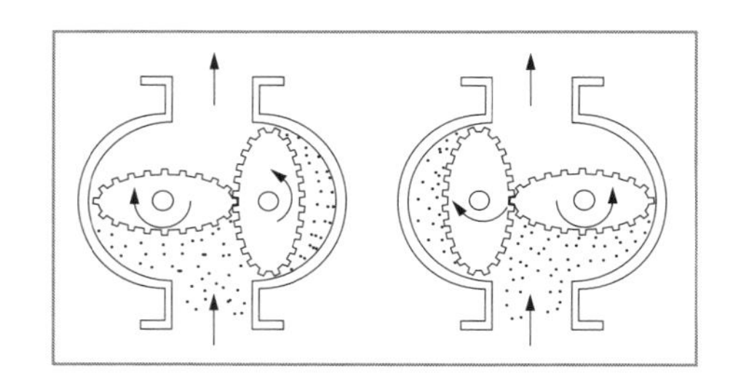

(3) 面積式流量計

配管内に絞りを挿入した場合、その前後に発生する差圧（$P_1 - P_2$）が常に一定になるように、絞り面積が流量に比例して変化する絞り機構をつくれば、この絞り面積より、流量を測定することができます。これが面積式流量計の原理です（**図表 5・120**）。

図表 5・120 ■　面積式流量計

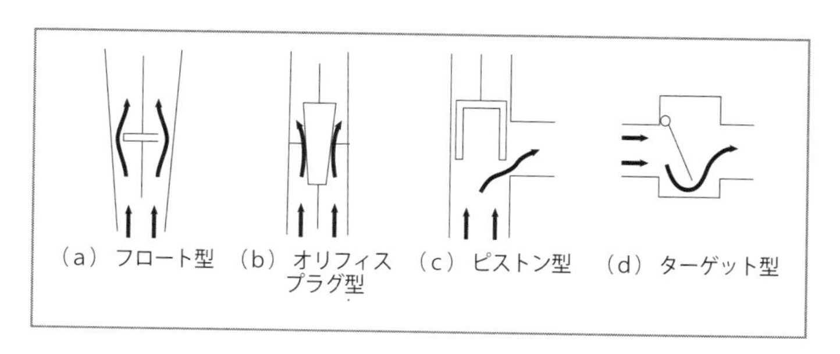

(4) 電磁式流量計

電磁流量計は、電磁誘導によって磁界中に流れる流体に発生する電圧を測定するものです。管路の内径が定まって磁束密度が一定であれば、流量は起電力に比例するので、この起電力を測定することにより流量を求めることができます。

8・6　振動計

機械から発生する振動を測定するには、振動の状況に応じて、適切な検出端を使用しなければなりません。これは、接触型と非接触型に分類されます。

一般に、振動計を測定項目によって分類すると、

・変位振動計

・速度振動計

・加速度振動計

があります。

また、検出および拡大方法で分類すると、

・機械式振動計

・電気式振動計

・光学式振動計

などに分類されます。

なお、電気式振動計は、

・電磁誘導によるもの
・圧電効果によるもの
・電気抵抗によるもの
・静電容量によるもの
などに分類されます。

8・7　電動工具

(1) ディスクグラインダー

鋳造品のバリ取り、金属切断後のバリ取りなどの荒い作業、手仕上げの効率化を目的とした手持ち電動工具（ディスクグラインダー）のことで、現場では「サンダー」などと呼ばれ多く使用されています（**図表5・121**）。

図表5・121 ■　ディスクグラインダー

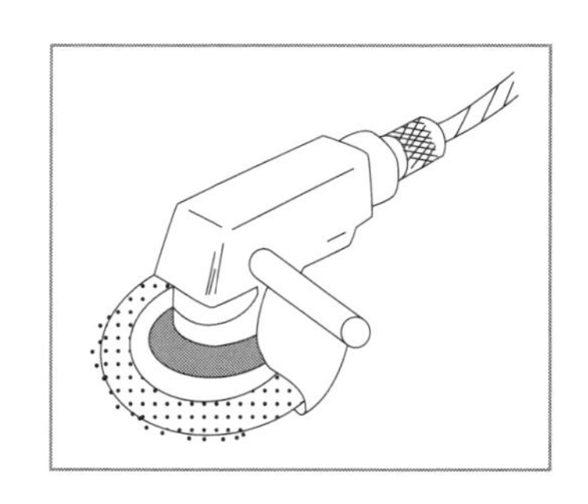

(2) 高速切断機

型鋼や角材などの切断では、特別な砥石による材料の高速切断も行われます。

(3) ハンドジグソー

ハンドジグソーは電動のものが多く、手軽で取扱いも簡単なので、改善などでアクリル板や材木、金属の薄板切断など広範囲に使用されます。被裁断材料によっては切粉が飛び散ることもあるので、必ず保護メガネを着用してください。

また、材料ごとに専用のノコ刃を使用します。裁断中は、被裁断材料をノコ刃の前進に合わせます。ムリに押し付けたり曲げたりするとすぐにノコ刃が折損し、材料をきずつけてしまうので、注意が必要です（**図表 5・122**）。

図表 5・122 ■ ハンドジグソー

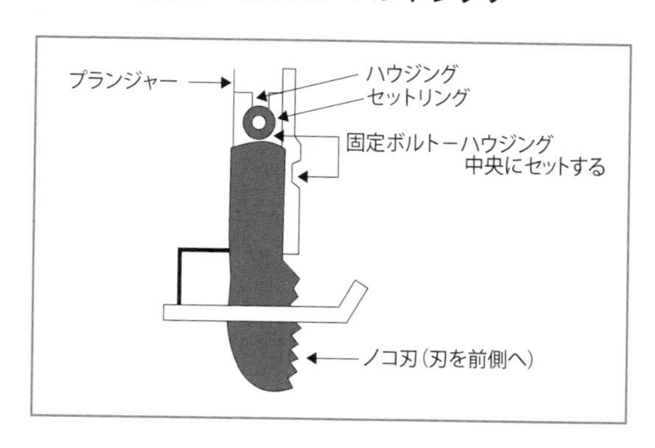

(4) ドリル

ドリル（drill）は、穴あけに用いられる切削工具で、ドリルを回転させて穴あけする場合と、工作物を回転させて穴あけする場合があります。

シャンクには、本体と同径のストレートシャンク（径 13mm 以下）と、タング方向に次第に細くなっているテーパシャンクがあります。

ドリル各部と刃部の角の名称を**図表 5・123** に示します。

ドリルの主となる切刃は、逃げ面とねじれみぞの交わったところで、この 2 つの切刃のなす角を先端角（point angle）といい、標準のものは 118°です。しかし、工作物の材質により、硬いものには大きく、軟らかいものには小さくします。

また、この 2 つの切刃が対称でないと、精度のよい穴を能率的にあけることができません。

図表 5・123 ■　ドリル各部と刃部の角の名称

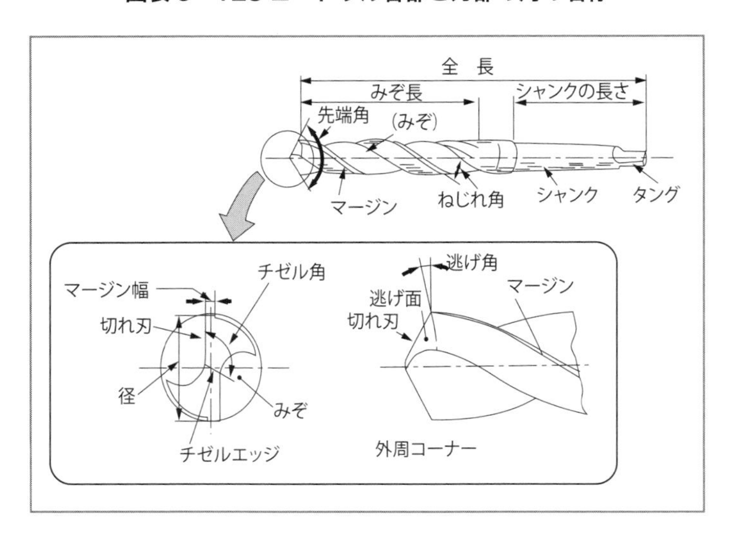

8・8 その他の工具

(1) リーマ

リーマ（reamer）は、ドリルなどであけられた穴の内面を、なめらかで精度のよいものに仕上げるために用いる切削工具です。

リーマ仕上げには、ボール盤や旋盤などの工作機械を用いて行う場合と、手回しで行う場合があります。リーマには、用途・構造によって、**図表5・124**に示すようなものがあります。

リーマは、手回し作業用（**図表5・124（a）**）と機械作業用（**b**）とに大別されます。（**c**）のねじれ刃のものは、キーみぞなどのある穴の仕上げに用いられ、（**d**）のテーパリーマは、テーパ穴の仕上げに用いられます。

図表5・124■ リーマの種類

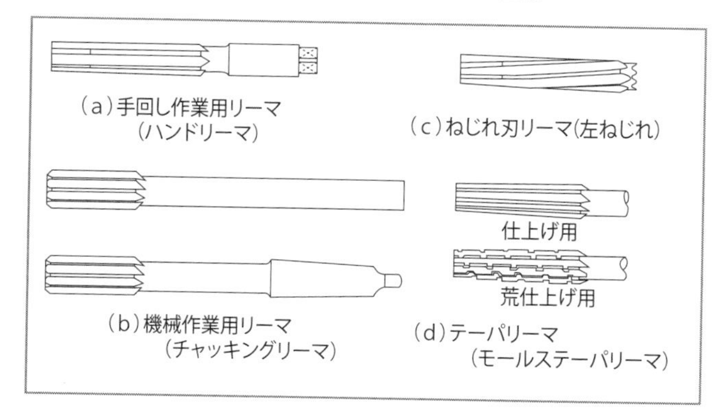

(2) タップ、ダイス

タップ（tap）やダイス（dies）は、それぞれ、めねじやおねじを切る切削工具です。

ねじは旋盤やフライス盤などによって切られたり転造などによってつくられますが、直径の小さいめねじは、ほとんどタップによってつくられ、また、おねじもダイスによる場合が多いです。タップやダイスは、目的によっていろいろな種類のものがあります。**図表5・125**は、一般に広く用いられているハンドタップで、通常３本１組で使われます。

図表5・125のように、食付き部の長さだけが異なり、直径の同じも

のを等径ハンドタップといい、下穴のあけられた穴に、先タップから中タップ・上げタップの順に用いてねじを仕上げます。

図表5・126（a）は、調整形のねじ切り丸ダイスで、つくるねじに合わせて、直径を適正に調整することができます。直径の調整のできないソリッド形もあり、これは調整形に比べて丈夫なので、強力切削ができます。

また、**図表5・126（b）**のチェーザは、ねじを切る多山の刃物で、ダイヘッドというホルダーに取り付けて用いられます。

図表5・125■　ハンドタップ

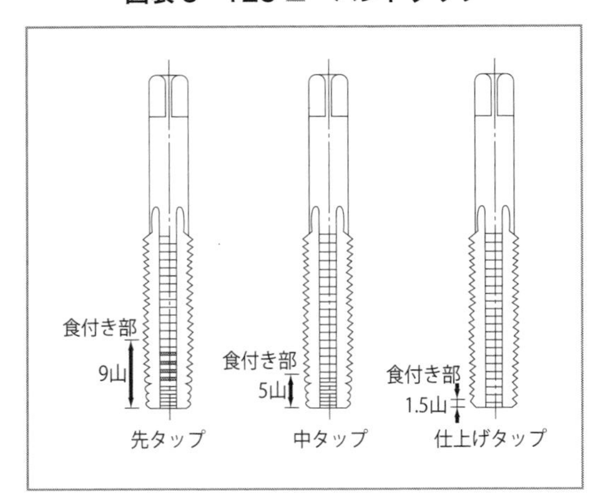

図表5・126■　ダイスとチェーザ

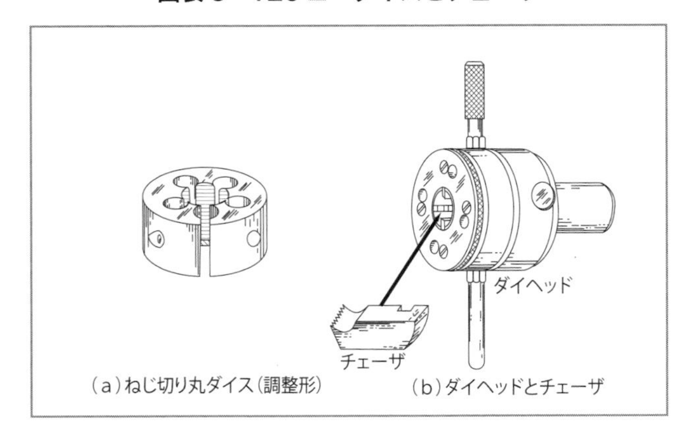

(3) 弓ノコの種類とノコ刃

現場で簡単に材料を切断し、長さや幅を決めるのに使用する工具です。弓ノコとは通称で、フレームにノコ刃を取り付けて、手（人力）で切断します。

JIS ではノコ刃のことを「ハクソー」といい、手用と機械用に分類されています（**図表 5・127**）。

図表 5・127 ■ ハクソーの種類

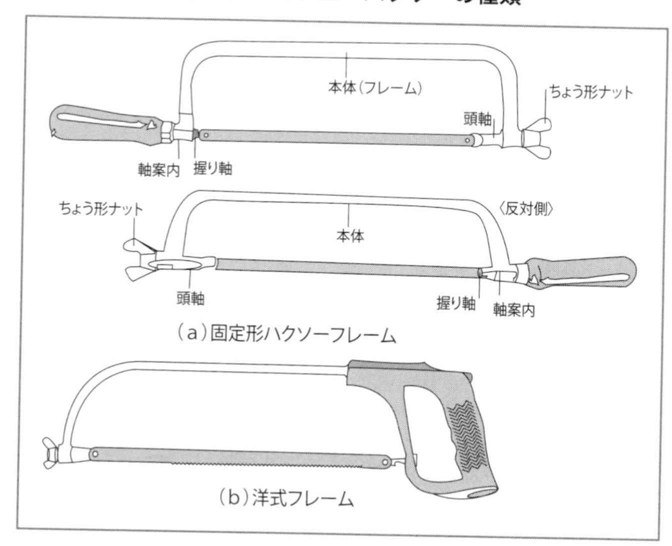

① 自在形ハクソー

フレームは、3 種類のノコ刃が使えるようになっています。ノコ刃の刃数は、25.4mm = 1 インチあたり 10、14、18、24、32 歯の 5 種類が（JIS B 4751）あり、通常の機械工場で使われているのは 14 刃以上です。

(4) ケガキ針

ケガキ針（**図表 5・128**）は、スケールなどに沿って工作物にケガキ線を引く工具です。先端が鋭くとがっていて、その種類は実にさまざまです。

図表 5・128 ■ ケガキ針

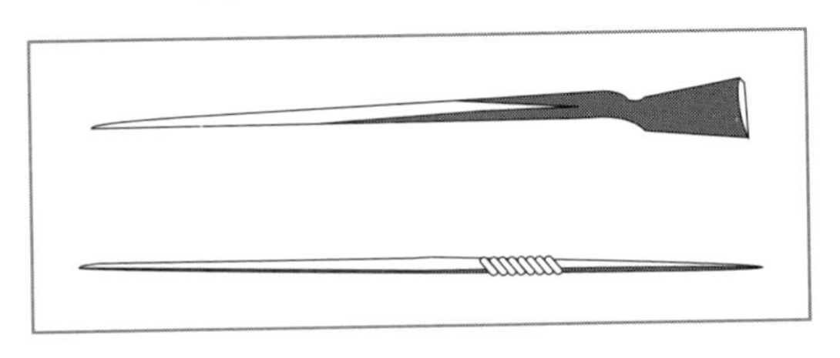

使用すると先端が摩耗するので、油砥石で研ぎ直しを行います。先端は焼入れしてありますが、中には先端に超硬をろう付けしたものもあります。

(5) ポンチ

ケガキ線を入れた後に、ドリルの穴あけ位置やケガキ線をはっきり示すために、工作物にポンチを打ちます。ケガキ線の交点にポンチの先をあてててハンマーを打つだけなので、簡単に考えがちですが、打ち方が悪いと材料が使えなくなる場合もあるので注意が必要です。ポンチは**図表 5・129** のようなものが多く使用されています。

図表 5・129 ■ ポンチ

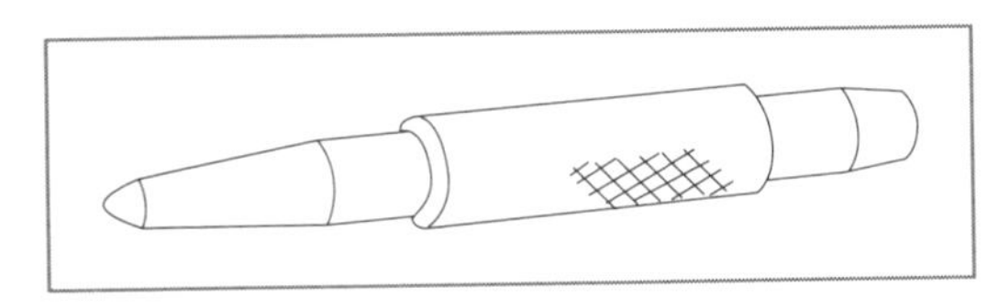

(6) ヤスリ

機械工場でよく使われる鉄工ヤスリは、別の柄（普通は木製）を付けて使用します。その断面の形によって、平、半丸、丸、角、三角の 5 種類があります。

それぞれ、断面の形の組み合わせが決まっています。断面形状は**図表 5・130** のようなものがあります。

図表 5・130■　ヤスリ各部の名称

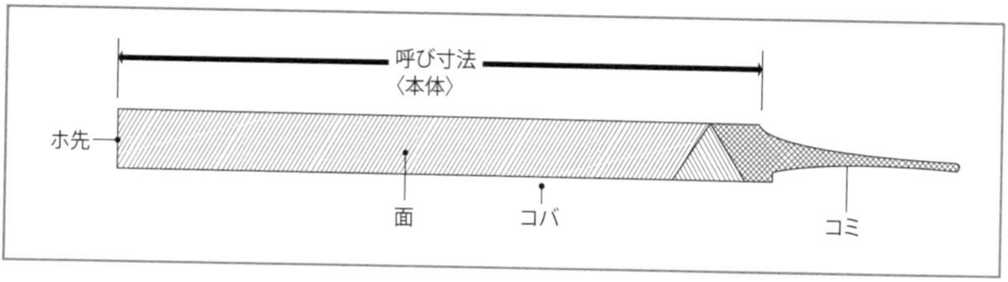

呼び寸法
〈本体〉
ホ先
面
コバ
コミ

(7) 金切りはさみ

金属板を切るはさみには2種類あります。刃の部分がまっすぐのものを「直刃（ちょくば）」といい、板材をまっすぐに切る場合に使用します（**図表 5・131**）。

刃の部分が曲がっているものを「柳刃（やなぎば）」といい、その刃の曲がりが大きい（ゆるい）ものと、小さい（急な）ものがあります。柳刃は板材を曲がり線に切る場合に使用します。

図表 5・131■　金切りはさみ

(a)直(ちょく)刃
(b)柳(やなぎ)刃

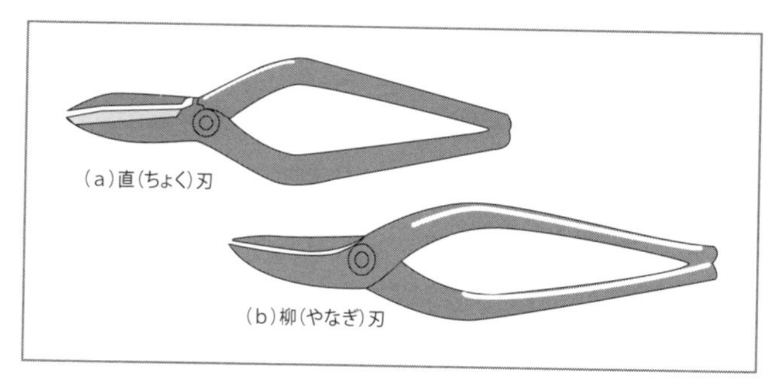

図面の見方

9・1　製図の重要性

図面には、作成者の意図が完全に表されており、図面を読み取れば作成者の考えが補足説明なしでわかるものです。そこで、製図や略図を描く場合には、なんといっても「正しく」「明瞭に」「迅速に」が大切です。この３つの要素は、製図をする人には必須です。

最初に必要なのは、そのものを図形として正しく表すことです。構想を練る段階ならば、フリーハンドでものを図面に描いてみることもあり、改善などでは、この程度で用が足りる場合が多くあります。

しかし、図面は図面を作成する人（設計者）、図面によって機械を製作する人（製作者）、図面によって機械を使用して仕事する人（使用者）の３つの分野の人たちによって取り扱われます。したがって、図面は設計者の考えが、製作者や使用者に正確にかつ容易に理解され、その目的を達成するように描かれる必要があります。

そのため製図には、いろいろな約束が必要となります。

9・2　投影法

立体である物体の位置・形状などを一平面上に正確に描き表す方法を投影法といいます。JIS には３種類の投影法が定められています（**図表 5・132**）。

図表 5・132 ■　投影法の種類

投影法の種類	用いる図の種類	特　　徴	おもな用途
正 投 影	正 投 影 図	形状を厳密、正確に表せる	一般の図面
等 角 投 影	等　角　図	１つの図で、たとえば、立方体の三面を同じ程度に表せる	説明用の図面
斜 投 影	キャビネット図	１つの図で、たとえば、立方体の三面のうちの一面だけを重点的に厳密、正確に表せる	

(1) 正投影図

ものを図形で正確に表すには、正投影法を用います。1つの投影面では不完全なので、投影面を設定して正投影による図形を描きます。

これらを組み合わせて、ものを平面上に正確に図示す。これが正投影図です。視点とものの間に透明な投影面を平行に置き、投影面に垂直な方向から見て、そこに見えるものの形を図示します。

ものを図面で正確に描き表すには、以下のように3方向で描くのが一般的です。

- 正面図（front view）
- 平面図（top view）
- 側面図（side view）

このように、あるものの形を表すためには、いくつかの投影面が必要です。**図表5・133**に示すような描き方を第三角法と呼び、一般的に多く使用されています。

図表5・133■ 投影図の配置図（立体モデル）

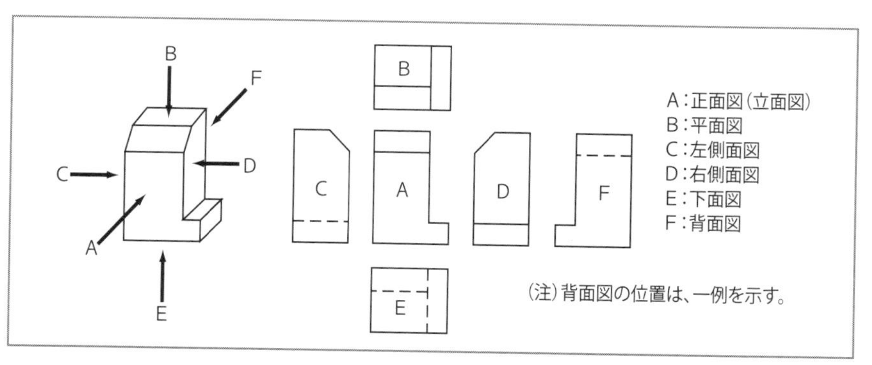

(2) 線の種類と用法

製作図に用いられる線には、断続形式と太さの比率の組合わせとによって、**図表5・134**に示すような用途による種類があります。

かくれ線には細い破線と太い破線があり、また、中心線には細い一点鎖線と細い実線があり、いずれを用いてもよいことになっています。しかし、同一図面では両者を混用してはいけません。

図表5・134 ■ 線の種類による用法

用途による名称	線の種類		線の用途
外形線	太い実線	━━━━	対象物の見える部分の形状を表すのに用いる
寸法線	細い実線	────	寸法を記入するのに用いる
寸法補助線			寸法を記入するために図形から引き出すのに用いる
引出し線			記述・記号などを示すために引き出すのに用いる
回転断面線			図形内にその部分の切り口を90°回転して表すのに用いる
中心線			図形の中心線を簡略に表すのに用いる
水準面線			水面・油面などの位置を表すのに用いる
かくれ線	細い破線 または太い破線	- - - - -	対象物の見えない部分の形状を表すのに用いる
中心線	細い一点鎖線	── - ──	(1) 図形の中心を表すのに用いる (2) 中心が移動した中心軌跡を表すのに用いる
基準線			とくに位置決定のよりどころであることを明示するのに用いる
ピッチ線			繰り返し図形のピッチをとる基準を表すのに用いる
特殊指定線	太い一点鎖線	━━ - ━━	特殊な加工を施す部分など特別な要求事項を適用すべき範囲を表すのに用いる
想像線①	細い二点鎖線	── - - ──	(1) 隣接部分を参考に表すのに用いる (2) 工具・ジグなどの位置を参考に示すのに用いる (3) 可動部分を、移動中の特定の位置または移動の限界の位置で表すのに用いる (4) 加工前または加工後の形状を表すのに用いる (5) 繰返しを示すのに用いる (6) 図示された切断面の手前にある部分を表すのに用いる
重心線			断面の重心を連ねた線を表すのに用いる
破断線	不規則な波形の細い実線、またはジグザグ線②		対象物の一部を破った境界、または一部を取り去った境界を表すのに用いる
切断線	細い一点鎖線で端部および方向の変わる部分を太くしたもの③		断面図を描く場合、その切断位置を対応する図に表すのに用いる
ハッチング	細い実線で、規則的に並べたもの	//////	図形の限定された特定の部分を他の部分と区別するのに用いる。たとえば、断面図の切り口を示す
特殊な用途の線	細い実線	────	(1) 外形線およびかくれ線の延長を表すのに用いる (2) 平面であることを示すのに用いる (3) 位置を明示するのに用いる
	極太の実線	━━━━	薄肉部の単線図示を明示するのに用いる

(注) ① 想像線は、投影法上では図形に現れないが、便宜上必要な形状を示すのに用いる。また、機能上・工作上の理解を助けるために、図形を補助的に示すためにも用いる。
② 不規則な波形の細い実線は、フリーハンドで描く。またジグザグ線のジグザグ部は、フリーハンドで描いてもよい。
③ 他の用途と混用のおそれがないときは、端部および方向の変わる部分を太くする必要はない。

(備考) ・ 細線、太線および極太線の太さの比率は、1:2:4とする。
・ この表によらない線を用いた場合には、その線の用途を図面の余白に注記する。

(3) 断面図

図面でものの内部の形状や大きさを表すときは、かくれ線（細い破線または太い破線）で図示しますが、内部の見えない部分が接近していたり複雑だったりすると、多くのかくれ線が必要となり、図が見にくくなります。このようなときには、断面図を用いて隠れた部分をわかりやすく示します。ものの切断面を用いて仮に切断し、正断面の手前側の部分を取り除いて描きます（図表5・135）。

図表5・135■　断面図

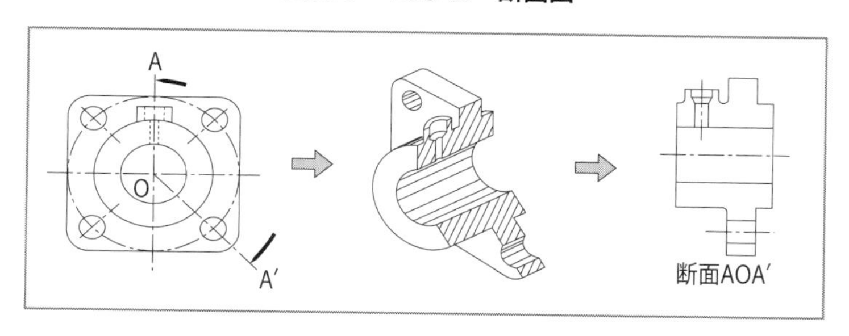

なお、図には切断面を示す切断線を記入し、その両端部に見た方向を矢印で、切断個所を英字で表示します。

① 切断してはならないもの（断面図にしてはならないもの）

断面図はものの見えない内部を簡単明瞭に、かつ正確に表すためにありますが、ものによっては、断面図にするとかえって見にくくなる場合があります。このような場合は断面図にしてはなりません。

長手方向に切断しないものは、原則として長手方向に切断しません。

- 切断したために理解を妨げるもの：リブ、車のアーム、歯車の歯
- 切断しても意味がないもの：軸、ピン、ボルト、小ねじ、リベット、キー

9・3　基本的な寸法記入法

(1) 寸法

図形に寸法（dimension）その他の説明が記入されて、はじめて図面として完成します。寸法記入は正確に、完全にし、図面を使う人の立場に立って、読み誤りが起こらないようにしなければなりません。

長さの寸法は、普通、仕上がり寸法を mm 単位で記入し、単位記号は付けません。

寸法の小数点は次の例のように、下側にはっきりと付けます。また、桁数が多い数値の場合は、3 桁ごとに数字の間を適当にあけ、カンマで区切ることはしません。

〔例〕 125.35　12.00　12 120

角度の単位は一般に「度」を用い、必要に応じて「分」および「秒」を併用します。

度・分・秒を表すには、数字の右肩に記号を付けます。また、ラジアンの単位を使う場合には「RAD」を付けます。

〔例〕 60°　22.5°　0° 18′　0.41RAD

(2) 寸法記入の方法

寸法は、**図表 5・136** のように、寸法線・寸法補助線・引出し線・寸法補助記号などを用いて、寸法を表す数値によって示します。

図表５・136■ 寸法の示し方

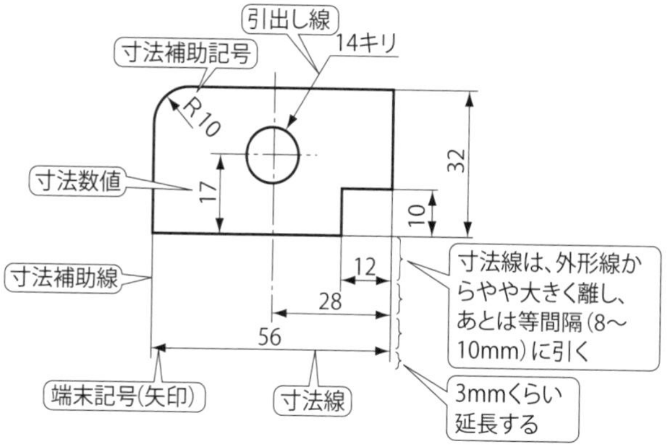

図面で用いる寸法補助記号 Column

製図上では、寸法数値とともに記号を併記することで、図形の理解を図るとともに、図面あるいは説明の省略を図っています。このような記号を寸法補助記号といい、下記の図表に示すものが規定されています。

区　分	記　号	呼び方	用　　法
直径	φ	ふぁい	直径の寸法の、寸法数値の前につける
半径	*R*	あーる	半径の寸法の、寸法数値の前につける
球の直径	*S*φ	えすふぁい	球の直径の寸法の、寸法数値の前につける
球の半径	*S R*	えすあーる	球の半径の寸法の、寸法数値の前につける
正方形の辺	□	かく	正方形の一辺の寸法の、寸法数値の前につける
板の厚さ	*t*	てぃー	板の厚さの、寸法数値の前につける
円弧の長さ	⌒	えんこ	円弧の長さの寸法の、寸法数値の前につける
45°の面取り	*C*	しー	45°面取りの寸法の、寸法数値の前につける
参考寸法	(　)	かっこ	参考寸法の、寸法数値（寸法補助記号を含む）を囲む

9・4　表面性状と表面粗さ

(1) 表面性状

表面粗さは、部品機能に直接影響を与える要素ですが、製品の多様化とともに、うねり、美的要求も含めた筋目方向、表面模様なども従来に増して重要になってきました。うねりや筋目方向などを含めると表面粗さとはいえないので、「面の肌」が用語として JIS B 0031：1982 に採用されました。この「面の肌」という用語は、その後 JIS B 0031：2003 で「表面性状」と改正されました。表面性状に含まれる要素をまとめたのが**図表 5・137** です。

図表 5・137 ■　表面性状の要素

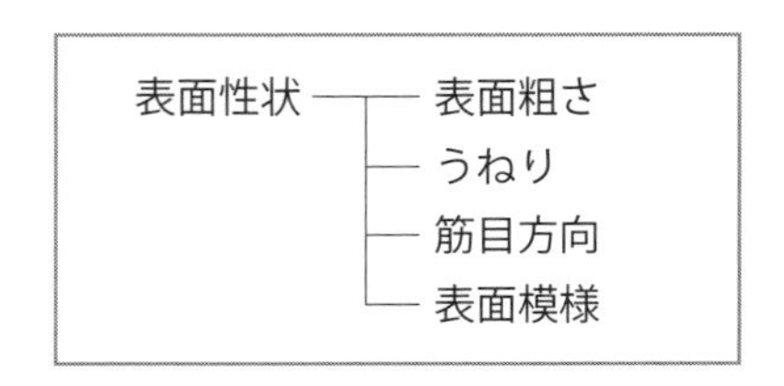

(2) 粗さ曲線の定義

部品の実表面は、加工によって大きなうねりに小さな凹凸が載った表面ができます。大きなうねり（低周波成分）は工作機械に、小さな凹凸（高周波成分）は刃具の振動、刃の状態や送り速度などに起因する場合が多くあります。

実表面の断面に現れる曲線を断面曲線といい、**図表 5・138（a）**に例を示します。

JIS B 0601：2001 では、断面曲線から長波長成分（低周波成分）を遮断して得られる輪郭曲線を粗さ曲線と定義しています。粗さ曲線の例を**図表 5・138（b）**に示します。

図表 5・138 ■　断面曲線と粗さ曲線の例（JIS B 0601）

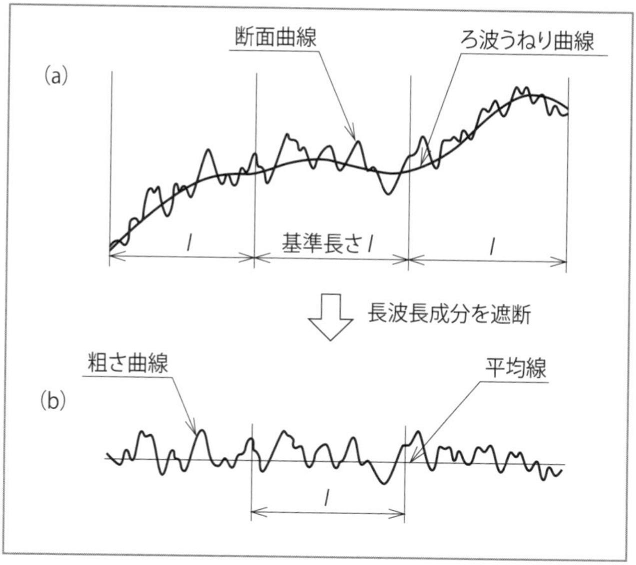

(3) 表面粗さの定義

加工表面の微小な凹凸を表面粗さといいます。JIS B 0601：2001では、表面粗さを高さ方向、横方向および複合パラメータなどで定義しています。高さ方向の表面粗さパラメータには、算術平均粗さ（Ra）、最大高さ粗さ（Rz）、二乗平方根平均粗さ（Rq）などがあります。一般的には、算術平均粗さ（Ra）が多く採用されています。

算術平均粗さ（Ra）は、**図表 5・139** の手順で求めます。

図表 5・139 ■ 算術平均粗さ（Ra）を求める手順

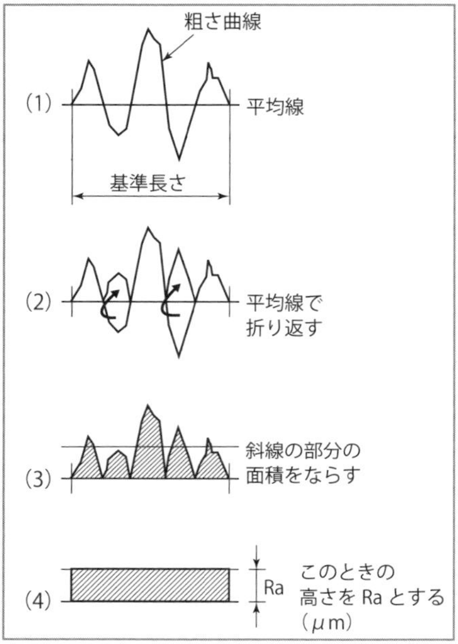

(1) 粗さ曲線 平均線 基準長さ

(2) 平均線で折り返す

(3) 斜線の部分の面積をならす

(4) Ra このときの高さを Ra とする（μm）

(4) 図示記号

対象面の表面形状の要求事項を指示するには、図示記号が用いられます（**図表 5・140**）。除去加工の要否を問わないときは（**a**）に示す基本図示記号が用いられ、除去加工をする場合は（**b**）が、除去加工をしない場合は（**c**）が用いられます。図示記号には、必要に応じて複数の表面性状パラメータを組み合わせて指示することができます（**図表 5・141**）。

図表 5・141 の指示位置 a ～ e の内容は、次のとおりです。

- 位置 a：表面性状パラメータが 1 つの場合
- 位置 b：2 番目の表面性状パラメータ
- 位置 c：加工方法、表面処理、塗装、加工プロセスに必要な事項
- 位置 d：表面の筋目とその方向
- 位置 e：削り代をミリメートル単位で指示

図表 5・140 ■　基本図示記号（JIS B 0031）

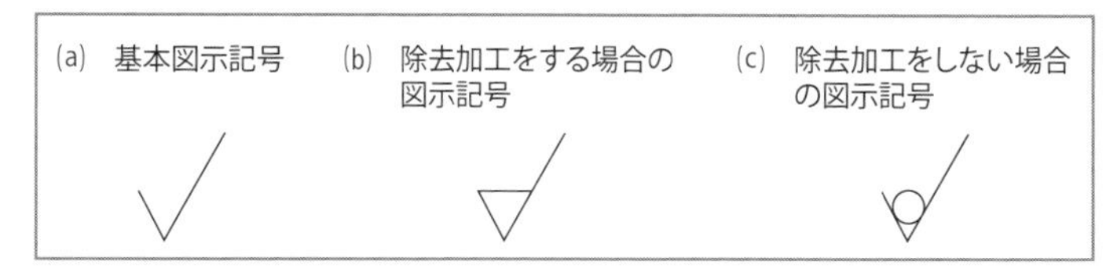

図表 5・141 ■　表面性状の要求事項の指示位置（JIS B 0031）

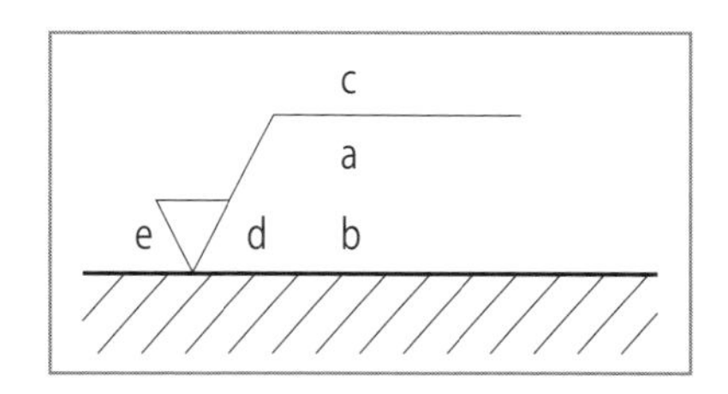

9・5　寸法の許容限界

(1) 寸法公差

加工には、必ず加工による誤差が生じます。精密にすればするほど時間と費用がかさむことになります。機械の生産にあたっては、機能上さしつかえないかぎり、できるだけ大きな許容範囲があると生産の効率があがります（**図表 5・142**）。

図表 5・142 ■　寸法公差

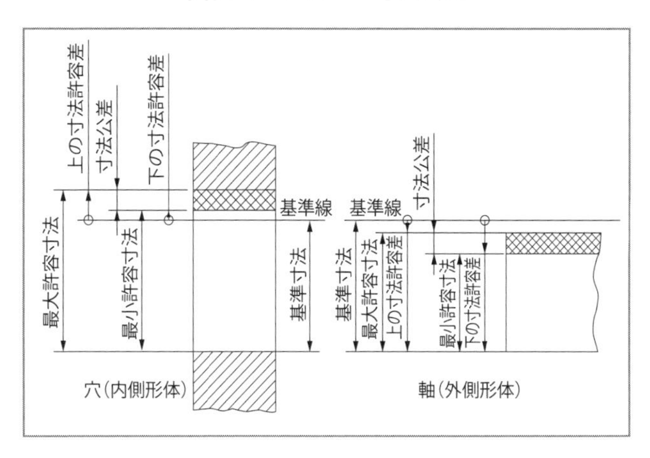

とくに大量生産の場合には、互換性を保つうえからも、その部品の機能に応じて、できあがりの寸法（これを実寸法という）が標準化された大小２つの寸法の許容限界の内にあるようにする方式が一般で、これを寸法公差方式と呼びます。

この大小２つの限界を示す寸法を許容限界寸法といい、大きいほうを最大許容寸法、小さいほうを最小許容寸法といいます。

最大許容寸法と最小許容寸法の差を寸法公差（まぎらわしくない場合は、単に公差といってよい）といい、寸法公差の大きさは部品の大きさ、仕上げの精度によって決定します。

加工の基準となる寸法を基準寸法といい、これに対して設定された最大許容寸法、最小許容寸法から基準寸法を引いたものを、それぞれ上の寸法許容差、下の寸法許容差となります（**図表 5・143**）。

図表 5・143 ■　寸法許容限界の記入

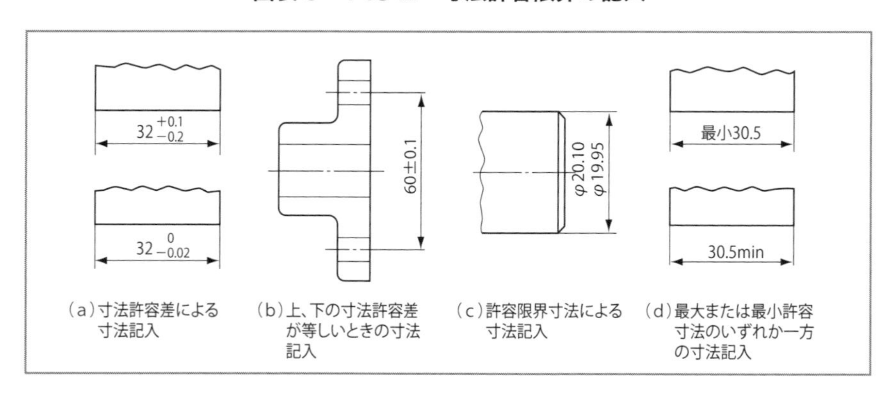

（a）寸法許容差による寸法記入

（b）上、下の寸法許容差が等しいときの寸法記入

（c）許容限界寸法による寸法記入

（d）最大または最小許容寸法のいずれか一方の寸法記入

(2) はめあい

穴と軸が、互いにはまり合う関係をはめあいといい、穴と軸の関係を寸法公差方式によって規定したはめあいを、はめあい方式と呼びます。

JIS B 0401 の寸法公差およびはめあいの方式では、3150mm 以下の機械部品の部分の許容限界寸法および互いにはめ合わされる穴と軸の組合わせについて決められています。この規格で、穴・軸とは主として円形の穴・軸を指しますが、円形でない部分も含めて示されています。

① 種類

図表 5・144 に示すように、穴と軸のはめあいにおいて、軸の直径が穴の直径より小さい場合の両方の直径の差を「すきま (clearance)」、軸の直径が穴の直径より大きい場合の両方の直径の差を「しめしろ (interference)」といい、それぞれ「すきまばめ」と「しまりばめ」といいます。

図表 5・144 ■ すきまとしめしろ

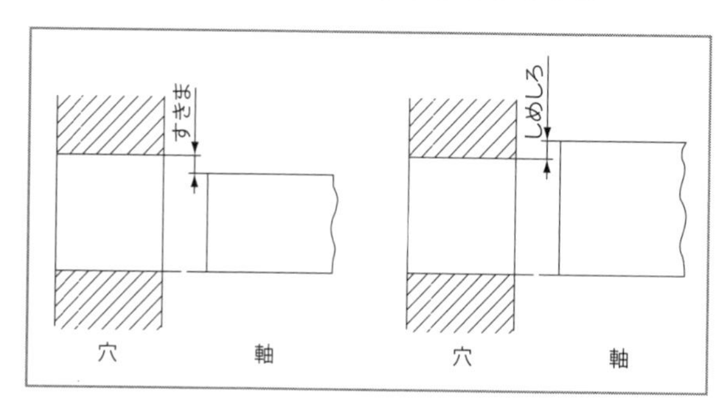

〈参考文献〉

『新・TPM 展開プログラム 加工組立編』（中嶋清一・白勢國夫監修、日本能率協会コンサルティング）
『新・TPM 展開プログラム 装置工業編』（鈴木徳太郎監修、日本能率協会コンサルティング）
『TPM 設備管理用語辞典』（日本プラントメンテナンス協会編）
『入門・機械＆保全ブックス』全 10 巻（日本プラントメンテナンス協会編、日本能率協会コンサルティング）
『新・機械保全技能ハンドブック』全 6 巻（日本プラントメンテナンス協会編、日本能率協会コンサルティング）
『「QC 7 つ道具」活用コース』（通信教育テキスト、日本能率協会マネジメントセンター）
『PM 分析基礎コース』（通信教育テキスト、日本能率協会マネジメントセンター）
『PM 分析の進め方』（白勢國夫、木村吉文、金田貢共著、日本能率協会コンサルティング）
『なぜなぜ分析 徹底活用術』（小倉仁志著、日本能率協会コンサルティング）
『良品 100%の品質保全』（木村吉文編著、日本能率協会コンサルティング）
『TPM カレッジ管理者コース』（教育テキスト、日本能率協会コンサルティング）
『TPM600 帳票マニュアル』（杉浦政好監修、日本能率協会コンサルティング）
『IE 基礎要論』（甲斐章人著、税務経理協会）
『FMEA・FTA 実施法』（鈴木順二郎・牧野鉄治・石坂茂樹共著、日科技連）
『やさしい QC 七つ道具』（石原勝吉、広瀬一夫、細谷克也、吉間英宣共著、日本規格協会）
『やさしい新 QC 七つ道具』（新 QC 七つ道具研究会編、日科技連）
『QC 手法 100 問 100 答』（細谷克也著、日科技連）
『QC 数学のはなし』（大村平著、日科技連）
『図面の新しい見方・読み方（改訂 3 版）』（桑田浩志著、日本規格協会）
『図面の見方・描き方（四訂版）』（真部富男著、工学図書）
『新入者安全衛生テキスト』（福成雄三著、中央労働災害防止協会）

INDEX

記号・英字・数字

あ

か

さ

た

な

は

ま

や

ら

わ

本書の内容に関するお問合わせは、インターネットまたはFaxでお願いいたします。電話でのお問合わせはご遠慮ください。
・URL　https://www.jmam.co.jp/inquiry/form.php
・Fax番号　03（3272）8127
自主保全士検定試験の詳細については、日本プラントメンテナンス協会（http://www.jishuhozenshi.jp）に直接ご確認ください。

改訂版 自主保全士公式テキスト

2022年11月30日　初版第1刷発行
2024年　7月25日　　　第6刷発行

編著者 ―― 日本プラントメンテナンス協会
©2022 JIPM

発行者 ―― 張　士洛
発行所 ―― 日本能率協会マネジメントセンター
〒103-6009　東京都中央区日本橋2-7-1　東京日本橋タワー
TEL　03（6362）4339（編集）／03（6362）4558（販売）
FAX　03（3272）8127（編集・販売）
https://www.jmam.co.jp/

装　丁 ―――― 冨澤 崇（EBranch）
イラスト ―――― 熊田まり
本文DTP ―――― 渡辺トシロウ本舗
印刷所 ―――― シナノ書籍印刷株式会社
製本所 ―――― 株式会社新寿堂

ISBN 978-4-8005-9056-5 C3053
落丁・乱丁はおとりかえします。
PRINTED IN JAPAN